CMP BOOKS
机工教育

面向新工科高等院校大数据专业系列教材

信息技术新工科产学研联盟数据科学与大数据工作委员会 推荐教材

山东省一流本科课程"Python应用开发" "Python程序设计基础"配套教材

Python Programming

Python程序设计

基础与应用

| 第2版 |

董付国 / 著

机械工业出版社
CHINA MACHINE PRESS

本书是一本系统介绍 Python 程序开发与应用的教程，内容系统全面，配套资源丰富，应用性强。全书共 13 章，主要包括 Python 编程基础（第 1～10 章）和 Python 应用开发（第 11～13 章）两部分内容，编程基础部分通过众多案例对 Python 程序设计的相关概念加以解释，应用开发部分则介绍了网络爬虫、数据分析和数据可视化等方面的 Python 核心应用。本书全部代码适用于 Python 3.6/3.7/3.8/3.9/3.10 以及更高版本。

本书可以作为非计算机专业研究生、本科、专科程序设计课程教材，也可作为计算机专业本、专科程序设计基础课程教材，以及 Python 爱好者自学用书。

本书配有教学资源（包括 PPT、源码、大纲、教案、习题答案、在线练习平台），需要的教师可登录 www.cmpedu.com 免费注册，审核通过后下载，或联系编辑索取（微信：15910938545，电话：010-88379739）。

图书在版编目（CIP）数据

Python 程序设计基础与应用 / 董付国著．—2 版．—北京：机械工业出版社，2021.11（2025.1 重印）

面向新工科高等院校大数据专业系列教材

ISBN 978-7-111-69670-4

Ⅰ．①P… Ⅱ．①董… Ⅲ．①软件工具-程序设计-高等学校-教材

Ⅳ．①TP311.561

中国版本图书馆 CIP 数据核字（2021）第 244228 号

机械工业出版社（北京市百万庄大街 22 号 邮政编码 100037）

策划编辑：王 斌　　责任编辑：王 斌 孙 业

责任校对：张艳霞　　责任印制：单爱军

保定市中画美凯印刷有限公司印刷

2025 年 1 月第 2 版 • 第 15 次印刷

184mm×240mm • 14 印张 • 2 插页 • 348 千字

标准书号：ISBN 978-7-111-69670-4

定价：59.90 元

电话服务

客服电话：010-88361066

010-88379833

010-68326294

网络服务

机 工 官 网：www.cmpbook.com

机 工 官 博：weibo.com/cmp1952

金 书 网：www.golden-book.com

机工教育服务网：www.cmpedu.com

面向新工科高等院校大数据专业系列教材
编委会成员名单

出版说明

党的二十大报告指出“加快发展数字经济，促进数字经济和实体经济深度融合，打造具有国际竞争力的数字产业集群。”当前，我国数字经济建设加速推进，作为数字经济建设的主力军，大数据专业人才需求迫切，高校大数据专业建设的重要性日益凸显，并呈现出以下四个特点：实用性、交叉性较强，专业设立日趋精细化、融合化；专业建设上高度重视产学合作协同育人，产教融合发展迅猛；信息技术新工科产学研联盟制定的《大数据技术专业建设方案》，使得人才培养体系、专业知识体系及课程体系的建设有章可循，人才培养日益规范化、标准化；大数据人才是具备编程能力、数据分析及算法设计等专业技能的专业化、复合型人才。

作为一个高速发展中的新兴专业，大数据专业的内涵和外延不断丰富和延伸，广大高校亟需能够系统体现大数据专业上述四个特点的教材。基于此，机械工业出版社联合信息技术新工科产学研联盟，汇集国内专家名师，共同成立教材编写委员会，组织出版了这套《面向新工科高等院校大数据专业系列教材》，全面助力高校新工科大数据专业建设和人才培养。

这套教材依照《大数据技术专业建设方案》组织编写，体现了国内大数据相关专业教学的先进理念和思想；覆盖大数据技术专业主干课程的同时，延伸上下游，涵盖云计算、人工智能等专业的核心课程，能够更好地满足高校大数据相关专业多样化的教学需求；引入优质合作企业的技术、产品及平台，体现产学合作、协同育人的理念；教学配套资源丰富，便于高校开展教学实践；系列教材主要参编者皆是身处教学一线、教学实践经验丰富的名师，教材内容贴合教学实际。

我们希望这套教材能够充分满足国内众多高校大数据相关专业的教学需求，为培养优质的大数据专业人才提供强有力的支撑。并希望有更多的志士仁人加入到我们的行列中来，集智汇力，共同推进系列教材建设，在建设数字社会的宏大愿景中，贡献出自己的一份力量！

面向新工科高等院校大数据专业系列教材编委会

前　言

Python 语言由 Guido van Rossum 于 1991 年推出了第一个公开发行版本，之后迅速得到了各行各业人员的青睐。经过 30 多年的发展，Python 语言已经渗透到统计分析、移动终端开发、科学计算可视化、系统安全、逆向工程、软件测试与软件分析、图形图像处理、人工智能、机器学习、深度学习等几乎所有专业和领域。Python 语言在各大编程语言排行榜上多年来长期名列前茅。

Python 是一种免费、开源、跨平台的高级动态编程语言，支持命令式编程、函数式编程，完全支持面向对象程序设计，拥有大量功能强大的内置对象、标准库，以及涉及各行业领域的扩展库，使得各领域的工程师、科研人员、策划人员和管理人员能够快速实现和验证自己的思路、创意或者推测，还有更多人喜欢用 Python 编写程序来完成自己工作中的一些小任务。在有些编程语言中需要编写大量代码才能实现的功能，在 Python 中只需要几行代码就可实现，大幅度减少了代码量，更加容易维护。Python 用户只需要把主要精力放在业务逻辑的设计与实现上，在开发速度和运行效率之间达到了完美的平衡，其精妙之处令人赞叹。

一个好的 Python 程序不仅是正确的，更是高效的、安全的、健壮的、简洁的、直观的、漂亮的、优雅的、方便人们阅读的，整个代码处处体现着美，让人赏心悦目。Python 代码对布局要求非常严格，尤其是使用缩进来体现代码的逻辑关系，这一硬性要求非常有利于学习者和程序员养成一个良好的、严谨的习惯。除了能够快速解决问题之外，代码布局要求严格也是 Python 被广泛选作教学语言的重要原因。

早在多年前，Python 就已经成为卡耐基梅隆大学、麻省理工学院、加州大学伯克利分校、哈佛大学、多伦多大学等国外知名大学计算机专业或非计算机专业的程序设计入门教学语言。近几年来国内有几百所高等院校的多个专业陆续开设了 Python 程序设计有关课程，并且这个数量还在持续快速增加。目前来看，选择 Python 作为程序设计入门教学语言或者作为各专业扩展课程，无疑是一个非常明智的选择。

内容组织与阅读建议

本书是《Python 程序设计基础与应用》的全新改版，在保持第 1 版系统全面、案例实用性强、代码注释详细、教学配套资源丰富等特点的同时，根据教学实际，进一步在结构上、内容上、教学配套资源上进行全面升级，全书配备了长达 27 个小时的微课视频（共 100 个，扫码观看），数据可视化图形全彩呈现，并融入了思政元素（参见封面勒口二维码），品质进一步提升。

全书共 13 章，主要包括 Python 编程基础（第 1～10 章）和 Python 应用开发（第 11～13 章）两部分内容，全部代码适用于 Python 3.5/3.6/3.7/3.8/3.9/3.10/3.11/3.12 以及更高版本。

第 1 章　Python 概述。简单介绍 Python 语言与版本、开发环境安装与配置、编程规范、扩展库安装方法、标准库对象与扩展库对象的导入与使用，以及__name__属性的作用和应用。

第 2 章　内置对象、运算符、表达式、关键字。讲解 Python 常用内置对象、运算符与表达式、常用内置函数和 Python 关键字。

第 3 章　Python 序列结构。讲解列表、列表推导式、切片操作，元组与生成器表达式，字典，集合和序列解包。

第 4 章　选择结构与循环结构。讲解条件表达式的常见形式，单分支、双分支、多分支选择结构以及嵌套的选择结构，for 循环与 while 循环，break 与 continue 语句。

第 5 章　函数。讲解函数定义与调用语法、不同类型的函数参数、传递参数时的序列解包、变量作用域、lambda 表达式和生成器函数。

第 6 章　面向对象程序设计。讲解类的定义与使用，数据成员与成员方法、属性，继承，特殊方法与运算符重载。

第 7 章　字符串。讲解字符串编码格式、转义字符与原始字符串、字符串格式化的不同形式、字符串常用方法与操作、字符串常量，以及扩展库 jieba 和 pypinyin 的用法等。

第 8 章　正则表达式。讲解正则表达式语法、正则表达式模块 re 的用法和 Match 对象等。

第 9 章　文件与文件夹操作。讲解文件操作基本知识，文本文件内容操作方法，os 模块、os.path 模块与 shutil 模块的用法，递归遍历并处理文件夹的原理，以及 Excel、Word 等常见类型文件的操作。

第 10 章　异常处理结构。介绍异常的概念及常见表现形式、常用异常处理结构，以及断言语句与上下文管理语句。

第 11 章　网络爬虫入门与应用。介绍 HTML 和 JavaScript 基础，标准库 urllib 以及扩展库 Scrapy、BeautifulSoup、requests 在网络爬虫程序设计中的应用。

第 12 章　Pandas 数据分析与处理。讲解使用 Python 扩展库 Pandas 进行数据分析的基本操作、数据分析案例与 Pandas 的应用。

第 13 章　Matplotlib 数据可视化。介绍使用 Python 扩展库 Matplotlib 进行数据可视化的相关技术，包括折线图、散点图、饼状图、柱状图、雷达图和箱线图等的绘制，以及坐标轴、图例等设置。

本书适用读者

本书可以作为（但不限于）非计算机专业研究生、本科、专科程序设计课程教材，计算机专业程序设计基础课程教材，以及 Python 爱好者自学用书。

配套资源

本书为选用教材的老师提供教学 PPT、源码、大纲、教案、习题、习题答案等全套教学资源，可通过微信公众号“Python 小屋”获取，或发送邮件至 dongfuguo2005@126.com 与作者联系获取；也可通过机械工业出版社相应渠道获取（见版权页内容简介）。

致谢

首先感谢父母的养育之恩，在当年那么艰苦的条件下还坚决支持我读书，没有让我像其他同龄的孩子一样辍学。感谢姐姐、姐夫多年来对我的爱护以及在老家对父母的照顾，感谢善良的弟弟、弟媳在老家对父母的照顾。当然，最应该感谢的是妻子和孩子对我这个工作狂人的理解和体谅。

感谢每一位读者，感谢您在茫茫书海中选择了本书，衷心祝愿您能够从本书中受益，学到真正需要的知识。同时也期待每一位读者的热心反馈，随时欢迎您指出书中的不足，并与作者沟通和交流。

董付国　于山东烟台

2021 年 10 月

目　录

第1章　Python概述

Python 语言以快速解决问题而著称，其特点在于提供了丰富的内置对象、运算符和标准库对象，数量庞大的扩展库更是极大增强了 Python 的功能，大幅度拓展了 Python 的用武之地，其应用几乎已经渗透到了所有领域和学科。本章将介绍 Python 语言的特点、版本、开发环境安装与配置、编码规范、扩展库的安装、标准库对象与扩展库对象的导入和使用，以及__name__属性。

本章学习目标

- 了解 Python 语言特点与版本
- 熟悉 Python 开发环境搭建与使用
- 了解 Python 编码规范
- 掌握扩展库安装方式与常见问题解决办法
- 掌握标准库对象与扩展库对象的导入和使用

微课视频 1-1

1.1　Python 语言简介

Python 语言的名字来自一个著名的电视剧“Monty Python’s Flying Circus”，Python 之父 Guido van Rossum 是这部电视剧的狂热爱好者，所以把他设计的语言命名为 Python。

Python 是一种跨平台、开源、免费的解释型高级动态编程语言，是一种通用编程语言。除了可以解释执行之外，Python 还支持将源代码伪编译为字节码来优化程序提高加载速度并对源代码进行一定程度的保密，也支持使用 py2exe、pyinstaller、cx_Freeze Nuitka 或其他类似工具将 Python 程序及其所有依赖库打包成为各种平台上的可执行文件，还可以打包为 pyd 文件保护源码；Python 支持命令式编程和函数式编程两种方式，完全支持面向对象程序设计，语法简洁清晰，功能强大且易学易用，最重要的是拥有大量的几乎支持所有领域应用开发的成熟扩展库。

Python 语言拥有强大的“胶水”功能，可以把多种不同语言编写的程序融合到一起实现无缝拼接，更好地发挥不同语言和工具的优势，满足不同应用领域的需求。Python 目前已经渗透到统计分析、移动终端开发、科学计算可视化、系统安全、逆向工程与软件分析、图形图像处理、人工智能、机器学习、游戏设计与策划、网站开发、数据采集/分析/处理、密码学、系统运维、音乐编程、影视特效制作、计算机辅助教育、医药辅助设计、天文信息处理、化学与生物信息处理、神经科学与心理学、自然语言处理、电子电路设计、电子取证、树莓派（Raspberry Pi，为学习计算机编程教育而设计，只有信用卡大小的微型计算机）开发等几乎所有专业和领域。

1.2　Python 版本简介

在过去的很多年里，Python 官方网站一直在同时发行和维护 Python 2.x 和 Python 3.x 两个不同系列的版本，这两个系列中的很多内置函数、标准库函数的语法和内部实现都不一样，扩展库的用法更是差别巨大，导致 Python 2.x 开发的应用系统在升级到 Python 3.x 时异常困难。

由于历史原因，虽然早在 2008 年 12 月 3 日就推出了 Python 3.0.0，但是 Python 官方仍然一直在更新和维护 Python 2.x 系列，2020 年 4 月 20 日发布的 Python 2.7.18 是 Python 2.x 系列的最后一个版本，至此 Python 2.x 系列正式退出历史舞台。

Python 3.x 的设计更加合理、高效和人性化，代码开发和运行效率更高，也更适合海量数据的处理，并且几乎所有扩展库都会和 Python 官方同步推出相应的版本，目前已全面普及。Python 3.x 系列也包括很多版本，本书编写时最新的分别是 Python 3.10.0/3.9.8/3.8.9/3.7.12/3.6.15/3.5.10，并且 Python 3.11.0 也已经推出了α2 版本。本书以 Windows 10+Python 3.8.9 环境为主进行介绍，适当介绍了 3.9 和 3.10 的新特性，书中绝大部分代码也同样适用于 Python 3.x 系列中较低的版本，所以如果机房里暂时还没有安装高版本也不用担心。

限于篇幅，Python 相关的基本概念可以关注微信公众号“Python 小屋”后发送消息“基本概念”查看，本书后面会直接使用大部分概念，不再详细解释。

微课视频 1-2

1.3 Python 开发环境安装与配置

除了 Python 官方安装包自带的 IDLE，还有 Anaconda3、VS Code、wingIDE、PyCharm、Eclipse、zwPython 等多种开发环境。相对来说，IDLE 功能上稍微简单了一些，但也提供了语法高亮（使用不同的颜色显示不同的语法元素，例如，使用绿色显示字符串、橙色显示 Python 关键字、紫色显示内置函数）、交互式运行、程序编写和运行以及简单的程序调试功能。其他 Python 开发环境则是对 Python 解释器主程序进行了不同的封装和集成，使得代码的编写和项目管理更加方便。本节对 IDLE 和 Anaconda3 这两个开发环境进行简单介绍，书中所有代码也同样可以在 PyCharm 等其他开发环境中运行。

按照惯例，本书中所有在交互模式运行和演示的代码都以 IDLE 交互环境的提示符“>>> ”开头，在运行这样的代码时，并不需要输入提示符“>>> ”。书中所有不带提示符“>>> ”的代码都表示需要写入一个程序文件然后保存和运行。

1.3.1 IDLE

IDLE 应该算是最原始的 Python 开发环境之一，没有集成任何扩展库，也不具备强大的项目管理功能。但也正是因为这一点，使得开发过程中的一切尽在自己掌握之中，深得资深 Python 爱好者喜爱，成为 Python 内功修炼的重要途径。

在 Python 官方网站 https://www.python.org/下载 Python 3.8.9 安装包（根据自己计算机操作系统选择 32 位或 64 位）并安装（建议安装路径为 C:\Python38）后，在“开始”菜单中可以打开 IDLE，如图 1-1 所示，默认打开的界面是交互式开发环境，如图 1-2 所示。

在交互式开发环境中，每次只能执行一条语句，当提示符“>>> ”再次出现时方可输入下一条语句。普通语句可以直接按〈Enter〉键运行并立刻输出结果，而选择结构、循环结构、异常处理结构、函数定义、类定义、with 块等属于一条复合语句，需要按两次〈Enter〉键才能执行。

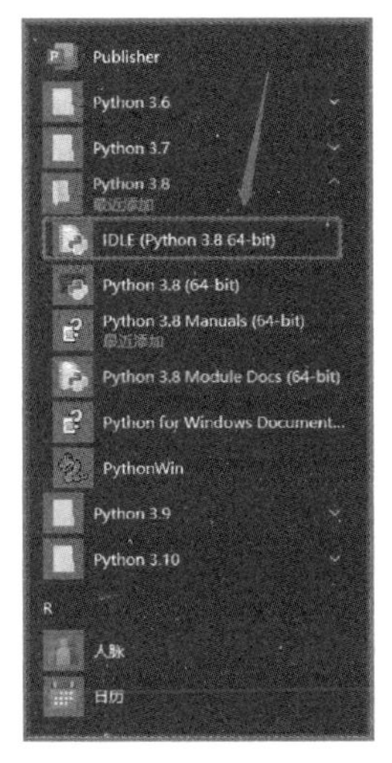

图 1-1　通过“开始”菜单打开 IDLE

```
Python 3.8.9 (tags/v3.8.9:a743f81, Apr  6 2021, 14:02:34) [
MSC v.1928 64 bit (AMD64)] on win32
Type "help", "copyright", "credits" or "license()" for more
information.
>>> print('Hello Python!')
Hello Python!
>>> import math
>>> print(math.sqrt(9))
3.0
>>> print(math.factorial(30))
265252859812191058636308480000000
>>> print(math.comb(137, 26))
70506379768969852569784137 60
>>>
```

图 1-2　IDLE 交互式开发界面

如果要执行大段代码，也为了方便反复修改，可以在 IDLE 菜单中选择“File”→“New File”命令来创建一个程序文件，将其保存为扩展名为.py 或.pyw 的文件，然后按〈F5〉键或使用菜单“Run”→“Run Module”命令运行程序，结果会显示到交互式窗口中，如图 1-3 所示。

如果不习惯 IDLE 编辑器的默认风格，可以简单配置一下再使用，通过选择菜单“Options”→“Configure IDLE”命令打开设置界面，常用的设置有字体（推荐使用 Consolas）和字号，如图 1-4 所示。另外，除了〈Ctrl+C〉、〈Ctrl+V〉、〈Ctrl+X〉等常规快捷键之外，IDLE 还支持很多快捷键，建议在正式使用之前先通过菜单大致了解每个菜单项的功能以及对应的快捷键。

图 1-3　使用 IDLE 编写和运行 Python 程序

图 1-4　配置 IDLE 字体与字号

需要说明的是，在 IDLE 交互模式中默认使用〈Tab〉键进行缩进，并且一个〈Tab〉键占 8 个字符的位置，但在程序模式中默认是使用 4 个空格作为一个缩进单位。为了统一，本书中交互模式的代码也使用 4 个空格作为缩进单位，和 IDLE 交互模式中实际显示格式略有不同。例如下面的代码中，if 实际上是相对于 for 有 4 个字符的缩进的，for 前面的提示符“>>>”实际不占位置，for 在逻辑上是顶格的，阅读和运行交互模式代码时务必注意这一点。

```
>>> for i in range(10):        # Python 3.10.0之后的 IDLE 交互模式有所修改
    if i%2 == 0:
        print(i)

0
2
4
6
8
```

1.3.2　Anaconda3

Anaconda3 的安装包集成了大量常用的扩展库，并提供 Jupyter Notebook 和 Spyder 两个开发环境，得到了广大初学者和教学、科研人员的喜爱，是目前比较流行的 Python 开发环境之一。从官方网站 https://www.anaconda.com/download/下载并安装合适版本，然后启动 Jupyter Notebook 或 Spyder 即可。

（1）Jupyter Notebook

启动 Jupyter Notebook 会打开一个网页，在该网页右上角单击菜单“New”，然后选择“Python 3”打开一个新窗口，即可编写和运行 Python 代码，如图 1-5 所示。另外，还可以选择“File”→“Download as”命令将当前代码以及运行结果保存为不同形式的文件，方便日后学习和演示，如图 1-6 所示。

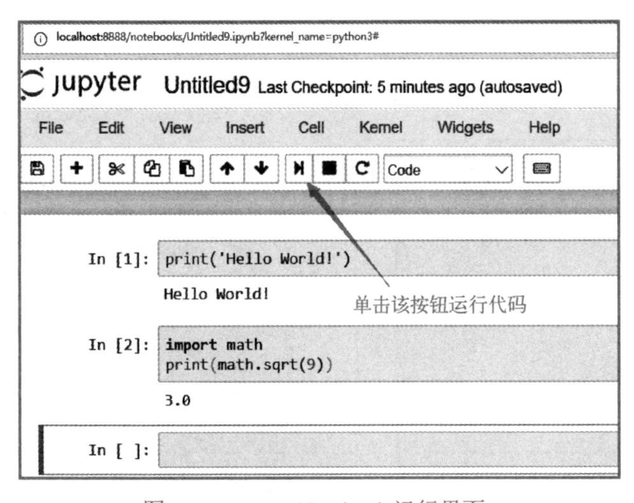

图 1-5　Jupyter Notebook 运行界面

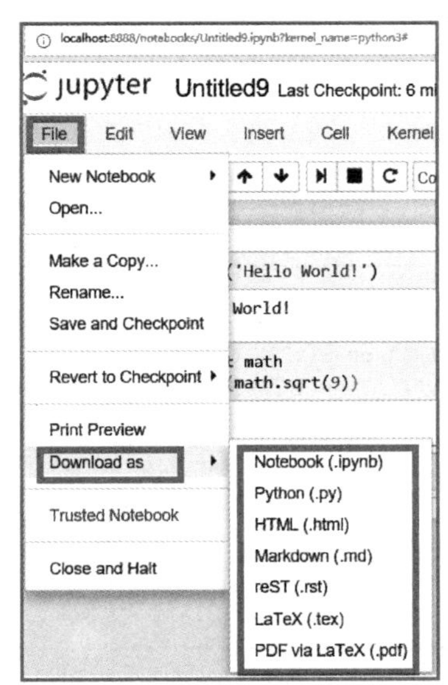

图 1-6　保存 Jupyter Notebook 代码和运行结果

（2）Spyder

Anaconda3 自带的集成开发环境 Spyder 同时提供了交互式开发界面和程序编写与运行界面，

以及程序调试和项目管理功能，使用非常方便。在图 1-7 中，1 表示交互式运行，2 表示程序编写窗口，单击工具栏中绿色的“Run File”按钮运行程序并在交互式窗口中显示运行结果，如图中 3 所示。支持 Python 3.9 的 Anaconda 界面风格略有修改，但大同小异。

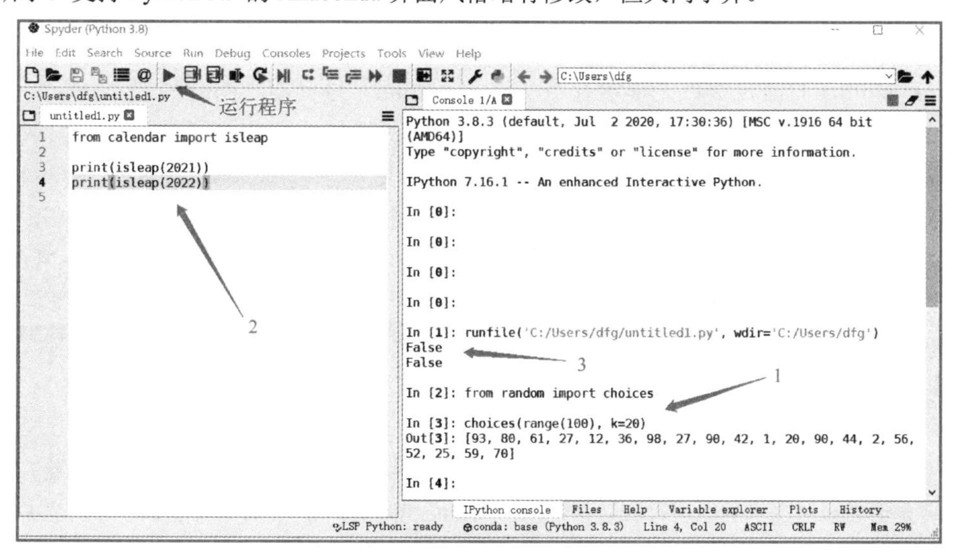

图 1-7 Spyder 运行界面

1.4 Python 编程规范

微课视频 1-3

Python 非常重视代码的可读性，对代码布局和排版有严格的要求。这里重点介绍 Python 社区对代码编写的一些共同的要求、规范，最好在开始编写第一段代码的时候就要遵循这些规范和建议，养成一个好的习惯。

1）严格使用缩进来体现代码的逻辑从属关系。Python 对代码缩进是硬性要求的，这一点必须时刻注意。在函数定义、类定义、选择结构、循环结构、异常处理结构、with 语句等结构中，对应的函数体或语句块都必须有相应的缩进，并且一般以 4 个空格为一个缩进单位。

2）每个 import 语句只导入一个模块，最好按标准库、扩展库、自定义库的顺序依次导入。尽量避免导入整个库，最好只导入确实需要使用的对象。

3）最好在每个类定义、函数定义和一段完整的功能代码之后增加一个空行，在双目运算符两侧各增加一个空格，逗号后面增加一个空格。

4）尽量不要写过长的语句。如果语句过长，可以考虑拆分成多个短一些的语句，以保证代码具有较好的可读性。如果语句确实太长（例如超过 120 个英文字符），最好使用续行符“\”，或者使用圆括号把多行代码括起来表示是一条语句。

5）书写复杂的表达式时，建议在适当的位置加上括号，这样可以使得各种运算的隶属关系和计算顺序更加明确。

6）对关键代码和重要的业务逻辑代码进行必要的、恰当的注释。在 Python 中有两种注释形式：#和三引号。#用于单行注释，三引号常用于大段说明性文本的注释。

1.5 扩展库安装方法

微课视频 1-4

在 Python 中，库或模块是指一个包含函数定义、类定义或常量的 Python 程序文件，一般不对这两个概念进行严格区分。除了 math（与数学有关）、random（与随机数以及随机化有关）、datetime（与日期时间有关）、collections（包含更多扩展性序列）、functools（与函数以及函数式编程有关）、tkinter（用于开发 GUI 程序）、urllib（与网页内容读取以及网页地址解析有关）等大量标准库之外，Python 还有 openpyxl（用于读写 Excel 文件）、python-docx（用于读写 Word 文件）、NumPy（用于数组运算与矩阵运算）、SciPy（用于科学计算）、Pandas（用于数据分析与处理）、Matplotlib（用于数据可视化和科学计算可视化）、Scrapy（爬虫框架）、shutil（用于系统运维）、pyopengl（用于计算机图形学编程）、pygame（用于游戏开发）、sklearn（用于机器学习）、tensorflow（用于深度学习）等几乎渗透到所有领域的扩展库或第三方库。到目前为止，Python 的扩展库已经超过 33 万个，并且还在增加。

在标准的 Python 安装包中，只包含了内置模块和标准库，不包含任何扩展库，开发人员根据实际需要再选择合适的扩展库进行安装和使用。Python 自带的 pip 工具是管理扩展库的主要方式，支持 Python 扩展库的安装、升级和卸载等操作。常用 pip 命令的使用方法如表 1-1 所示。

表 1-1 常用 pip 命令的使用方法

pip 命令示例	说　明
pip freeze[>requirements.txt]	列出已安装扩展库及其版本号
pip install SomePackage[==version]	在线安装 SomePackage 扩展库的指定版本
pip install SomePackage.whl	通过 whl 文件离线安装扩展库
pip install package1 package2 ...	依次（在线）安装 package1、package2 等扩展库
pip install -r requirements.txt	安装 requirements.txt 文件中指定的扩展库
pip install --upgrade SomePackage	升级 SomePackage 扩展库
pip uninstall SomePackage[==version]	卸载 SomePackage 扩展库

有些扩展库安装时要求本机已安装相应版本的 C/C++编译器，或者有些扩展库暂时还没有与本机 Python 版本对应的官方版本，这时可以从http://www.lfd.uci.edu/～gohlke/pythonlibs/下载对应的.whl 文件（注意，一定不要修改文件名），然后在命令提示符环境中使用 pip 命令进行安装。例如：

```
pip install pygame-2.0.1-cp38-cp38-win_amd64.whl
```

注意，如果计算机上安装了多个版本的 Python，最好切换至相应版本 Python 安装目录的 scripts 文件夹中，然后再在命令提示符 cmd 或 PowerShell 环境中执行 pip 命令。如果要离线安装扩展库，最好也把 whl 文件下载到相应的 scripts 文件夹中。

如果由于网速问题导致在线安装速度过慢的话，pip 命令支持指定国内的站点来提高下载速度，下面的命令用来从阿里云服务器下载安装扩展库 jieba，其他可用的国内服务器地址可以自行查询。

```
pip install jieba -i http://mirrors.aliyun.com/pypi/simple --trusted-host mirrors.aliyun.com
```

如果遇到类似于“拒绝访问”的出错提示，可以使用管理员权限启动命令提示符，或者在执行 pip 命令时在最后增加选项“--user”。

1.6 标准库与扩展库中对象的导入与使用

微课视频 1-5

Python 标准库和扩展库中的对象必须先导入才能使用，3 种导入方式如下。

- import 包名/模块名[as 别名]。
- from 包名/模块名 import 模块名/对象名[as 别名]。
- from 包名/模块名 import *。

1.6.1 import 包名/模块名[as 别名]

使用“import 包名/模块名[as 别名]”这种方式将包或模块（一般用来导入模块）导入以后，使用时需要在对象之前加上模块名作为前缀，必须以“模块名.对象名”的形式进行访问。如果模块名字很长，可以为导入的模块设置一个别名，然后使用“别名.对象名”的方式来使用其中的对象。以下为“import 模块名[as 别名]”导入对象的用法。

```
>>> import math                          # 导入标准库 math
>>> math.gcd(56, 64)                     # 计算最大公约数
8
>>> import random                        # 导入标准库 random
>>> n = random.random()                  # 获得[0,1)内的随机小数
>>> n = random.randint(1,100)            # 获得[1,100]区间上的随机整数
>>> n = random.randrange(1,100)          # 返回[1,100)区间中的随机整数
>>> import os.path as path               # 导入标准库 os.path，设置别名为 path
>>> path.isfile(r'C:\windows\notepad.exe')
True
>>> import numpy as np                   # 导入扩展库 numpy，设置别名为 np
>>> a = np.array((1,2,3,4))              # 通过模块的别名来访问其中的对象
>>> a
array([1, 2, 3, 4])
>>> print(a)                             # 显示格式不一样，注意
[1 2 3 4]
```

根据 Python 编码规范，一般建议每个 import 语句只导入一个模块，并且要按照标准库、扩展库和自定义库的顺序进行导入。

1.6.2 from 包名/模块名 import 模块名/对象名[as 别名]

使用“from 包名/模块名 import 模块名/对象名[as 别名]”方式仅导入明确指定的模块或对象，并且可以为导入的对象起一个别名。这种导入方式可以减少查询次数，提高访问速度，同时也可以减少程序员需要输入的代码量，不需要使用包名或模块名作为前缀。以下为“from 包名/模块名 import 模块名/对象名[as 别名]”的用法。

```
>>> from random import sample
>>> sample(range(100), 10)                  # 在指定范围内选择不重复元素
[24, 33, 59, 19, 79, 71, 86, 55, 68, 10]
>>> from os.path import isfile
>>> isfile(r'C:\windows\notepad.exe')
True
>>> from math import sin as f               # 给导入的对象 sin 起个别名
>>> f(3)                                    # 直接使用别名
0.1411200080598672
>>> from PIL import Image                   # 导入扩展库中的模块
>>> from urllib import request              # 导入标准库中的模块
```

1.6.3 from 包名/模块名 import *

使用“from 包名/模块名 import *”方式可以一次导入包/模块中的所有对象，简单直接，比较省事，可以使用包/模块中的所有对象而不需要再使用包名/模块名作为前缀，但一般并不推荐这样使用。以下是“from 包名/模块名 import *”的用法。

```
>>> from math import *                  # 导入标准库 math 中所有对象
>>> sin(3)                              # 求正弦值
0.1411200080598672
>>> sqrt(9)                             # 求平方根
3.0
>>> pi                                  # 常数 π
3.141592653589793
>>> e                                   # 常数 e
2.718281828459045
>>> log2(8)                             # 计算以 2 为底 8 的对数值
3.0
>>> log10(100)                          # 计算以 10 为底 100 的对数值
2.0
>>> radians(180)                        # 把角度转换为弧度
3.141592653589793
```

1.7 Python 程序的__name__属性

除了可以在开发环境中或命令提示符环境中直接运行，Python 程序文件还可以作为模块导入并使用其中的对象。通过 Python 程序的__name__属性可以识别程序的使用方式，如果作为模块被导入，则其__name__属性的值被自动设置为模块文件的主文件名；如果作为程序直接运行，则其__name__属性值被自动设置为字符串'__main__'。例如，假设程序 hello.py 中代码如下。

```
1.  def main():                             # def 是用来定义函数的 Python 关键字
2.      if __name__ == '__main__':          # 选择结构，识别当前运行方式
3.          print('This program is run directly.')
4.      elif __name__ == 'hello':           # 冒号、换行、缩进表示一个语句块的开始
5.          print('This program is used as a module.')
6.
7.  main()                                  # 调用上面定义的函数
```

那么通过任何方式直接运行该程序，都会得到下面的结果。

```
This program is run directly.
```

而在使用 import hello 导入该模块时，得到的结果如下。

```
This program is used as a module.
```

本章小结

本章主要介绍 Python 开发环境的搭建和使用、Python 编程规范、扩展库安装方法、标准库与扩展库对象的导入和使用。本章内容是后续章节的重要基础，应熟练掌握。

本章习题

扫描二维码获取本章习题。

习题 01

第2章　内置对象、运算符、表达式、关键字

Python 内置对象不需要安装和导入任何模块就可以直接使用，其中很多内置函数除了常见的基本用法之外，还提供了更多参数支持高级用法。在使用 Python 运算符时，应注意很多运算符具有多重含义，当作用于不同类型的对象时可能会有不同的表现。本章将对 Python 的内置对象、运算符、表达式、关键字等的用法进行介绍。

本章学习目标

- 理解变量类型的动态性
- 掌握运算符的用法
- 掌握内置函数的用法
- 理解函数式编程模式

微课视频 2-1

2.1　Python 常用内置对象

在 Python 中的一切都是对象，整数、实数、复数、字符串、列表、元组、字典、集合是对象，zip、map、enumerate、filter 等函数返回的是对象，函数和类也是对象。Python 中的对象有内置对象、标准库对象和扩展库对象，其中内置对象可以直接使用，标准库对象需要导入之后才能使用，扩展库对象需要先安装相应的扩展库然后才能导入并使用。Python 常用的内置对象如表 2-1 所示。

表 2-1　Python 内置对象

对象类型	类型名称	示　例	简要说明
数字	int float complex	123456789，0x1ff，0b101 3.14，1.3e5 3+4j，3j	整数大小没有限制，且内置支持复数及其运算，见 2.1.2 节
字符串	str	'swfu' "I'm student" '''Python is a great language''', r'C:\Windows\notepad.exe'	使用单引号、双引号、三引号作为定界符，不同定界符之间可以互相嵌套；使用字母 r 或 R 引导的表示原始字符串，见第 7 章
字节串	bytes	b'hello world'	以字母 b 引导，见 7.2 节
列表	list	[1, 2, 3] ['a', 'b', ['c', 2]]	所有元素放在一对方括号中，元素之间使用逗号分隔，其中的元素可以是任意类型，见 3.2 节
元组	tuple	(2, -5, 6) (3,)	所有元素放在一对圆括号中，元素之间使用逗号分隔，如果元组中只有一个元素的话，后面的逗号不能省略，见 3.3 节
字典	dict	{1:'food', 2:'taste', 3:'import'}	所有元素放在一对大括号中，元素之间使用逗号分隔，元素形式为“键:值”，其中键不可以重复，并且键必须不可变，例如数字、元组、字符串，见 3.4 节
集合	set	{'a', 'b', 'c'}	所有元素放在一对大括号中，元素之间使用逗号分隔，元素不允许重复且必须为不可变类型，见 3.5 节
布尔型	bool	True, False	逻辑值

（续）

对象类型	类型名称	示　　例	简要说明
空类型	NoneType	None	空值
异常	Exception ValueError TypeError …		Python 内置异常类，见 10.1 节
文件		f = open('test.dat', 'rb')	open 是 Python 内置函数，使用指定的模式打开文件，返回文件对象，见 9.2 节
其他可迭代对象		生成器对象、range 对象、zip 对象、enumerate 对象、map 对象、filter 对象等	见 2.3 节
编程单元		函数（使用 def 定义） 类（使用 class 定义） 模块（类型为 module）	函数见第 5 章，类见第 6 章

2.1.1 常量与变量

所谓常量（constant），是指不能改变的字面值，例如，一个数字 3.0j，一个字符串"Hello world."，一个元组(4, 5, 6)，都是常量。变量（variable）一般是指值可以变化的量。在 Python 中，不仅变量的值是可以变化的，变量的类型也是随时可以发生改变的。另外，在 Python 中，不需要事先声明变量名及其类型，赋值语句可以直接创建任意类型的变量。例如，下面第一条语句创建了整型变量 x，并赋值为 5。

```
>>> x = 5                     # 整型变量
>>> type(x)                   # 内置函数 type()用来查看变量类型
<class 'int'>
>>> type(x) == int
True
>>> isinstance(x, int)        # 内置函数 isinstance()测试变量是否为指定类型的对象
True
```

下面的语句创建了字符串变量 x，并赋值为'Hello world.'，之前的整型变量 x 不复存在。

```
>>> x = 'Hello world.'        # 字符串变量
```

下面的语句又创建了列表对象 x，并赋值为[1, 2, 3]，之前的字符串变量 x 也就不复存在了。

```
>>> x = [1, 2, 3]
```

赋值语句的执行过程是：首先把等号右侧表达式的值计算出来，然后在内存中寻找一个位置把值存储进去，最后创建变量并引用这个内存地址。也就是说，Python 变量并不直接存储值，而是存储了值的内存地址或者引用，这也是变量类型随时可以改变的原因。

另外需要注意的是，虽然不需要在使用之前显式地声明变量及其类型，并且变量类型随时可以发生变化。但 Python 是一种不折不扣的强类型编程语言，Python 解释器会根据等于号或赋值运算符右侧表达式的值来自动推断变量类型。

最后，在 Python 中定义变量名（同样适用于函数名、类名）的时候，需要遵守下面的规范。

- 变量名必须以字母、汉字或下画线开头。
- 变量名中不能有空格或标点符号。

- 不能使用关键字作变量名，如 if、else、for、return 这样的变量名都是非法的。
- 变量名对英文字母的大小写敏感，如 student 和 Student 是不同的变量。
- 不建议使用系统内置的模块名、类型名或函数名以及已导入的模块名及其成员名作变量名，如 id、max、len、list 这样的变量名都是不建议使用的。

2.1.2 整数、实数、复数

在 Python 中，内置的数字类型有整数、实数和复数。其中，整数类型除了常见的十进制整数，还有如下进制。

- 二进制。以 0b 开头，每一位只能是 0 或 1。
- 八进制。以 0o 开头，每一位只能是 0、1、2、3、4、5、6、7 这八个数字之一。
- 十六进制。以 0x 开头，每一位只能是 0、1、2、3、4、5、6、7、8、9、a、b、c、d、e、f 之一，其中 a 表示 10，b 表示 11，依次类推。字母不区分大小写。

在 Python 中，不必担心整数的大小问题，Python 支持任意大的整数。另外，由于精度的问题，Python 对于实数运算可能会有一定的误差，应尽量避免在实数之间直接进行相等性测试，而是应该以二者之差的绝对值是否足够小作为两个实数是否相等的依据，如下所示。

```
>>> 99999999999 ** 9              # 这里**是幂乘运算符
99999999991000000000359999999991600000000125999999998740000000008399999999996
40000000000899999999999
>>> 0.4 - 0.1                     # 实数相减，结果稍微有点偏差
0.30000000000000004
>>> 0.4 - 0.1 == 0.3              # 应尽量避免这样直接比较两个实数是否相等
False
>>> abs(0.4-0.1 - 0.3) < 1e-6   # 这里 1e-6 表示 10 的-6 次方
True
>>> from math import isclose
>>> isclose(0.4-0.1, 0.3)         # 更推荐使用标准库函数判断两个实数是否足够相近
True
```

Python 内置支持复数类型及其运算，形式与数学上的复数完全一致。举例如下。

```
>>> x = 3 + 4j                    # 使用 j 或 J 表示复数虚部
>>> y = 5 + 6j
>>> x + y                         # 支持复数之间的算术运算
(8+10j)
>>> x * y
(-9+38j)
>>> abs(x)                        # 内置函数 abs()可用来计算复数的模
5.0
>>> x.imag                        # 虚部
4.0
>>> x.real                        # 实部
3.0
>>> x.conjugate()                 # 共轭复数
(3-4j)
```

为了提高可读性，Python 3.6.x 以及更高版本支持在数字中间位置插入单个下画线对数字分组，下画线可以出现在中间任意位置，但不能出现开头和结尾位置，也不能使用多个连续的下画

线，具体用法如下所示。

```
>>> 1_000_000                              # 推荐用法，在千分位插入下画线
1000000
>>> 1_2_3_4                                # 可以这样，但不推荐
1234
>>> 1_2 + 3_4j
(12+34j)
>>> 1_2.3_45
12.345
```

2.1.3 字符串

在 Python 中，没有字符常量和变量的概念，只有字符串类型的常量和变量，即使是单个字符也是字符串。Python 使用单引号、双引号、三单引号、三双引号作为定界符来表示字符串，并且不同的定界符之间可以互相嵌套。另外，Python 3.x 全面支持中文，使用内置函数 len( )统计长度时中文和英文字母都作为一个字符对待，甚至可以使用中文作为变量名、函数名、类名。

除了支持使用加号运算符连接字符串、使用乘号运算符对字符串进行重复、使用下标运算符访问字符串中的一个或一部分字符以外，很多内置函数和标准库对象也支持对字符串的操作。另外，Python 字符串还提供了大量的方法支持查找、替换、排版等操作。这里先简单介绍一下字符串对象的创建、连接和重复，更多详细内容请见第 7 章。

```
>>> x = 'Hello world.'                     # 使用单引号作为定界符
>>> x = "Python is a great language."      # 使用双引号作为定界符
>>> x = '''Tom said, "Let's go."'''        # 不同定界符之间可以互相嵌套
>>> print(x)
Tom said, "Let's go."
>>> x = 'good ' + 'morning'                # 连接字符串
>>> x
'good morning'
>>> x = 'good '
>>> x = x + 'morning'
>>> x
'good morning'
>>> x * 3                                  # 字符串重复
'good morninggood morninggood morning'
```

2.1.4 列表、元组、字典、集合

列表、元组、字典和集合是 Python 内置的容器类对象，其中可以包含和持有多个元素。另外， map、zip、filter、enumerate 等迭代器对象是 Python 中比较常用的内置对象，支持某些与容器类对象类似的用法（但不持有元素），统称为可迭代对象。

这里先介绍一下列表、元组、字典和集合的创建与简单使用，更详细的介绍请参考第 3 章。

```
>>> x_list = [1, 2, 3]                     # 创建列表对象
>>> x_tuple = (1, 2, 3)                    # 创建元组对象
>>> x_dict = {'a':97, 'b':98, 'c':99}      # 创建字典对象，其中元素形式为“键:值”
>>> x_set = {1, 2, 3}                      # 创建集合对象
```

```
>>> print(x_list[1])                        # 使用下标访问指定位置的元素
2
>>> print(x_tuple[1])                       # 元组也支持使用序号作为下标
2
>>> print(x_dict['a'])                      # 字典对象的下标是“键”
97
>>> x_set[1]                                # 集合不支持使用下标随机访问
TypeError: 'set' object does not support indexing
>>> 3 in x_set                              # 成员测试
True
```

2.2 Python 运算符与表达式

微课视频 2-2

在 Python 中，单个常量或变量可以看作最简单的表达式，使用任意运算符连接的式子也属于表达式，在表达式中还可以包含函数调用。

常用的 Python 运算符（operator）如表 2-2 所示，常用运算符优先级遵循的规则为：算术运算符优先级最高，其次是位运算符、成员测试运算符、关系运算符、逻辑运算符等，算术运算符遵循“先乘除，后加减”的基本运算原则。相同优先级的运算符一般按从左往右的顺序计算，不过幂运算符是个例外。虽然 Python 运算符有一套严格的优先级规则，但是强烈建议在编写复杂表达式时尽量使用圆括号来明确说明其中的逻辑来提高代码的可读性。

表 2-2　Python 常用运算符

运 算 符	功 能 说 明
+	算术加法，列表、元组、字符串合并与连接，正号
-	算术减法，集合差集，相反数/负号
*	算术乘法，序列重复
/	真除法，结果为实数
//	求整商，结果为整数，但如果操作数中有实数，则结果为实数形式的整数
%	求余数，字符串格式化
**	幂运算，具有右结合性
<、<=、>、>=、==、!=	（值）大小比较，集合的包含关系比较
or	逻辑或，表达式 x or y 等价于 x if x else y
and	逻辑与，表达式 x and y 等价于 x if not x else y
not	逻辑非
in	成员测试
is	对象实体同一性测试，即测试是否为同一个对象或内存地址是否相同
|、^、&、<<、>>、~	位或、位异或、位与、左移位、右移位、位求反
&、|、^	集合交集、并集、对称差集
:=	赋值运算符，Python 3.8 新增

2.2.1 算术运算符

1）+运算符除了用于算术加法以外，还可以用于列表、元组、字符串的连接，但不支持不同内置类型的对象之间相加或连接。

```
>>> 3 + 5 << 1                  # 算术运算符优先级高于位运算符
16
>>> 3 + (5 << 1)                # 使用括号可以修改运算顺序，左移1位相当于乘以2
13
>>> [1, 2, 3] + [4, 5, 6]       # 连接两个列表
[1, 2, 3, 4, 5, 6]
>>> (1, 2, 3) + (4,)            # 连接两个元组
(1, 2, 3, 4)
>>> 'abcd' + '1234'             # 连接两个字符串
'abcd1234'
>>> 'A' + 1                     # 不支持字符与数字相加，抛出异常
TypeError: Can't convert 'int' object to str implicitly
```

2）*运算符除了表示算术乘法，还可用于列表、元组、字符串这几个序列类型与整数的乘法，表示序列元素的重复，生成新的序列对象。

```
>>> [1, 2, 3] * 3
[1, 2, 3, 1, 2, 3, 1, 2, 3]
>>> (1, 2, 3) * 3
(1, 2, 3, 1, 2, 3, 1, 2, 3)
>>> 'abc' * 3
'abcabcabc'
```

3）运算符/和//在 Python 中分别表示算术除法和算术求整商。

```
>>> 3 / 2                       # 数学意义上的除法，结果为实数
1.5
>>> 15 // 4                     # 如果两个操作数都是整数，结果为整数
3
>>> 15.0 // 4                   # 如果操作数中有实数，结果为实数形式的整数值
3.0
>>> -15 // 4                    # 向下取整
-4
```

4）%运算符可以用于求余数，还可以用于字符串格式化。

```
>>> 789 % 23                    # 余数，计算过程为789-789//23*23
7
>>> '%c,%d' % (65, 65)          # 把65分别格式化为字符和整数
'A,65'
>>> '%f,%s' % (65, 65)          # 把65分别格式化为实数和字符串
'65.000000,65'
```

5）**运算符表示幂运算。

```
>>> 3 ** 2                      # 3的2次方
9
>>> 9 ** 0.5                    # 9的0.5次方，平方根
3.0
>>> 3 ** 2 ** 3                 # 幂运算符从右往左计算
6561
```

2.2.2 关系运算符

Python 关系运算符可以连用，要求操作数之间必须可比较大小。

```
>>> 1 < 3 < 5                        # 等价于 1 < 3 and 3 < 5
True
>>> 3 < 5 > 2
True
>>> 'Hello' > 'world'                # 比较字符串大小，逐个比较对应位置上的字符
                                     # 直到得出确定结论为止
False
>>> [1, 2, 3] < [1, 2, 4]            # 比较列表大小，规则类似于字符串
True
>>> 'Hello' > 3                      # 字符串和数字不能比较大小，出错
TypeError: unorderable types: str() > int()
>>> {1, 2, 3} < {1, 2, 3, 4}         # 测试是否为真子集
True
>>> {1, 2, 3} == {3, 2, 1}           # 测试两个集合是否相等，即是否包含同样的元素
True
>>> {1, 2, 4} > {1, 2, 3}            # 集合之间的包含关系测试，前者不是后者的超集
False
>>> {1, 2, 4} < {1, 2, 3}            # 前者不是后者的真子集
False
>>> {1, 2, 4} == {1, 2, 3}           # 两个集合中包含的元素不一样
False
```

2.2.3 成员测试运算符

成员测试运算符 in 用于成员测试，即测试一个对象是否为另一个对象的元素。

```
>>> 3 in [1, 2, 3]                   # 测试 3 是否存在于列表[1, 2, 3]中
True
>>> 5 in range(1, 10, 1)             # range()用来生成指定范围数字，见 2.3.7 节
True
>>> 'abc' in 'abcdefg'               # 子字符串测试
True
>>> for i in (3, 5, 7):              # 循环，成员遍历
    print(i, end='\t')               # 注意，循环结构属于复合语句
                                     # 这里要连续按〈Enter〉键两次才能执行
                                     # 后面类似的情况不再说明

3    5    7
```

2.2.4 集合运算符

集合的交集、并集、对称差集等运算分别使用&、|和^运算符来实现，差集使用减号运算符实现。

```
>>> {1, 2, 3} | {3, 4, 5}            # 并集，自动去除重复元素
{1, 2, 3, 4, 5}
>>> {1, 2, 3} & {3, 4, 5}            # 交集
{3}
>>> {1, 2, 3} - {3, 4, 5}            # 差集
{1, 2}
>>> {1, 2, 3} ^ {3, 4, 5}            # 对称差集，并集与交集的差集
{1, 2, 4, 5}
```

2.2.5 逻辑运算符

逻辑运算符 and、or、not 常用来连接多个条件表达式构成更加复杂的条件表达式，并且 and 和 or 具有惰性求值或逻辑短路的特点，即当连接多个表达式时只计算必须要计算的值，前面介绍的关系运算符也具有类似的特点。

```
>>> 3>5 and a>3                 # 注意，此时并没有定义变量 a，但不会出错
False
>>> 3>5 or a>3                  # 3>5 的值为 False，所以需要计算后面表达式
NameError: name 'a' is not defined
>>> 3<5 or a>3                  # 3<5 的值为 True，不需要计算后面表达式
True
>>> 3 and 5                     # and 和 or 连接的表达式的值不一定是 True 或 False
5
>>> 3 and 5>2                   # 而是把最后一个计算的表达式的值作为整个表达式的值
True
>>> 3 not in [1, 2, 3]          # 逻辑非运算符 not，结果一定是 True 或 False
False
```

2.2.6 补充说明

除了表 2-2 中列出的运算符之外，Python 还有下标运算符[ ]、属性访问运算符“.”和+=、-=、*=、/=、//=、**=、|=、^=等大量复合赋值运算符。

Python 不支持++和--运算符，虽然在形式上有时候似乎可以这样用，但实际上是另外的含义。

```
>>> i = 3
>>> ++i                         # 这里的++是解释为两个正号的
3
>>> +(+i)                       # 与++i 等价
3
>>> i++                         # Python 不支持++运算符，语法错误
SyntaxError: invalid syntax
>>> --i                         # 负负得正
3
>>> -(-i)                       # 与--i 等价
3
>>> ---i                        # 等价于-(-(-i))
-3
>>> i--                         # Python 不支持--运算符，语法错误
SyntaxError: invalid syntax
```

Python 3.8 之后的版本新增了赋值运算符“:=”，俗称海象运算符，功能与等于号不同，可以在选择结构、循环结构、异常处理结构或函数参数表达式中使用，但不能直接用于赋值语句。

```
>>> num_int = int(num_str:=input('输入一个整数：'))
```

```
输入一个整数：345
>>> type(num_str)
<class 'str'>
>>> type(num_int)
<class 'int'>
>>> data = []
>>> while (line:=input('输入任意内容（q 表示结束）：')) != 'q':
    data.append(line)
输入任意内容（q 表示结束）：abc
输入任意内容（q 表示结束）：123456
输入任意内容（q 表示结束）：q
>>> print(data)
['abc', '123456']
```

2.3 Python 常用内置函数

内置函数（built in function）不需要额外导入任何模块即可直接使用，具有非常快的运行速度，推荐优先使用。使用下面的语句可以查看所有内置函数和内置对象。

```
>>> dir(__builtins__)
```

使用 help(函数名)可以查看某个函数的用法。常用的内置函数及其功能简要说明如表 2-3 所示，其中方括号内的参数可以省略。

表 2-3 Python 常用内置函数

函 数	功能简要说明
abs(x, /)	返回数字 x 的绝对值或复数 x 的模，斜线表示该位置之前的所有参数必须为位置参数。例如，只能使用 abs(-5)这样的形式调用，不能使用 abs(x=-5)的形式进行调用，下同
all(iterable, /)	如果可迭代对象 iterable 中所有元素都等价于 True 则返回 True，否则返回 False
any(iterable, /)	只要可迭代对象 iterable 中存在等价于 True 的元素就返回 True，否则返回 False
bin(number, /)	返回整数 number 的二进制形式的字符串，例如表达式 bin(5)的值是'0b101'
bool(x)	如果参数 x 的值等价于 True 就返回 True，否则返回 False，见 4.1 节
bytes(iterable_of_ints) bytes(string, encoding[, errors]) bytes(bytes_or_buffer) bytes(int) bytes()	创建字节串或把其他类型数据转换为字节串，不带参数时表示创建空字节串。例如，bytes(5)表示创建包含 5 个 0 的字节串 b'\x00\x00\x00\x00\x00'，bytes((97, 98, 99))表示把若干介于[0,255]区间的整数转换为字节串 b'abc'，bytes((97,))可用于把一个介于[0,255]区间的整数 97 转换为字节串 b'a'，bytes('董付国', 'gbk')使用 GBK 编码格式把字符串'董付国'转换为字节串 b'\xb6\xad\xb8\xb6\xb9\xfa'
callable(obj, /)	如果 obj 为可调用对象就返回 True，否则返回 False。Python 中的可调用对象包括内置函数、标准库函数、扩展库函数、自定义函数、lambda 表达式、类、类方法、静态方法、实例方法、包含特殊方法__call__()的类的对象
complex(real=0, imag=0)	返回复数，其中 real 是实部，imag 是虚部。参数 real 和 image 的默认值为 0，调用函数时如果不传递参数，会使用默认值。例如，complex()返回 0j，complex(3)返回(3+0j)，complex(imag=4)返回 4j
chr(i, /)	返回 Unicode 编码为 i 的字符，其中 0 <= i <= 0x10ffff
dir(obj)	返回指定对象或模块 obj 的成员列表，如果不带参数则返回包含当前作用域内所有可用对象名字的列表
divmod(x, y, /)	计算整商和余数，返回元组(x//y, x%y)

（续）

函　　数	功能简要说明
enumerate(iterable, start=0)	枚举可迭代对象 iterable 中的元素，返回包含元素形式为(start, iterable[0]), (start+1, iterable[1]), (start+2, iterable[2]), ...的迭代器对象，start 表示编号的起始值，默认为 0
eval(source, globals=None, locals=None, /)	计算并返回字符串 source 中表达式的值，参数 globals 和 locals 用来指定字符串 source 中变量的值，如果二者有冲突，以 locals 为准。如果参数 globals 和 locals 都没有指定，就按局部作用域、闭包作用域、全局作用域、内置命名空间的顺序搜索字符串 source 中的变量并进行替换，如果找不到变量就抛出异常 NameError 提示变量没有定义
filter(function or None, iterable)	使用 function 函数描述的规则对可迭代对象 iterable 中的元素进行过滤，返回 filter 对象，其中包含 iterable 中使得函数 function 返回值等价于 True 的那些元素，第一个参数为 None 时返回的 filter 对象中包含 iterable 中所有等价于 True 的元素
float(x=0, /)	把整数或字符串 x 转换为浮点数，直接调用 float()不带参数时返回实数 0.0
format(value, format_spec='', /)	把参数 value 按 format_spec 指定的格式转换为字符串，功能相当于 value.__format__(format_spec)。例如，format(5, '6d')的结果为'　　5'，详细用法可以执行语句 help('FORMATTING')查看
globals()	返回当前作用域中所有全局变量与值组成的字典
hash(obj, /)	计算参数 obj 的哈希值，如果 obj 不可哈希则抛出异常。该函数常用来测试一个对象是否可哈希，不需要关心具体的哈希值。在 Python 中，可哈希与不可变是一个意思，不可哈希与可变是一个意思
help(obj)	返回对象 obj 的帮助信息，例如 help(sum)可以查看内置函数 sum()的使用说明。直接调用 help()函数不加参数时进入交互式帮助会话，输入字母 q 退出
hex(number, /)	返回整数 number 的十六进制形式的字符串
id(obj, /)	返回对象的内存地址
input(prompt=None, /)	输出参数 prompt 的内容作为提示信息，接收键盘输入的内容（回车表示输入结束），以字符串形式返回，不包含最后的换行符
int([x]) int(x, base=10)	返回实数 x 的整数部分，或把字符串 x 看作 base 进制数并转换为十进制，base 默认为十进制，其他可用的值为 0 或 2～36 之间的整数。直接调用 int()不加参数时返回整数 0
isinstance(obj, class_or_tuple, /)	测试对象 obj 是否属于指定类型（如果有多个类型的话需要放到元组中）的实例
len(obj, /)	返回可迭代对象 obj 包含的元素个数，适用于列表、元组、集合、字典、字符串以及 range 对象，不适用于具有惰性求值特点的生成器对象、map、zip 等迭代器对象。该函数与对象的特殊方法__len__()对应，见 6.4 节
list(iterable=(), /) tuple(iterable=(), /) dict()、dict(mapping)、dict(iterable)、dict(**kwargs) set()、set(iterable)	把对象 iterable 转换为列表、元组、字典或集合并返回，或不带参数时返回空列表、空元组、空字典、空集合，详见第 3 章。左侧单元格中 dict()和 set()都有多种用法，不同用法之间使用顿号进行了分隔。参数名前面加两个星号表示可以接收多个关键参数（见 5.2 节），也就是调用函数时以 name=value 或**kwargs 这样形式传递的参数
map(func, *iterables)	返回包含若干函数值的 map 对象，函数 func 的参数分别来自于 iterables 指定的一个或多个可迭代对象中对应位置的元素。形参前面加一个星号表示可以接收任意多个按位置传递的实参，见 5.2 节
max(iterable, *[, default=obj, key=func]) max(arg1, arg2, *args, *[, key=func])	返回最大值，允许使用参数 key 指定排序规则，使用参数 default 指定 iterable 为空时返回的默认值
min(iterable, *[, default=obj, key=func]) min(arg1, arg2, *args, *[, key=func])	返回最小值，允许使用参数 key 指定排序规则，使用参数 default 指定 iterable 为空时返回的默认值
next(iterator[, default])	返回迭代器对象 iterator 中的下一个元素，如果 iterator 为空则返回参数 default 的值，如果不指定 default 参数，当 iterable 为空时会抛出异常
oct(number, /)	返回整数 number 的八进制形式的字符串

（续）

函　　数	功能简要说明
open(file, mode='r', buffering=-1, encoding=None, errors=None, newline=None, closefd=True, opener=None)	以参数 mode 指定的模式打开参数 file 指定的文件并返回文件对象，可以使用 help(open)查看完整用法，相关应用见第 9 章和第 11 章
pow(base, exp, mod=None)	相当于 base ** exp 或(base ** exp) % mod
ord(c, /)	返回长度为 1 的字符串 c 的 Unicode 编码
print(value, ..., sep=' ', end='\n', file=sys.stdout, flush=False)	基本输出函数，可以输出一个或多个值，sep 参数表示相邻数据之间的分隔符（默认为空格），end 参数用来指定输出完所有值后的结束符（默认为换行符）
range(stop) range(start, stop[, step])	返回 range 对象，其中包含左闭右开区间[start,stop)内以 step 为步长的整数，其中 start 默认为 0，step 默认为 1
reduce(function, sequence[, initial])	将双参数函数 function 以迭代的方式从左到右依次应用至可迭代对象 sequence 中每个元素，并把中间计算结果作为下一次计算时函数 function 的第一个参数，最终返回单个值作为结果。在 Python 3.x 中 reduce()不是内置函数，需要从标准库 functools 中导入再使用
repr(obj, /)	把对象 obj 转换为适合 Python 解释器读取的字符串形式，对于不包含反斜线的字符串和其他类型对象，repr(obj)与 str(obj)功能一样，对于包含反斜线的字符串，repr()会把单个反斜线转换为两个
reversed(sequence, /)	返回 sequence 中所有元素逆序后组成的迭代器对象
round(number, ndigits=None)	对 number 进行四舍五入，若不指定小数位数 ndigits 则返回整数，参数 ndigits 可以为负数。最终结果最多保留 ndigits 位小数，如果原始结果的小数位数少于 ndigits，不再处理。例如，round(3.1, 3)的结果为 3.1
sorted(iterable, /, *, key=None, reverse=False)	返回排序后的列表，其中参数 iterable 表示要排序的可迭代对象，参数 key 用来指定排序规则或依据，参数 reverse 用来指定升序或降序，默认为升序。单个星号*做参数表示该位置后面的所有参数都必须为关键参数，星号本身不是参数
str(object='') str(bytes_or_buffer[, encoding[, errors]])	创建字符串对象或者把字节串使用参数 encoding 指定的编码格式转换为字符串，直接调用 str()不带参数时返回空字符串''
sum(iterable, /, start=0)	返回可迭代对象 iterable 中所有元素之和再加上 start 的结果，参数 start 默认值为 0
type(object_or_name, bases, dict) type(object) type(name, bases, dict)	查看对象类型或创建新类型
zip(*iterables)	组合多个可迭代对象中对应位置上的元素，返回 zip 对象，其中每个元素为(seq1[i], seq2[i], ...)形式的元组，最终结果中包含的元素个数取决于所有参数可迭代对象中最短的那个

2.3.1 类型转换与判断

微课视频 2-3

1）内置函数 bin()、oct()、hex()用来将整数转换为二进制、八进制和十六进制形式，这 3 个函数都要求参数必须为整数，但不必须是十进制。

```
>>> bin(555)                    # 把数字转换为二进制串
'0b1000101011'
>>> oct(555)                    # 转换为八进制串
'0o1053'
>>> hex(555)                    # 转换为十六进制串
'0x22b'
```

内置函数 float()用来将其他类型数据转换为实数，complex()函数可以用来生成复数。

```
>>> float(3)                    # 把整数转换为实数
3.0
>>> float('3.5')                # 把数字字符串转换为实数
3.5
>>> float('inf')                # 无穷大，其中 inf 不区分大小写
inf
>>> complex(3)                  # 指定实部，创建复数
(3+0j)
>>> complex(3, 5)               # 指定实部和虚部
(3+5j)
>>> complex('inf')              # 无穷大
(inf+0j)
```

内置函数 int()用来获取实数的整数部分，或者尝试把字符串按指定的进制转换为十进制数。

```
>>> int(3.14)                   # 获取实数的整数部分
3
>>> int('111', 2)               # 把二进制数转换为十进制数
7
>>> int('1111', 8)              # 把八进制数转换为十进制数
585
>>> int('1234', 16)             # 把十六进制数转换为十进制数
4660
>>> int('0o1234', 0)            # 0 表示使用字符串明确表示的进制，例如 0o 表示八进制
668
>>> int('   345\n\t')           # 自动忽略两侧的空白字符
345
```

2）ord()函数用来返回单个字符的 Unicode 码，chr()函数用来返回 Unicode 编码对应的字符，str()函数直接将其任意类型参数转换为字符串。

```
>>> ord('a')                    # 查看指定字符的 Unicode 编码
97
>>> chr(65)                     # 返回数字 65 对应的字符
'A'
>>> chr(ord('A')+1)             # Python 不允许字符串和数字之间的加法操作
'B'
>>> chr(ord('国')+1)            # 支持中文
'图'
>>> str(1234)                   # 直接变成字符串
'1234'
>>> str([1,2,3])
'[1, 2, 3]'
>>> str((1,2,3))
'(1, 2, 3)'
>>> str({1,2,3})
'{1, 2, 3}'
```

3）函数 list()、tuple()、dict()、set()分别用来把参数指定的可迭代对象转换成为列表、元组、字典和集合，或者不带参数时创建空列表、空元组、空字典和空集合。

```
>>> list(range(5))                    # 把 range 对象转换为列表
[0, 1, 2, 3, 4]
>>> tuple(_)                          # 一个下画线表示上一次正确的输出结果
(0, 1, 2, 3, 4)
>>> dict(zip('1234', 'abcde'))        # 创建字典，zip()函数见 2.3.8 节
{'1': 'a', '2': 'b', '3': 'c', '4': 'd'}
>>> set('1112234')                    # 创建集合，自动去除重复
{'4', '2', '3', '1'}
```

4）内置函数 eval()用来计算字符串的值，在有些场合也可以用来实现类型转换的功能。

```
>>> eval('3+5')
8
>>> eval(b'3+5')                      # 引号前面加字母 b 表示字节串
8
>>> eval('9')                         # 把数字字符串转换为数字
9
>>> eval('09')                        # 抛出异常，不允许以 0 开头的数字
SyntaxError: invalid token
>>> int('09')                         # 这样转换是可以的
9
>>> list(str([1, 2, 3, 4]))           # 字符串中每个字符都变为列表中的元素
['[', '1', ',', ' ', '2', ',', ' ', '3', ',', ' ', '4', ']']
>>> eval(str([1, 2, 3, 4]))           # 字符串求值，还原对象
[1, 2, 3, 4]
```

5）内置函数 type()和 isinstance()可以用来查看和判断数据的类型。

```
>>> type([3])                         # 查看[3]的类型
<class 'list'>
>>> type({3}) in (list, tuple, dict)
False
>>> isinstance(3, int)                # 判断 3 是否为 int 类型的实例
True
>>> isinstance(3j, (int, float, complex))
True
```

2.3.2 最值与求和

微课视频 2-4

max()、min()、sum()这 3 个内置函数分别用于计算列表、元组或其他包含有限个元素的可迭代对象中所有元素最大值、最小值以及所有元素之和。

下面的代码首先生成包含 10 个随机数的列表，然后分别计算该列表的最大值、最小值、所有元素之和以及平均值，请自行测试。

```
>>> from random import choices
>>> a = choices(range(1,101), k=10)
```

```
                                    # 包含10个[1,100]之间随机数的列表
>>> print(max(a), min(a), sum(a))   # 最大值、最小值、所有元素之和
>>> sum(a) / len(a)                 # 平均值
```

函数 max()和 min()还支持 key 参数，用来指定比较大小的依据或规则，可以是函数、lambda 表达式或其他类型的可调用对象。

```
>>> max(['2', '111'])               # 不指定排序规则，返回最大的字符串
'2'
>>> max(['2', '111'], key=len)      # 返回最长的字符串
'111'
```

2.3.3 基本输入/输出

微课视频 2-5

input()和 print()是 Python 的基本输入/输出函数，前者用来接收用户的键盘输入，后者用来把数据以指定的格式输出到标准控制台或指定的文件对象。不论用户输入什么内容，input()一律返回字符串，必要的时候可以使用内置函数 int()、float()或 eval()对用户输入的内容进行类型转换。例如：

```
>>> x = input('Please input: ')     # input()函数参数表示提示信息
Please input: 345
>>> x
'345'
>>> type(x)                         # 把用户的输入作为字符串对待
<class 'str'>
>>> int(x)                          # 转换为整数
345
>>> eval(x)                         # 对字符串求值，或类型转换
345
>>> x = input('Please input: ')
Please input: [1, 2, 3]
>>> x                               # 不管用户输入什么，一律返回字符串
'[1, 2, 3]'
>>> type(x)
<class 'str'>
>>> eval(x)                         # 注意，这里不能使用list()进行转换
[1, 2, 3]
```

内置函数 print()用于输出信息到标准控制台或指定文件，语法格式为：

```
print(value1, value2, ..., sep=' ', end='\n',
      file=sys.stdout, flush=False)
```

其中 sep 参数之前为需要输出的内容（可以有多个）；sep 参数用于指定数据之间的分隔符，默认为空格；end 参数表示结束符，默认为换行符。例如：

```
>>> print(1, 3, 5, 7, sep='\t')     # 修改分隔符为制表符
1    3    5    7
>>> for i in range(10):             # 修改 end 参数，每次输出之后不换行
    print(i, end=' ')
```

```
0 1 2 3 4 5 6 7 8 9
```

2.3.4 排序与逆序

微课视频 2-6

sorted()函数可以对列表、元组、字典、集合或其他有限长度的可迭代对象进行排序并返回新列表，支持使用 key 参数指定排序规则，其含义和用法与 max()函数、min()函数的 key 参数相同。

```
>>> x = list(range(11))
>>> import random
>>> random.shuffle(x)                          # shuffle()用来随机打乱顺序
>>> x
[2, 4, 0, 6, 10, 7, 8, 3, 9, 1, 5]
>>> sorted(x)                                  # 按数字大小升序排序
[0, 1, 2, 3, 4, 5, 6, 7, 8, 9, 10]
>>> sorted(x, key=str)                         # 按转换为字符串后的大小排序
[0, 1, 10, 2, 3, 4, 5, 6, 7, 8, 9]
>>> sorted(x, key=lambda item: len(str(item)), reverse=True)
                                               # 按转换为字符串后的长度降序排序
[10, 2, 4, 0, 6, 7, 8, 3, 9, 1, 5]
>>> x                                          # 不影响原来列表的元素顺序
[2, 4, 0, 6, 10, 7, 8, 3, 9, 1, 5]
>>> x = ['aaaa', 'bc', 'd', 'b', 'ba']
>>> sorted(x, key=lambda item: (len(item), item))
                                               # 先按长度排序，长度一样的正常排序
['b', 'd', 'ba', 'bc', 'aaaa']
```

reversed()函数可以对可迭代对象（生成器对象和 zip、map、filter、enumerate 等类似迭代器对象除外）进行翻转（首尾交换）并返回可迭代的 reversed 对象。

```
>>> list(reversed(x))                          # reversed 对象是迭代器对象
['ba', 'b', 'd', 'bc', 'aaaa']
```

2.3.5 枚举与迭代

微课视频 2-7

enumerate()函数用来枚举可迭代对象中的元素，返回可迭代的 enumerate 对象，其中每个元素都是包含索引和值的元组。在使用时，既可以把 enumerate 对象转换为列表、元组、集合，也可以使用 for 循环直接遍历其中的元素。

```
>>> list(enumerate('abcd'))                         # 枚举字符串中的元素
[(0, 'a'), (1, 'b'), (2, 'c'), (3, 'd')]
>>> list(enumerate(['Python', 'Greate']))           # 枚举列表中的元素
[(0, 'Python'), (1, 'Greate')]
>>> for index, value in enumerate(range(10, 15)):
    print((index, value), end=' ')

(0, 10) (1, 11) (2, 12) (3, 13) (4, 14)
```

2.3.6 map()函数、reduce()函数、filter()函数

微课视频 2-8

1. map()函数

内置函数 map()把一个可调用对象 func 依次映射到一个或多个可迭代对象对应位置的元素上，返回一个 map 对象，map 对象属于迭代器类型，其中每个元素是原可迭代对象中元素经过 func 处理后的结果，不对原可迭代对象做任何修改。

```
>>> list(map(str, range(5)))        # 把 range 对象中的元素转换为字符串
['0', '1', '2', '3', '4']
>>> def add5(v):                    # 单参数函数，见 5.1 节
    return v+5

>>> list(map(add5, range(10)))      # 把单参数函数映射到一个可迭代对象的所有元素
[5, 6, 7, 8, 9, 10, 11, 12, 13, 14]
>>> def add(x, y):                  # 可以接收两个参数的函数
    return x+y

>>> list(map(add, range(5), range(5,10)))
                                    # 把双参数函数映射到两个可迭代对象上
[5, 7, 9, 11, 13]
>>> list(map(lambda x, y: x+y, range(5), range(5,10)))
                                    # 使用 lambda 表达式实现同样功能
                                    # 该 lambda 表达式相等于一个函数，
                                    # 接收 x 和 y 作为参数，返回 x+y 的值
                                    # lambda 表达式的介绍详见 5.4 节
[5, 7, 9, 11, 13]
>>> import random
>>> x = random.randint(1, 1e30)     # 生成指定范围内的随机整数
                                    # 1e30 表示 10 的 30 次方
>>> x
839746558215897242220046223150
>>> list(map(int, str(x)))          # 提取大整数每位上的数字
[8, 3, 9, 7, 4, 6, 5, 5, 8, 2, 1, 5, 8, 9, 7, 2, 4, 2, 2, 2, 0, 0, 4, 6, 2, 2, 
3, 1, 5, 0]
```

2. reduce()函数

标准库 functools 中的函数 reduce()可以将一个双参数函数以迭代的方式从左到右依次作用到一个序列或迭代器对象的所有元素上，并且允许指定一个初始值。例如，reduce(lambda x, y: x+y, [1, 2, 3, 4, 5])计算过程为((((1+2)+3)+4)+5)，第一次计算时 x 为 1，而 y 为 2；第二次计算时 x 的值为(1+2)，而 y 的值为 3；第三次计算时 x 的值为((1+2)+3)，而 y 的值为 4；以此类推，最终完成计算并返回((((1+2)+3)+4)+5)的值。

```
>>> from functools import reduce
>>> reduce(lambda x, y: x+y, range(1, 10))    # lambda 表达式相当于函数
45
```

上面实现数字累加的代码运行过程如图 2-1 所示。

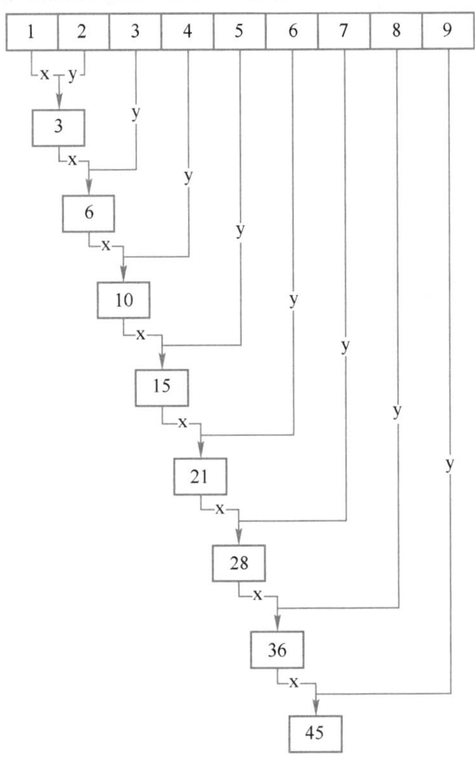

图 2-1　reduce()函数执行过程示意图

3．filter()函数

内置函数 filter()将一个单参数函数作用到一个可迭代对象上，返回其中使得该函数返回值等价于 True 的那些元素组成的 filter 对象，如果指定函数为 None，则返回可迭代对象中等价于 True 的元素。filter 对象是迭代器对象，在使用时可以把 filter 对象转换为列表、元组、集合，也可以直接使用 for 循环遍历其中的元素。

```
>>> seq = ['foo', 'x41', '?!', '***']
>>> def func(x):
    return x.isalnum()                    # isalnum()是字符串的方法
                                          # 用于测试 x 是否仅包含字母或数字
>>> filter(func, seq)                     # 返回 filter 对象
<filter object at 0x000000000305D898>
>>> list(filter(func, seq))               # 把 filter 对象转换为列表
['foo', 'x41']
>>> list(filter(str.isalnum, seq))        # 也可以这样直接使用 isalnum()方法
['foo', 'x41']
>>> seq                                   # 不对原列表做任何修改
['foo', 'x41', '?!', '***']
```

2.3.7 range()函数

微课视频 2-9

range()是 Python 开发中常用的一个内置函数，语法格式为 range([start,] stop [, step])，有 range(stop)、range(start, stop)和 range(start, stop, step)三种用法。该函数返回 range 对象，包含左闭右开区间[start, stop]内以 step 为步长的整数，其中参数 start 默认为 0，step 默认为 1。

```
>>> range(5)                    # 只指定参数 stop，start 默认为 0，step 默认为 1
range(0, 5)
>>> list(_)                     # 交互模式中单个下画线表示上一个正确计算的表达式的值
[0, 1, 2, 3, 4]
>>> list(range(1, 10, 2))       # 3 个参数都必须为整数
[1, 3, 5, 7, 9]
>>> list(range(9, 0, -2))       # 步长为负数时，start 应比 end 大，否则为空
[9, 7, 5, 3, 1]
>>> for i in range(4):          # 循环 4 次
    print(3, end=' ')

3 3 3 3
```

2.3.8 zip()函数

微课视频 2-10

zip()函数用来把多个可迭代对象中对应位置上的元素组合到一起，返回一个 zip 对象，其中每个元素都是包含原来多个可迭代对象对应位置上元素的元组，最终结果 zip 对象中包含的元素个数取决于所有参数可迭代对象中最短的那个。

```
>>> list(zip('abcd', [1, 2, 3]))               # 组合字符串和列表中对应位置的元素
[('a', 1), ('b', 2), ('c', 3)]
>>> list(zip('abcd'))                          # 参数可以是 1 个可迭代对象
[('a',), ('b',), ('c',), ('d',)]
>>> list(zip('123', 'abc', ',.!'))             # 组合 3 个字符串中对应位置上的元素
[('1', 'a', ','), ('2', 'b', '.'), ('3', 'c', '!')]
>>> for item in zip('abcd', range(3)):         # zip 对象属于迭代器对象
     print(item)

('a', 0)
('b', 1)
('c', 2)
>>> x = zip('abcd', '1234')
>>> list(x)
[('a', '1'), ('b', '2'), ('c', '3'), ('d', '4')]
>>> list(x)                                    # 注意，zip 对象只能遍历一次
                                               # 访问过的元素就不存在了
                                               # enumerate、filter、map 对象，
```

```
                                    # 以及生成器对象也有这个特点
[]
```

2.4 Python 关键字简要说明

关键字只允许用来表达特定的语义，不允许通过任何方式改变它们的含义，也不能用来做变量名、函数名或类名等标识符。在 Python 开发环境中导入模块 keyword 之后，可以使用 print(keyword.kwlist)查看所有关键字，其含义如表 2-4 所示。

表 2-4　Python 关键字含义

关　键　字	含　　义
False	常量，逻辑假，首字母必须大写
None	常量，空值，首字母必须大写
True	常量，逻辑真，首字母必须大写
and	逻辑与运算，见 2.2.5 节
as	在 import、with 或 except 语句中给对象起别名，见 1.6 节、9.2.3 节、10.2 节
assert	断言，用来确保某个条件必须满足，可用来帮助调试程序，见 10.3 节
break	用在循环结构中，提前结束 break 所在层次的循环结构，见 4.3.2 节
class	用来定义类，见 6.1 节
continue	用在循环结构中，提前结束本次循环，见 4.3.2 节
def	用来定义函数，见 5.1 节
del	用来删除对象或对象成员
elif	用在选择结构中，表示 else if 的意思，见 4.2 节
else	可以用在选择结构、循环结构和异常处理结构中，见 4.2 节、4.3 节、10.2.2 节
except	用在异常处理结构中，用来捕获特定类型的异常，见 10.2 节
finally	用在异常处理结构中，用来表示不论是否发生异常都会执行的代码，见 10.2.3 节
for	构造 for 循环结构，用来遍历可迭代对象中的所有元素，见 4.3 节
from	明确指定从哪个模块中导入什么对象，例如 from math import sin；或与 yield 一起定义生成器；或在 raise 语句中用来保持原来的异常信息
global	定义或声明全局变量，见 5.3 节
if	用在选择结构或推导式、生成器表达式中，见 4.2 节、3.2.6 节、3.3.3 节
import	用来导入模块或模块中的对象，见 1.6 节
in	成员测试，见 2.3.3 节
is	同一性测试
lambda	用来定义 lambda 表达式，类似于函数，见 5.4 节
nonlocal	用来声明 nonlocal 变量
not	逻辑非运算
or	逻辑或运算
pass	空语句，执行该语句时什么都不做，常用作占位符

（续）

关 键 字	含 义
raise	用来显式抛出异常
return	在函数中用来返回值，如果没有指定返回值，表示返回空值 None，见第 5 章
try	在异常处理结构中用来限定可能会引发异常的代码块，见 10.2 节
while	用来构造 while 循环结构，只要条件表达式等价于 True 就重复执行限定的代码块，见 4.3 节
with	上下文管理，具有自动管理资源的功能，见 9.2.3 节、10.3 节
yield	在生成器函数中用来生成值，见 5.5 节

本章小结

本章主要介绍 Python 内置对象的创建和简单使用、运算符语法与使用、内置函数语法与使用。本章内容是编写 Python 程序的重要基础，应熟练掌握，尤其是运算符和内置函数。

本章习题

扫描二维码获取本章习题。

习题 02

第 3 章　Python 序列结构

Python 序列结构类似于其他语言中的数组，是用来存储大量数据的容器，但提供了更加强大的功能。熟练运用这些结构，可以更加快捷地解决问题。本章将详细介绍列表、元组、字典、集合这几种常用的序列结构，以及列表推导式和生成器表达式等语法和应用。

本章学习目标

- 掌握列表、元组、字典、集合的特点和对象自身提供的方法
- 掌握运算符和内置函数对列表、元组、字典、集合的操作
- 理解列表推导式、生成器表达式的工作原理
- 掌握切片操作的语法和应用
- 掌握序列解包的用法

3.1　Python 序列概述

Python 序列属于容器类结构，用于包含大量数据，类似于其他语言中的数组，但提供了更加强大的功能。

Python 中常用的序列结构有列表、元组、字典、字符串、集合等。从是否有序这个角度可以分为有序序列和无序序列，从是否可变来看则可以分为可变序列和不可变序列两大类，如图 3-1 所示。对于有序序列，可以说哪个是第一个元素、哪个是第二个元素，或者哪个是倒数第一个元素、哪个是倒数第二个元素，也可以使用整数作为索引去直接访问指定位置上的元素，并且支持使用切片，而无序序列则不支持这些用法。对于可变序列，可以修改其中元素的引用，也可以为其增加新元素或删除已有的元素，不可变序列则不支持这样做。另外，生成器对象和 range、map、enumerate、filter、zip 等对象也部分支持类似于序列的操作。

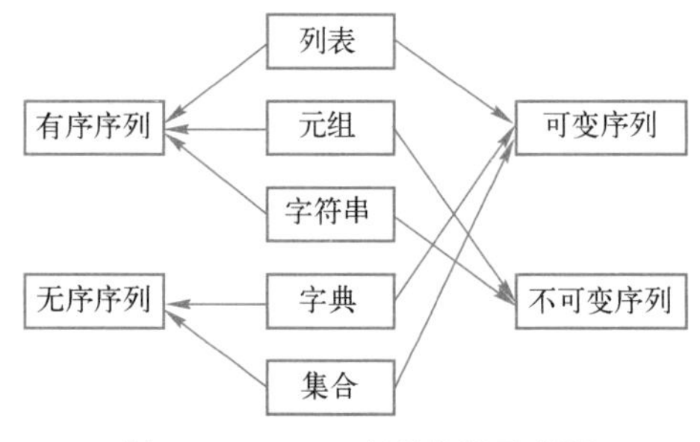

图 3-1　Python 序列分类示意图

3.2　列表

列表（list）是包含若干元素的有序连续内存空间。在形式上，列表的所有元素放在一对方括号中，相邻元素之间使用逗号分隔。在 Python 中，同一个列表中元素的数据类型可以各不相同，可以同时包含整数、实数、实数等基本类型的元素，也可以包含列表、元组、字典、集合、

函数以及其他任意对象。如果只有一对方括号而没有任何元素则表示空列表。下面几个都是合法的列表对象。

```
[10, 20, 30, 40]
['crunchy frog', 'ram bladder', 'lark vomit']
['spam', 2.0, 5, [10, 20]]
[['file1', 200,7], ['file2', 260,9]]
[{3}, {5:6}, (1, 2, 3)]
```

3.2.1 列表创建与删除

微课视频 3-1

使用“=”直接将一个列表赋值给变量即可创建列表对象。

```
>>> a_list = ['a', 'b', 'c', 'd', 'e']
>>> a_list = []                          # 创建空列表
```

也可以使用 list()函数把元组、range 对象、字符串、字典、集合或其他有限长度的可迭代对象转换为列表。

```
>>> list((3, 5, 7, 9, 11))              # 将元组转换为列表
[3, 5, 7, 9, 11]
>>> list(range(1, 10, 2))               # 将 range 对象转换为列表
[1, 3, 5, 7, 9]
>>> list('hello world')                 # 将字符串转换为列表
['h', 'e', 'l', 'l', 'o', ' ', 'w', 'o', 'r', 'l', 'd']
>>> list({3, 7, 5})                     # 将集合转换为列表，集合中的元素是无序的
[3, 5, 7]
>>> list({'a':3, 'b':9, 'c':78})        # 将字典的“键”转换为列表
['a', 'b', 'c']
>>> list({'a':3, 'b':9, 'c':78}.items()) # 将字典的元素转换为列表
[('a', 3), ('b', 9), ('c', 78)]
>>> x = list()                          # 创建空列表
```

当一个列表不再使用时，可以使用 del 命令将其删除。

```
>>> x = [1, 2, 3]
>>> del x                               # 删除列表对象
>>> x                                   # 对象删除后无法再访问，抛出异常
NameError: name 'x' is not defined
```

3.2.2 列表元素访问

列表属于有序序列，可以使用整数作为下标来随机访问其中任意位置上的元素，其中下标 0 表示第 1 个元素，1 表示第 2 个元素，2 表示第 3 个元素，以此类推；列表还支持使用负整数作为下标，其中-1 表示最后 1 个元素，-2 表示倒数第 2 个元素，-3 表示倒数第 3 个元素，以此类推。以列表['P', 'y', 't', 'h', 'o', 'n']为例，图 3-2 显示了每个元素的正向索引和反向索引。

```
>>> x = list('Python')              # 把字符串转换为列表
>>> x
['P', 'y', 't', 'h', 'o', 'n']
```

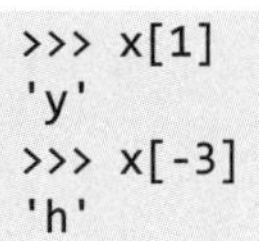

```
>>> x[1]                          # 下标为1的元素，第二个元素
'y'
>>> x[-3]                         # 下标为-3的元素，倒数第三个元素
'h'
```

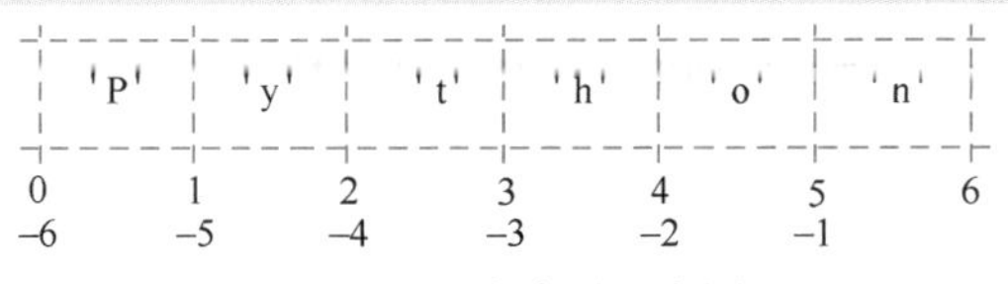

图 3-2　双向索引示意图

3.2.3　列表常用方法

列表对象常用的方法（method）如表 3-1 所示。

表 3-1　列表对象常用方法

方　法	说　明
append(x)	将任意对象 x 追加至列表尾部
extend(L)	将可迭代对象 L 中所有元素追加至列表尾部
insert(index, x)	在列表 index 位置处插入任意对象 x
remove(x)	在列表中删除第一个值为 x 的元素，如果列表中不存在 x 则抛出异常
pop([index])	删除并返回列表中下标为 index 的元素，index 默认为-1
index(x)	返回列表中第一个值为 x 的元素的索引，若不存在值为 x 的元素则抛出异常
count(x)	返回 x 在列表中的出现次数
reverse()	对列表所有元素进行原地逆序，首尾交换
sort(key=None, reverse=False)	对列表中的元素进行原地排序，key 用来指定排序规则，reverse 为 False 表示升序，True 表示降序

（1）append()、insert()、extend()

append()方法用于向列表尾部追加一个元素，insert()方法用于向列表任意指定位置插入一个元素，extend()方法用于将另一个可迭代对象中的所有元素追加至当前列表的尾部，这 3 个方法都没有返回值，或者说返回空值。

```
>>> x = [1, 2, 3]
>>> x.append(4)                   # 在尾部追加元素
>>> x.insert(0, 0)                # 在指定位置插入元素
>>> x.extend([5, 6, 7])           # 在尾部追加多个元素
>>> x
[0, 1, 2, 3, 4, 5, 6, 7]
```

（2）pop()、remove()

pop()方法用于删除并返回指定位置（默认是最后一个）上的元素，如果指定的位置不是合法的索引则抛出异常；remove()方法用于删除列表中第一个值与参数相等的元素，如果列表中不存在该元素则抛出异常。另外，还可以使用 del 命令删除列表中指定位置的元素。

```
>>> x = [1, 2, 3, 4, 5, 6, 7]
>>> x.pop()                       # 删除并返回尾部元素
7
```

```
>>> x.pop(0)                             # 删除并返回第一个元素
1
>>> x = [1, 2, 1, 1, 2]
>>> x.remove(2)                          # 删除第一个值为 2 的元素，没有返回值
>>> del x[3]                             # 删除下标为 3 的元素
>>> x
[1, 1, 1]
```

注意，由于列表具有内存自动收缩和扩张功能，在列表中间位置插入或删除元素时，会导致该位置之后的元素后移或前移，不仅效率较低，而且该位置后面所有元素在列表中的索引也会发生变化。

（3）count()、index()

列表方法 count()用于返回列表中指定元素出现的次数；index()方法用于返回指定元素在列表中首次出现的位置，如果该元素不在列表中则抛出异常。

```
>>> x = [1, 2, 2, 3, 3, 3, 4, 4, 4, 4]
>>> x.count(3)                           # 元素 3 在列表 x 中的出现次数
3
>>> x.index(2)                           # 元素 2 在列表 x 中首次出现的索引
1
>>> x.index(5)                           # 列表 x 中没有 5，抛出异常
ValueError: 5 is not in list
```

（4）sort()、reverse()

sort()方法用于按照指定的规则对列表中所有元素进行原地排序；reverse()方法用于将列表所有元素原地翻转，也就是第一个元素和倒数第一个元素交换位置，第二个元素和倒数第二个元素交换位置，以此类推。这两个方法都没有返回值。

```
>>> x = list(range(11))                  # 包含 11 个整数的列表
>>> import random
>>> random.shuffle(x)                    # 把列表 x 中的元素随机乱序
>>> x
[6, 0, 1, 7, 4, 3, 2, 8, 5, 10, 9]
>>> x.sort(key=lambda item:len(str(item)), reverse=True)
                                         # 按转换成字符串以后的长度
                                         # 降序排列，没有返回值
>>> x                        # 变为字符串以后长度一样的元素保持原来的相对顺序
[10, 6, 0, 1, 7, 4, 3, 2, 8, 5, 9]
>>> x.sort(key=str)                      # 按转换为字符串后的大小升序排序

>>> x
[0, 1, 10, 2, 3, 4, 5, 6, 7, 8, 9]
>>> x.sort()                             # 按整数大小升序排序
>>> x
[0, 1, 2, 3, 4, 5, 6, 7, 8, 9, 10]
>>> x.reverse()                          # 把所有元素翻转或逆序，没有返回值
>>> x
[10, 9, 8, 7, 6, 5, 4, 3, 2, 1, 0]
```

3.2.4 列表对象支持的运算符

加法运算符+可以连接两个列表，得到一个新列表。

```
>>> x = [1, 2, 3]
>>> x = x + [4]
>>> x
[1, 2, 3, 4]
```

乘法运算符*可以用于列表和整数相乘，表示序列重复，返回新列表。

```
>>> x = [1, 2, 3, 4]
>>> x = x * 2                           # 重复原列表中元素的引用，得到新列表
>>> x
[1, 2, 3, 4, 1, 2, 3, 4]
```

成员测试运算符 in 可用于测试列表中是否包含某个元素。

```
>>> 3 in [1, 2, 3]
True
>>> 3 in [1, 2, '3']
False
```

关系运算符可以用来比较两个列表的大小。

```
>>> [1, 2, 4] > [1, 2, 3, 5]            # 逐个比较对应位置的元素
                                        # 直到某个元素能够比较出大小为止
True
>>> [1, 2, 4] == [1, 2, 3, 5]
False
```

3.2.5 内置函数对列表的操作

除了列表对象自身方法之外，很多 Python 内置函数也可以对列表进行操作。

```
>>> x = list(range(11))                 # 生成列表
>>> import random
>>> random.shuffle(x)                   # 打乱列表中元素顺序
>>> x
[0, 6, 10, 9, 8, 7, 4, 5, 2, 1, 3]
>>> all(x)                              # 测试是否所有元素都等价于 True
False
>>> any(x)                              # 测试是否存在等价于 True 的元素
True
>>> max(x)                              # 返回最大值
10
>>> max(x, key=str)                     # 转换字符串之后最大的整数
9
>>> min(x)                              # 最小值
0
>>> sum(x)                              # 所有元素之和
55
>>> len(x)                              # 列表元素个数
11
>>> list(zip(x, [1]*11))                # 多个列表中的元素重新组合
[(0, 1), (6, 1), (10, 1), (9, 1), (8, 1), (7, 1), (4, 1), (5, 1), (2, 1), (1,
1), (3, 1)]
>>> list(zip(range(1, 4)))              # zip()函数也可以用于一个可迭代对象
```

```
[(1,), (2,), (3,)]
>>> list(zip(['a', 'b', 'c'], [1, 2]))
                                    # 如果两个列表不等长，以短的为准
[('a', 1), ('b', 2)]
>>> list(enumerate(x))              # 把 enumerate 对象转换为列表
                                    # 也可以转换成元组、集合等
[(0, 0), (1, 6), (2, 10), (3, 9), (4, 8), (5, 7), (6, 4), (7, 5), (8, 2), (9, 1), (10, 3)]
```

3.2.6　列表推导式

微课视频 3-2

列表推导式（list comprehension）可以使用非常简洁的方式对列表或其他可迭代对象的元素进行遍历、过滤或再次计算，快速生成满足特定需求的新列表。列表推导式的语法形式为：

```
[expression  for expr1 in sequence1 if condition1
             for expr2 in sequence2 if condition2
             for expr3 in sequence3 if condition3
             ...
             for exprN in sequenceN if conditionN]
```

列表推导式在逻辑上等价于一个循环语句，只是形式上更加简洁。例如：

```
>>> aList = [x+x for x in range(30)]
```

相当于：

```
>>> aList = []
>>> for x in range(30):             # 循环结构见 4.3 节
    aList.append(x+x)
```

再例如，

```
>>> freshFruit = [' banana', ' loganberry ', 'passion fruit ']
>>> aList = [w.strip() for w in freshFruit]
>>> aList
['banana', 'loganberry', 'passion fruit']
```

等价于下面的代码：

```
>>> aList = []
>>> for item in freshFruit:
    aList.append(item.strip())      # 字符串方法 strip()用来删除两侧的空白字符
```

例 3-1　使用列表推导式实现嵌套列表的平铺。

基本思路：先遍历列表中嵌套的子列表，然后再遍历子列表中的元素并提取出来作为最终列表中的元素。

```
>>> vec = [[1, 2, 3], [4, 5, 6], [7, 8, 9]]
>>> [num for elem in vec for num in elem]
[1, 2, 3, 4, 5, 6, 7, 8, 9]
```

在这个列表推导式中有两个循环，其中第一个循环可以看作是外循环，循环速度慢；第二个循环可以看作是内循环，循环速度快。上面代码的执行过程等价于下面的写法：

```
>>> vec = [[1, 2, 3], [4, 5, 6], [7, 8, 9]]
>>> result = []
>>> for elem in vec:
    for num in elem:
        result.append(num)

>>> result
[1, 2, 3, 4, 5, 6, 7, 8, 9]
```

例 3-2　在列表推导式中使用 if 过滤不符合条件的元素。

基本思路： 在列表推导式中可以使用 if 子句对列表中的元素进行筛选，只在结果列表中保留符合条件的元素。

1）下面的代码可以列出当前文件夹下所有 Python 源文件，其中 os.listdir()用来列出指定文件夹中所有文件和子文件夹清单，字符串方法 endswith()用来测试字符串是否以指定的字符串结束。

```
>>> import os                                  # os 模块详细内容见 9.4.1 节
>>> [filename
     for filename in os.listdir('.')           # '.'表示当前文件夹
     if filename.endswith(('.py', '.pyw'))]
```

2）下面的代码用于从列表中选择符合条件的元素组成新的列表。

```
>>> aList = [-1, -4, 6, 7.5, -2.3, 9, -11]
>>> [i for i in aList if i>0]                  # 保留所有大于 0 的数字
[6, 7.5, 9]
```

3）下面的代码使用列表推导式查找列表中最大元素的所有位置。

```
>>> from random import randint
>>> x = [randint(1, 10) for i in range(20)]
                                               # 20 个介于[1, 10]的整数
>>> x
[10, 2, 3, 4, 5, 10, 10, 9, 2, 4, 10, 8, 2, 2, 9, 7, 6, 2, 5, 6]
>>> m = max(x)
>>> [index for index, value in enumerate(x) if value==m]
                                               # 最大整数的所有出现位置
[0, 5, 6, 10]
```

例 3-3　在列表推导式中同时遍历多个列表

列表推导式 1：

```
>>> [(x, y) for x in [1, 2, 3] for y in [3, 1, 4] if x!=y]
[(1, 3), (1, 4), (2, 3), (2, 1), (2, 4), (3, 1), (3, 4)]
```

列表推导式 2：

```
>>> [(x, y) for x in [1, 2, 3] if x==1 for y in [3, 1, 4] if y!=x]
[(1, 3), (1, 4)]
```

对于包含多个循环的列表推导式，一定要清楚多个循环的执行顺序或“嵌套关系”。例如，列表推导式 2 等价于：

```
>>> result = []
>>> for x in [1, 2, 3]:
    if x == 1:
        for y in [3, 1, 4]:
            if y != x:
                result.append((x,y))

>>> result
[(1, 3), (1, 4)]
```

3.2.7 切片

微课视频 3-3

除了适用于列表之外，切片（slice）还适用于元组、字符串、range 对象，但列表的切片操作具有最强大的功能。可以使用切片来截取列表中的任何部分得到一个新列表，可以通过切片来修改和删除列表中的部分元素，还可以通过切片为列表对象增加元素。

在形式上，切片使用一对方括号和两个冒号分隔的 3 个数字来完成。

```
[start:end:step]
```

其中第一个数字 start 表示切片开始位置，默认为 0（step>0 时）或-1（step<0 时）；第二个数字 end 表示切片截止（但不包含）位置，默认为列表长度（step>0 时）；第三个数字 step 表示切片的步长（默认为 1）。当 start 为 0 或-1 时可以省略，当 end 为列表长度时可以省略，当 step 为 1 时可以省略，省略步长时还可以同时省略最后一个冒号。另外，当 step 为负整数时，表示反向切片，这时 start 应该在 end 的右侧才行，否则得到空列表、元组、字符串或 range 对象。

（1）使用切片获取列表部分元素

使用切片可以返回列表中部分元素组成的新列表。当切片范围超出列表边界时，不会因为下标越界而抛出异常，而是简单地截断或者返回一个空列表，代码具有更强的健壮性。

```
>>> aList = [3, 4, 5, 6, 7, 9, 11, 13, 15, 17]
>>> aList[::]                    # 返回包含原列表中所有元素的新列表
[3, 4, 5, 6, 7, 9, 11, 13, 15, 17]
>>> aList[::-1]                  # 返回包含原列表中所有元素的逆序列表
[17, 15, 13, 11, 9, 7, 6, 5, 4, 3]
>>> aList[::2]                   # 从下标 0 开始，隔一个取一个
[3, 5, 7, 11, 15]
>>> aList[3:6]                   # 指定切片的开始和结束位置
[6, 7, 9]
>>> aList[0:100]                 # 切片结束位置大于列表长度时，从列表尾部截断
[3, 4, 5, 6, 7, 9, 11, 13, 15, 17]
```

（2）使用切片为列表增加元素

可以使用切片在列表任意位置插入新元素，不影响列表对象的内存地址，属于原地操作。

```
>>> aList = [3, 5, 7]
>>> aList[len(aList):]
```

```
[]
>>> aList[len(aList):] = [9]        # 在列表尾部增加元素
>>> aList[:0] = [1, 2]              # 在列表头部插入多个元素
>>> aList[3:3] = [4]                # 在列表中间位置插入元素
>>> aList
[1, 2, 3, 4, 5, 7, 9]
```

（3）使用切片替换和修改列表中的元素

```
>>> aList = [3, 5, 7, 9]
>>> aList[:3] = [1, 2, 3]           # 替换列表元素，等号两边的列表长度相等
>>> aList
[1, 2, 3, 9]
>>> aList[3:] = [4, 5, 6]           # 切片连续，等号两边的列表长度可以不相等
>>> aList
[1, 2, 3, 4, 5, 6]
>>> aList[::2] = ['a', 'b', 'c']    # 隔一个修改一个，等号两边的长度相等
>>> aList
['a', 2, 'b', 4, 'c', 6]
>>> aList[::2] = [1]                # step不为1时等号两边列表长度不相等会出错
ValueError: attempt to assign sequence of size 1 to extended slice of size 3
```

（4）使用切片删除列表中的元素

```
>>> aList = [3, 5, 7, 9]
>>> aList[:3] = []                  # 删除列表中前3个元素
>>> aList
[9]
```

另外，也可以结合使用del命令与切片来删除列表中的部分元素，并且切片可以不连续。

```
>>> aList = [3, 5, 7, 9, 11]
>>> del aList[:3]                   # 切片元素连续
>>> aList
[9, 11]
>>> aList = [3, 5, 7, 9, 11]
>>> del aList[::2]                  # 切片元素不连续，隔一个删一个
>>> aList
[5, 9]
```

3.3 元组与生成器表达式

微课视频 3-4

3.3.1 元组创建与元素访问

可以把元组（tuple）看作是轻量级列表或者简化版列表，支持与列表类似的操作，但功能不如列表强大。在形式上，元组的所有元素放在一对圆括号中，元素之间使用逗号分隔，元组中只有一个元素时必须在最后增加一个逗号。

```
>>> x = (1, 2, 3)       # 直接把元组赋值给一个变量
>>> type(x)             # 使用type()函数查看变量类型
<class 'tuple'>
```

```
>>> x[0]                # 元组支持使用下标访问特定位置的元素
1
>>> x[-1]               # 最后一个元素，元组也支持双向索引
3
>>> x[1] = 4            # 元组中元素的引用和数量都是不可变的
TypeError: 'tuple' object does not support item assignment
>>> x = (3,)            # 如果元组中只有一个元素，必须在后面多写一个逗号
>>> x
(3,)
>>> x = ()              # 空元组
>>> x = tuple()         # 空元组
>>> tuple(range(5))     # 将其他可迭代对象转换为元组
(0, 1, 2, 3, 4)
```

3.3.2 元组与列表的异同点

元组和列表都属于有序序列，都支持使用双向索引随机访问其中的元素，均可以使用 count()方法统计指定元素的出现次数和使用 index()方法获取指定元素首次出现的索引；len()、map()、filter()等大量内置函数以及+、*、in 等运算符也都可以作用于列表和元组。虽然有着一定的相似之处，但元组和列表在本质上和内部实现上都有着很大的不同。

元组属于不可变序列，不可以修改元组中元素的引用，也无法为元组增加或删除元素。因此，元组没有提供 append()、extend()和 insert()等方法，无法向元组中添加元素。同样，元组也没有 remove()和 pop()方法，也不支持对元组元素进行 del 操作，不能从元组中删除元素。元组也支持切片操作，但是只能通过切片来访问元组中的元素，不允许使用切片来修改元组中元素的值，也不支持使用切片操作来为元组增加或删除元素。从一定程度上讲，可以认为元组是轻量级的列表，或者是“常量列表”、“静态列表”。

元组比列表占用内存略少。如果定义了一系列常量值，主要用途仅是对它们进行遍历或其他类似用途，不需要对其元素进行任何修改，那么一般建议使用元组而不用列表。

元组在内部实现上不允许修改，使得代码更加安全，例如，调用函数时使用元组传递参数可以防止在函数中修改元组，使用列表则无法保证这一点。

最后，作为不可变序列，与整数、字符串一样，元组可用作字典的键，也可以作为集合的元素。列表不能当作字典键使用，也不能作为集合中的元素，因为列表不是不可变的，或者说不可散列（也称不可哈希）。

3.3.3 生成器表达式

生成器表达式（generator expression）的语法与列表推导式非常相似，在形式上生成器表达式使用圆括号作为定界符，而不是列表推导式所使用的方括号。生成器表达式的结果是一个生成器对象，具有惰性求值的特点，只在需要时生成新元素（并且每个元素只生成一次），比列表推导式具有更高的效率，空间占用非常少，尤其适合大数据处理的场合。

使用生成器对象中的元素时，可以根据需要将其转化为列表或元组，也可以使用生成器对象的__next__()方法或者内置函数 next()进行遍历，或者直接使用 for 循环来遍历其中的元素。但是不

管用哪种方法访问其元素，只能从前往后正向访问每个元素，没有任何方法可以再次访问已访问过的元素，也不支持使用下标访问其中的元素。当所有元素访问结束以后，如果需要重新访问其中的元素，必须重新创建该生成器对象，enumerate、filter、map、zip 等其他迭代器对象也具有同样的特点。

```
>>> g = ((i+2)**2 for i in range(10))   # 创建生成器对象
>>> g                                   # at 后面的数字表示内存地址
<generator object <genexpr> at 0x0000000003095200>
>>> tuple(g)                            # 将生成器对象转换为元组
(4, 9, 16, 25, 36, 49, 64, 81, 100, 121)
>>> list(g)                             # 在此之前生成器对象已遍历结束
[]
>>> g = ((i+2)**2 for i in range(10))   # 重新创建生成器对象
>>> g.__next__()                        # 使用生成器对象的__next__()方法获取元素
4
>>> g.__next__()                        # 获取下一个元素
9
>>> next(g)                             # 使用函数 next()获取生成器对象中的元素
16
>>> g = ((i+2)**2 for i in range(10))
>>> for item in g:                      # 使用循环直接遍历生成器对象中的元素
    print(item, end=' ')

4 9 16 25 36 49 64 81 100 121
>>> g = map(str, range(20))             # map 对象也具有同样的特点
>>> '2' in g
True
>>> '2' in g                            # 这次判断会把所有元素都给“看”没了
False
>>> '8' in g
False
```

3.4 字典

微课视频 3-5

字典（dict）是包含若干“键:值”元素的无序可变序列，字典中的每个元素包含“键”和“值”两部分，表示一种映射或对应关系，也称关联数组。定义字典时，每个元素的“键”和“值”之间用冒号分隔，不同元素之间用逗号分隔，所有的元素放在一对大括号“{}”中。

字典中元素的“键”可以是 Python 中任意不可变数据，例如，整数、实数、复数、字符串、元组等类型可散列数据，但不能使用列表、集合、字典或其他可变类型作为字典的“键”。另外，字典中的“键”不允许重复，而“值”是可以重复的。Python 3.6 之前使用内置字典类型 dict 时不要太在乎元素的先后顺序，Python 3.6 以及之后的版本中元素存储顺序与放入字典的顺序一致。

3.4.1 字典创建与删除

使用“=”将一个字典赋值给一个变量即可创建一个字典对象，也可以使用内置类 dict 以不

同形式创建字典。当不再需要时，可以直接使用 del 命令删除字典。

```
>>> aDict = {'server': 'db.diveintopython3.org', 'database': 'mysql'}
>>> aDict
{'server': 'db.diveintopython3.org', 'database': 'mysql'}
>>> x = dict()                              # 空字典
>>> x = {}                                  # 空字典
>>> keys = ['a', 'b', 'c', 'd']
>>> values = [1, 2, 3, 4]
>>> d = dict(zip(keys, values))             # 根据已有数据创建字典
>>> d
{'a': 1, 'b': 2, 'c': 3, 'd': 4}
>>> d = dict(name='Dong', age=39)           # 以关键参数的形式创建字典
>>> d
{'name': 'Dong', 'age': 39}
>>> aDict = dict.fromkeys(['name', 'age', 'sex'])
                                            # 以给定内容为“键”
                                            # 创建“值”为空的字典
>>> aDict
{'name': None, 'age': None, 'sex': None}
>>> del aDict                               # 删除字典 aDict
```

3.4.2 字典元素的访问

字典中的每个元素表示一种映射关系或对应关系，根据提供的“键”作为下标就可以访问对应的“值”，如果字典中不存在这个“键”会抛出异常。

```
>>> aDict = {'age': 39, 'score': [98, 97], 'name': 'Dong', 'sex': 'male'}
>>> aDict['age']                      # 指定的“键”存在，返回对应的“值”
39
>>> aDict['address']                  # 指定的“键”不存在，抛出异常
KeyError: 'address'
```

字典对象提供了一个 get()方法用来返回指定“键”对应的“值”，并且允许指定该键不存在时返回特定的“值”（默认为空值 None）。例如：

```
>>> aDict.get('age')                  # 如果字典中存在该“键”，则返回对应的“值”
39
>>> aDict.get('address', 'Not Exists.')
                                      # 指定的“键”不存在时返回指定的默认值
'Not Exists.'
```

也可以对字典对象进行迭代或者遍历，默认是遍历字典的“键”，如果需要遍历字典的元素必须使用字典对象的 items()方法明确说明，如果需要遍历字典的“值”则必须使用字典对象的 values()方法明确说明。当使用 len()、max()、min()、sum()、sorted()、enumerate()、map()、filter()等内置函数以及成员测试运算符 in 对字典对象进行操作时，也遵循同样的约定。

```
>>> aDict = {'age': 39, 'score': [98, 97], 'name': 'Dong', 'sex': 'male'}
>>> for item in aDict:                     # 默认遍历字典的“键”
    print(item)
```

```
age
score
Name
sex
>>> for item in aDict.items():          # 明确指定遍历字典的元素
    print(item)

('age', 39)
('score', [98, 97])
('name', 'Dong')
('sex', 'male')
>>> for value in aDict.values():        # 明确指定遍历字典的“值”
    print(value)


39
[98, 97]
Dong
male
>>> aDict.items()                       # 查看字典中的所有元素
dict_items([('age',39), ('score',[98,97]), ('name','Dong'), ('sex','male')])
>>> aDict.keys()                        # 查看字典中的所有“键”
dict_keys(['age', 'score', 'name', 'sex'])
>>> aDict.values()                      # 查看字典中的所有“值”
dict_values([39, [98, 97], 'Dong', 'male'])
```

3.4.3 字典元素的添加、修改与删除

当以指定“键”为下标为字典元素赋值时，有两种含义。

- 若该“键”存在，则表示修改该“键”对应的“值”。
- 若不存在，则表示添加一个新的“键:值”对，也就是添加一个新元素。

```
>>> aDict = {'age': 35, 'name': 'Dong', 'sex': 'male'}
>>> aDict['age'] = 39                 # 修改元素值
>>> aDict
{'age': 39, 'name': 'Dong', 'sex': 'male'}
>>> aDict['address'] = 'Yantai'       # 添加新元素
>>> aDict
{'age': 39, 'name': 'Dong', 'sex': 'male', 'address': 'Yantai'}
```

使用字典对象的 update()方法可以将另一个字典的“键:值”一次性全部添加到当前字典对象，如果两个字典中存在相同的“键”，则以另一个字典中的“值”为准对当前字典进行更新。

```
>>> aDict = {'age': 37, 'score': [98, 97], 'name': 'Dong', 'sex': 'male'}
>>> aDict.update({'a':97, 'age':39})
                                      # 修改'age'键的值，同时添加新元素'a':97
>>> aDict
{'age': 39, 'score': [98, 97], 'name': 'Dong', 'sex': 'male', 'a': 97}
```

可以使用字典对象的 pop()和 popitem()方法弹出并删除指定的元素，例如：

```
>>> aDict = {'age': 37, 'score': [98, 97], 'name': 'Dong', 'sex': 'male'}
>>> aDict.popitem()                    # 弹出一个元素，对空字典会抛出异常
('sex', 'male')
>>> aDict.pop('age')                   # 弹出指定“键”对应的元素，返回“值”
37
>>> aDict
{'score': [98, 97], 'name': 'Dong'}
```

3.4.4 字典应用案例

例 3-4 首先生成包含 1000 个随机字符的字符串，然后统计每个字符的出现次数，注意 get()方法的运用。

基本思路：在 Python 标准库 string 中，ascii_letters 表示英文字母大小写，digits 表示 10 个数字字符。本例中使用字典存储每个字符的出现次数，其中“键”表示字符，对应的“值”表示出现次数。在生成随机字符串时使用到了生成器表达式，''.join(…)的作用是使用空字符串把参数可迭代对象中的字符串连接起来成为一个长字符串。最后使用 for 循环遍历该长字符串中的每个字符，把每个字符的已出现次数加 1，如果是第一次出现，就假设已出现次数为 0。

```
1.  import string
2.  import random
3.
4.  x = string.ascii_letters + string.digits
5.  z = ''.join((random.choice(x) for i in range(1000)))
                                      # choice()用于从多个元素中随机选择一个
6.  d = dict()
7.  for ch in z:                      # 遍历字符串，统计频次
8.      d[ch] = d.get(ch, 0) + 1      # 已出现次数加 1
9.
10. for k, v in sorted(d.items()):    # 查看统计结果
11.     print(k, ':', v)
```

运行结果如下：

```
0 : 15
1 : 12
2 : 21
3 : 12
4 : 13
5 : 14
6 : 10
7 : 14
8 : 15
9 : 10
A : 15
B : 24
…（略去更多输出结果。注意，字符串 z 是随机的，所以每次运行结果会不同）
```

3.5 集合

微课视频 3-6

集合（set）属于 Python 无序可变序列，使用一对大括号作为定界符，元素之间使用逗号分隔，同一个集合内的每个元素的值都是唯一的，不允许重复。另外，集合中只能包含数字、字符串、元组等不可变类型的数据，不能包含列表、字典、集合等可变类型的数据。

3.5.1 集合对象的创建与删除

直接将集合赋值给变量即可创建一个集合对象。

```
>>> a = {3, 5}                          # 创建集合对象
```

也可以使用 set()函数将列表、元组、字符串、range 对象等其他有限长度的可迭代对象转换为集合，如果原来的数据中存在重复元素，则在转换为集合的时候只保留一个；如果可迭代对象中有不可散列的值，无法转换成为集合，抛出异常。

```
>>> a_set = set(range(8, 14))           # 把 range 对象转换为集合
>>> a_set
{8, 9, 10, 11, 12, 13}
>>> b_set = set([0, 1, 2, 3, 0, 1, 2, 3, 7, 8])
                                        # 转换时自动去掉重复元素
>>> b_set
{0, 1, 2, 3, 7, 8}
>>> x = set()                           # 空集合
```

当不再使用时，可以使用 del 命令删除整个集合。

3.5.2 集合操作与运算

（1）集合元素增加与删除

使用集合对象的 add()方法可以增加新元素，如果该元素已存在则忽略该操作，不会抛出异常；update()方法用于合并另外一个集合中的元素到当前集合中，并自动去除重复元素。例如：

```
>>> s = {1, 2, 3}
>>> s.add(3)                            # 添加元素，重复元素自动忽略
>>> s
{1, 2, 3}
>>> s.update({3,4})                     # 更新当前集合，自动忽略重复的元素
>>> s
{1, 2, 3, 4}
```

集合对象的 pop()方法用于随机删除并返回集合中的一个元素，如果集合为空则抛出异常；remove()方法用于删除集合中的元素，如果指定的元素不存在则抛出异常；discard()用于从集合中删除一个元素，如果元素不在集合中则忽略该操作。

```
>>> s.discard(5)                          # 删除元素，不存在则忽略该操作
>>> s
{1, 2, 3, 4}
>>> s.remove(5)                           # 删除元素，不存在就抛出异常
KeyError: 5
>>> s.pop()                               # 删除并返回一个元素
1
```

（2）集合运算

内置函数 len()、max()、min()、sum()、sorted()、map()、filter()、enumerate()等也可作用于集合。另外，Python 集合还支持数学意义上的交集、并集、差集等运算。例如：

```
>>> a_set = set([8, 9, 10, 11, 12, 13])
>>> b_set = {0, 1, 2, 3, 7, 8}
>>> a_set | b_set                       # 并集
{0, 1, 2, 3, 7, 8, 9, 10, 11, 12, 13}
>>> a_set & b_set                       # 交集
{8}
>>> a_set - b_set                       # 差集
{9, 10, 11, 12, 13}
>>> a_set ^ b_set                       # 对称差集
{0, 1, 2, 3, 7, 9, 10, 11, 12, 13}
```

需要注意的是，关系运算符>、>=、<、<=作用于集合时表示集合之间的包含关系，而不是集合中元素的大小关系。例如，两个集合 A 和 B，如果 A<B 不成立，不代表 A>=B 就一定成立。

```
>>> {1, 2, 3} < {1, 2, 3, 4}            # 真子集
True
>>> {1, 2, 3} <= {1, 2, 3}              # 子集
True
```

3.5.3 集合应用案例

例 3-5　使用集合快速提取序列中的唯一元素。

问题描述：所谓唯一元素，这里是指不重复的元素。也就是说，如果原序列中某个元素出现多次，那么只保留一个。

基本思路：首先使用列表推导式生成一个包含 100 个 10000 以内随机整数的列表，然后把列表转换为集合，自动去除重复元素。

```
1.  import random
2.
3.  # 生成100个10000以内的随机整数，可以使用函数random.choices()改写
4.  listRandom = [random.choice(range(10000)) for i in range(100)]
5.  newSet = set(listRandom)
6.  print(newSet)
```

运行结果如下：

```
{1538, 5130, 9746, 6162,…}            # 略去更多结果
```

例 3-6　获取指定范围内一定数量的不重复整数。

基本思路： 主要利用集合元素不重复的特点，使用 random 模块中的 randint()函数生成一个随机整数，然后使用集合的 add()方法将该随机整数放入集合。如果集合中已经存在该整数则会自动忽略，如果不存在才会放入。函数定义与调用的内容见第 5 章。

```
1.  import random
2.
3.  def randomNumbers(number, start, end):
4.      '''使用集合来生成 number 个介于 start 和 end 之间的不重复随机整数'''
5.      data = set()
6.      while len(data) < number:
7.          element = random.randint(start, end)
8.          data.add(element)
9.
10.     return data
11. data = randomNumbers(10, 1, 100)
12. print(data)
```

某次运行结果如下：

```
{67, 68, 35, 3, 71, 10, 81, 21, 24, 62}
```

当然，如果在项目中需要这样一个功能的时候，还是直接使用 random 模块的 sample()函数更好一些。

```
>>> import random
>>> random.sample(range(1000), 20)      # 在指定的总体中选取不重复元素
[61, 538, 873, 815, 708, 609, 995, 64, 7, 719, 922, 859, 807, 464, 789, 651, 31, 702, 504, 25]
```

例 3-7　测试指定列表中是否包含非法数据。

问题描述： 这里所谓非法数据，是指不允许出现的数据。

基本思路： 代码中假设 lstColor 是允许出现的合法数据，然后使用列表推导式生成一些随机数据，最后利用集合运算来测试 colors 中是否只包含 lstColor 中的数据。

```
1.  import random
2.
3.  lstColor = ('red', 'green', 'blue')
4.  colors = [random.choice(lstColor) for i in range(10000)]
5.
6.  if set(colors) > set(lstColor):     # 转换为集合之后再比较
7.      print('error')
8.  else:
9.      print('no error')
```

例 3-8　电影评分与推荐。

问题描述： 假设已有大量用户对若干电影的评分数据，现有某用户，也看过一些电影并进行过评分，要求根据已有打分数据为该用户进行推荐。

基本思路： 使用基于用户的协同过滤算法，也就是根据用户喜好来确定与当前用户最相似的用户，然后再根据最相似用户的喜好为当前用户进行推荐。本例采用字典来存储打分数据，格式

为{用户 1:{电影名称 1:打分 1, 电影名称 2:打分 2,…}, 用户 2:{…}}，首先在已有数据中查找与当前用户共同打分电影（使用集合的交集运算）数量最多的用户，如果有多个这样的用户就再从中选择打分最接近（打分的差距最小）的用户。代码中使用到了 random 模块中的 randrange()函数，用来生成指定范围内的一个随机整数。

```
1.  from random import randrange
2.
3.  # 历史电影打分数据，一共 10 个用户，每个用户对 3～9 个电影进行评分
4.  # 每个电影的评分最低 1 分、最高 5 分，这里是字典推导式和集合推导式的用法
5.  data = {'user'+str(i):{'film'+str(randrange(1, 15)):randrange(1, 6)
6.                          for j in range(randrange(3, 10))}
7.          for i in range(10)}
8.
9.  # 模拟当前用户打分数据，为 5 部随机电影打分
10. user = {'film'+str(randrange(1, 15)):randrange(1,6) for i in range(5)}
11. # 最相似的用户及其对电影打分情况
12. # 两个用户共同打分的电影最多
13. # 并且所有电影打分差值的平方和最小
14. f = lambda item:(-len(item[1].keys()&user),
15.                  sum(((item[1].get(film)-user.get(film))**2
16.                       for film in user.keys()&item[1].keys())))
17. similarUser, films = min(data.items(), key=f)
18.
19. # 在输出结果中，第一列表示两个人共同打分的电影的数量
20. # 第二列表示二人打分之间的相似度，数字越小表示越相似
21. # 然后是该用户对电影的打分数据
22. print('known data'.center(50, '='))
23. for item in data.items():
24.     print(len(item[1].keys()&user.keys()),
25.           sum(((item[1].get(film)-user.get(film))**2
26.               for film in user.keys()&item[1].keys())),
27.           item,
28.           sep=':')
29. print('current user'.center(50, '='))
30. print(user)
31. print('most similar user and his films'.center(50, '='))
32. print(similarUser, films, sep=':')
33. print('recommended film'.center(50, '='))
34. # 在当前用户没看过的电影中选择打分最高的进行推荐
35. print(max(films.keys()-user.keys(), key=lambda film: films[film]))
```

某次运行结果如图 3-3 所示，在所有已知用户中，user7 和 user9 都与当前用户共同打分的电影数量最多，都是 3。但是，user7 与当前用户打分的距离是 9，而 user9 的距离是 20，所以 user7 与当前用户更接近一些，最终选择该用户进行推荐。

```
====================known data====================
1:0:('user0', {'film7': 1, 'film5': 5, 'film9': 1})
1:16:('user1', {'film12': 4, 'film14': 3, 'film3': 5})
2:16:('user2', {'film4': 5, 'film14': 3, 'film3': 5, 'film11': 1, 'film5': 3})
2:9:('user3', {'film12': 1, 'film4': 5, 'film14': 5, 'film3': 4, 'film5': 4})
2:10:('user4', {'film7': 3, 'film3': 4, 'film5': 3, 'film2': 2, 'film4': 4, 'film13': 5, 'film14': 3})
2:8:('user5', {'film2': 3, 'film12': 1, 'film7': 2, 'film10': 5, 'film8': 5})
2:17:('user6', {'film3': 5, 'film8': 4, 'film5': 3, 'film6': 3, 'film1': 4})
3:9:('user7', {'film6': 5, 'film4': 5, 'film3': 4, 'film9': 1, 'film11': 5})
2:5:('user8', {'film9': 2, 'film5': 2, 'film6': 4, 'film10': 1})
3:20:('user9', {'film6': 1, 'film4': 1, 'film8': 3, 'film10': 5})
====================current user====================
{'film4': 5, 'film8': 3, 'film9': 1, 'film3': 1, 'film10': 3}
=========most similar user and his films==========
user7:{'film6': 5, 'film4': 5, 'film3': 4, 'film9': 1, 'film11': 5}
=================recommended film=================
film11
```

图 3-3　运行结果

3.6　序列解包

微课视频 3-7

序列解包是对多个变量同时进行赋值的简洁形式，也就是把一个序列或可迭代对象中的多个元素的引用同时赋值给多个变量，要求等号左侧变量的数量和右侧值的数量必须一致。

```
>>> x, y, z = 1, 2, 3                    # 多个变量同时赋值
>>> v_tuple = (False, 3.5, 'exp')
>>> x, y, z = v_tuple
>>> x, y = y, x                          # 交换两个变量的值
>>> x, y, z = range(3)                   # 可以对 range 对象进行序列解包
>>> x, y, z = map(str, range(3))         # 使用可迭代的 map 对象进行序列解包
```

序列解包也可以用于列表、字典、集合、enumerate 对象、filter 对象、zip 对象等，但是对字典使用时，默认是对字典“键”进行操作，如果需要对“键:值”元素进行操作，需要使用字典的 items()方法说明，如果需要对字典“值”进行操作，则需要使用字典的 values()方法明确指定。

```
>>> a = [1, 2, 3]
>>> b, c, d = a                          # 列表也支持序列解包的用法
>>> x, y, z = sorted([1, 3, 2])          # sorted()函数返回排序后的列表
>>> s = {'a':1, 'b':2, 'c':3}
>>> b, c, d = s.items()                  # 对字典的元素进行解包
>>> b
('a', 1)
>>> b, c, d = s                          # 对字典的键进行解包
>>> b
'a'
>>> b, c, d = s.values()                 # 对字典的值进行解包
>>> print(b, c, d)
1 2 3
>>> a, b, c = 'ABC'                      # 字符串也支持序列解包
>>> print(a, b, c)
A B C
```

使用序列解包可以同时遍历多个序列，循环变量的数量取决于可迭代对象中元素长度。

```
>>> keys = ['a', 'b', 'c', 'd']
>>> values = [1, 2, 3, 4]
```

```
>>> for k, v in zip(keys, values):       # 对zip对象进行解包
    print(k, v)

a 1
b 2
c 3
d 4
```

下面的代码演示了对内置函数enumerate()返回的迭代器对象进行遍历时序列解包的用法。

```
>>> x = ['a', 'b', 'c']
>>> for i, v in enumerate(x):
    print('The value on position {0} is {1}'.format(i, v))
                                   # format()是字符串格式化方法，详见7.4.2节

The value on position 0 is a
The value on position 1 is b
The value on position 2 is c
```

下面代码对字典的操作也使用到了序列解包。

```
>>> s = {'a':1, 'b':2, 'c':3}
>>> for k, v in s.items():        # 字典中每个元素都包含“键”和“值”两部分
    print(k, v)

a 1
c 3
b 2
```

本章小结

本章详细讲解列表、元组、字典、集合这4种容器类对象以及列表推导式、生成器表达式、切片、序列解包的语法和使用。高级数据类型是Python语言的重要特性之一，在编写程序解决问题时应充分利用这些高级数据类型的优势。在学习对象方法和相关操作时应重点关注以下几点：1）有没有返回值，2）会不会修改当前对象，3）会不会抛出异常。

本章习题

扫描二维码获取本章习题。

习题03

第 4 章　选择结构与循环结构

在表达特定的业务逻辑时，不可避免地要使用选择结构和循环结构，并且在必要时还会对这两种结构进行嵌套。在本章中，除了介绍这两种结构的用法之外，还对前两章学过的内容通过案例进行了大量的拓展。

本章学习目标

- 理解条件表达式与 True/False 的等价关系
- 熟练运用常见选择结构
- 熟练运用 for 循环和 while 循环
- 理解带 else 子句的循环结构执行过程
- 理解 break 和 continue 语句在循环中的作用

微课视频 4-1

4.1　条件表达式

在选择结构和循环结构中，都要根据条件表达式的值来确定下一步的执行流程。条件表达式的值只要不是 False、0（或 0.0、0j 等）、空值 None、空列表、空元组、空集合、空字典、空字符串、空 range 对象，Python 解释器均认为与 True 等价，作为内置函数 bool()的参数时返回 True，作为条件表达式时表示条件成立。举例如下。

```
>>> bool(3), bool(-5), bool(3.14), bool(0)  # 0之外的数字都等价于True
(True, True, True, False)
>>> bool('a'), bool('董付国'), bool(' '), bool('')
                                            # 包含任意内容的字符串都等价于True
(True, True, True, False)
>>> bool([3]), bool([map,zip]), bool([])    # 包含任意内容的列表都等价于True
(True, True, False)
>>> bool(()), bool({}), bool(set())         # 空元组、空字典、空集合等价于False
(False, False, False)
>>> bool(range(8,5)), bool(range(5,3)), bool(range(-3))
                                            # 空的range对象有很多
(False, False, False)
>>> bool(sum), bool((i for i in range(5)))  # 函数、生成器对象等价于True
(True, True)
```

微课视频 4-2

4.2　选择结构

4.2.1　单分支选择结构

单分支选择结构语法如下所示，其中表达式后面的冒号“:”是不可缺少的，表示一个语句块的开始，并且语句块必须做相应的缩进，一般是以 4 个空格为缩进单位。

```
if 表达式:
    语句块
```

当表达式值为 Truc 或其他与 True 等价的值时，表示条件满足，语句块被执行，否则该语句块不被执行，而是继续执行后面的代码（如果有），如图 4-1 所示。

例 4-1　编写程序，输入使用空格分隔的两个整数，然后按升序输出。

```
1.  x = input('Input two numbers:')       # input()函数返回字符串
2.  a, b = map(int, x.split())            # split()方法使用空格对字符串进行切分
3.  if a > b:
4.      a, b = b, a                       # 序列解包，交换两个变量的值
5.  print(a, b)
```

4.2.2　双分支选择结构

双分支选择结构的语法如下。

```
if 表达式:
    语句块 1
else:
    语句块 2
```

当表达式值为 True 或其他等价值时，执行语句块 1，否则执行语句块 2。语句块 1 或语句块 2 总有一个会执行，然后再执行后面的代码（如果有），如图 4-2 所示。

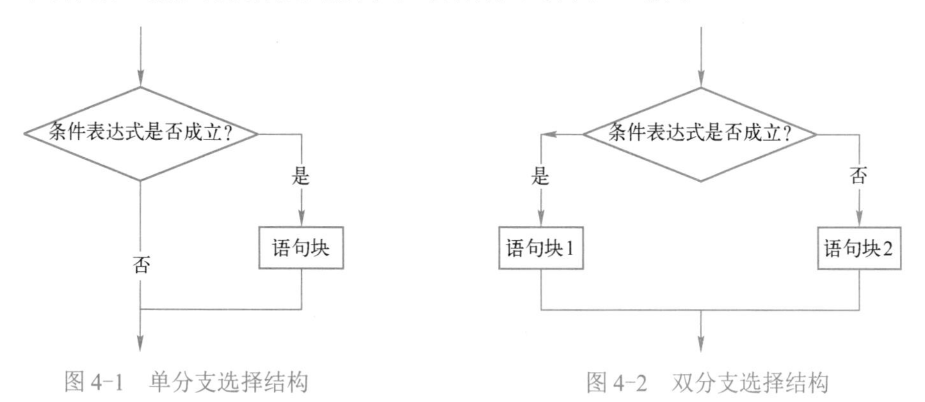

图 4-1　单分支选择结构　　　　图 4-2　双分支选择结构

例 4-2　编写程序，使用双分支结构计算鸡兔同笼问题。

问题描述：鸡兔同笼问题是指已知鸡、兔总数量和腿的总数量，求解鸡、兔各多少只，这实际上是一个二元一次方程组的求解问题。根据数学知识容易知道，二元一次方程组如果有解应该只有唯一解。

基本思路：本例代码模拟的是下面的二元一次方程组求解过程，其中 ji 表示鸡的数量，tu 表示兔子的数量，jitu 表示鸡和兔子的总数量，tui 表示腿的总数量。

$$\begin{cases} ji + tu = jitu \\ 2ji + 4tu = tui \end{cases}$$

```
1.  jitu, tui = map(int, input('请输入鸡兔总数和腿总数：').split())
2.  tu = (tui - jitu*2) / 2
3.  if int(tu)==tu and 0<=tu<=jitu:
4.      print('鸡：{0},兔：{1}'.format(int(jitu-tu), int(tu)))
5.  else:
6.      print('数据不正确，无解')
```

另外，Python 还提供了一个三元运算符，并且在三元运算符构成的表达式中还可以嵌套三元运算符，可以实现与双分支选择结构相似的效果。语法如下。

```
value1 if condition else value2
```

当条件表达式 condition 的值与 True 等价时，表达式的值为 value1，否则表达式的值为 value2。

```
>>> a = 5
>>> print(6 if a>3 else 5)
6
```

4.2.3 多分支选择结构

多分支选择结构的语法如下。

```
if 表达式1:
    语句块1
elif 表达式2:
    语句块2
elif 表达式3:
    语句块3
......
else:
    语句块n
```

其中，关键字 elif 是 else if 的缩写。

例 4-3 编写程序，输入一个百分制考试成绩，然后输出对应的等级制成绩，要求使用多分支选择结构。

基本思路：考试成绩的百分制和等级制之间的对应关系为：[90, 100]区间上的分数对应 A，[80, 90)区间上的分数对应 B，[70, 80)区间上的分数对应 C，[60, 70)区间上的分数对应 D，小于 60 分的成绩对应 F。

```
1.  score = int(input('请输入一个整数：'))
2.  if score > 100 or score < 0:
3.      print('wrong score.must between 0 and 100.')
4.  elif score >= 90:
5.      print('A')
6.  elif score >= 80:
7.      print('B')
8.  elif score >= 70:
9.      print('C')
10. elif score >= 60:
11.     print('D')
12. else:
```

```
13.     print('F')
```

4.2.4 选择结构的嵌套

选择结构可以进行嵌套，示例语法如下所示。

```
if 表达式1:
    语句块1
    if 表达式2:
        语句块2
    else:
        语句块3
else:
    if 表达式4:
        语句块4
```

使用嵌套选择结构时，一定要严格控制好不同级别代码块的缩进量，这决定了不同代码块的从属关系和业务逻辑是否被正确实现，以及代码是否能够被解释器正确理解和执行。

例 4-4 编写程序，输入一个百分制考试成绩，然后输出对应的等级制成绩，要求使用嵌套的选择结构。

基本思路：首先检查输入的成绩是否介于 0～100，如果是再进一步计算其对应的字母等级。

```
 1.  score = int(input('请输入一个整数：'))
 2.  degree = 'DCBAAF'                      # [90, 99]区间和100都对应A
 3.  if score > 100 or score < 0:
 4.      print('wrong score.must between 0 and 100.')
 5.  else:
 6.      index = (score - 60) // 10
 7.      if index >= 0:                     # 这里对应60分以上的成绩
 8.          print(degree[index])
 9.      else:
10.          print(degree[-1])              # 60分以下，对应F
```

4.3 循环结构

微课视频 4-3

4.3.1 for 循环与 while 循环

Python 主要有 for 循环和 while 循环两种形式的循环结构，多个循环可以嵌套使用，也可以和选择结构嵌套使用来实现复杂的业务逻辑。

在 Python 中，循环结构可以带 else 子句，其执行过程为：如果循环因为条件表达式不成立或序列遍历结束而自然结束则执行 else 结构中的语句，如果循环是因为执行了 break 语句而导致循环提前结束则不会执行 else 中的语句。while 循环和 for 循环的完整语法形式分别如下。

```
while 条件表达式:
    循环体
[else:
    else子句代码块]
```

和

```
for 循环变量 in 可迭代对象:
    循环体
[else:
    else子句代码块]
```

其中，方括号内的 else 子句可以没有，也可以有，根据要解决的问题来确定。

例 4-5　编写程序，输出 1～100 之间能被 7 整除但不能同时被 5 整除的所有整数。

```
1.  for i in range(1, 101):
2.      if i%7==0 and i%5!=0:
3.          print(i)
```

例 4-6　编写程序，打印九九乘法表。

基本思路：内循环中循环变量 j 的范围不超过外循环中循环变量 i 的值；第 3 行代码中的 format 是字符串格式化的方法，可以查阅 7.4.2 节。

```
1.  for i in range(1, 10):
2.      for j in range(1, i+1):
3.          print('{0}*{1}={2}'.format(i,j,i*j), end='  ')
4.      print()                          # 打印空行
```

运行结果：

```
1*1=1
2*1=2  2*2=4
3*1=3  3*2=6  3*3=9
4*1=4  4*2=8  4*3=12  4*4=16
5*1=5  5*2=10  5*3=15  5*4=20  5*5=25
6*1=6  6*2=12  6*3=18  6*4=24  6*5=30  6*6=36
7*1=7  7*2=14  7*3=21  7*4=28  7*5=35  7*6=42  7*7=49
8*1=8  8*2=16  8*3=24  8*4=32  8*5=40  8*6=48  8*7=56  8*8=64
9*1=9  9*2=18  9*3=27  9*4=36  9*5=45  9*6=54  9*7=63  9*8=72  9*9=81
```

4.3.2　break 与 continue 语句

break 语句和 continue 语句在 while 循环和 for 循环中都可以使用，并且一般常与选择结构或异常处理结构结合使用。一旦 break 语句被执行，将使得 break 语句所属层次的循环提前结束；continue 语句的作用是提前结束本次循环，忽略 continue 之后的所有语句，提前进入下一次循环。

例 4-7　编写程序，计算小于 100 的最大素数。

基本思路：在下面的代码中，内循环用来测试特定的整数 n 是否为素数，如果其中的 break 语句得到执行则说明 n 不是素数，并且由于循环提前结束而不会执行后面的 else 子句。如果某个整数 n 为素数，则内循环中的 break 语句不会执行，内循环自然结束后执行后面 else 子句中的语句，输出素数 n 之后执行 break 语句跳出外循环。

```
1.  for n in range(100, 1, -1):
2.      if n%2 == 0:
3.          continue
4.      for i in range(3, int(n**0.5)+1, 2):
```

```
5.          if n%i == 0:
6.              # 结束内循环
7.              break
8.      else:
9.          print(n)
10.         # 结束外循环
11.         break
```

运行结果：

```
97
```

4.4 综合案例解析

微课视频 4-4

例 4-8　输入若干个成绩，求所有成绩的平均分。每输入一个成绩后询问是否继续输入下一个成绩，回答“yes”就继续输入下一个成绩，回答“no”就停止输入成绩。

基本思路：使用循环结构加异常处理结构来保证用户输入的合法性。关于异常处理结构请参考第 11 章。

```
1.  numbers = []
2.  while True:
3.      x = input('请输入一个成绩：')
4.      # 异常处理结构，用来保证用户只能输入实数，可自行增加代码限制实数范围
5.      try:
6.          # 先把 x 转换成实数，然后追加到列表 numbers 尾部
7.          numbers.append(float(x))
8.      except:
9.          print('不是合法成绩')
10.
11.     # 下面的循环用来限制用户只能输入任意大小写的“yes”或者“no”
12.     while True:
13.         flag = input('继续输入吗？(yes/no):').lower()
14.         if flag not in ('yes', 'no'):
15.             print('只能输入 yes 或 no')
16.         else:
17.             break
18.     if flag == 'no':
19.         break
20.
21. # 计算平均分
22. print(sum(numbers)/len(numbers))
```

例 4-9　编写程序，判断今天是今年的第几天。

微课视频 4-5

基本思路：先假设二月有 28 天，然后获取当前日期，如果是闰年再把二月改为 29 天。如果当前是一月，该月第几天也就是今年的第几天；如果不是一月，先把前面已经过完的所有整月天数加起来，再加上当月的第几天，就是今年的第几天。

```
1.  import time
2.
```

```
 3.  date = time.localtime()                         # 获取当前日期时间
 4.  year, month, day = date[:3]                     # 获取年、月、日信息
 5.  day_month = [31, 28, 31, 30, 31, 30, 31, 31, 30, 31, 30, 31]
 6.                                                  # 一年中每个月的天数
 7.  if year%400==0 or (year%4==0 and year%100!=0):  # 判断是否为闰年
 8.      day_month[1] = 29                           # 闰年的 2 月是 29 天
 9.  if month == 1:
10.      print(day)
11.  else:
12.      print(sum(day_month[:month-1])+day)         # 前面所有月的天数加上
13.                                                  # 本月第几天
```

例 4-10　编写代码，输出由星号*组成的菱形图案，并且可以灵活控制图案的大小。

基本思路：首先使用一个 for 循环输出菱形的上半部分，然后再使用一个 for 循环输出菱形的下半部分。

```
1.  n = int(input('输入一个整数：'))
2.  for i in range(n):
3.      print(('* '*i).center(n*3))      # center()是字符串排版方法，居中对齐
4.                                       # 其中的参数 n*3 表示排版后字符串长度
5.  for i in range(n, 0, -1):
6.      print(('* '*i).center(n*3))
```

图 4-3 和图 4-4 分别为参数 n 等于 6 和 9 的运行效果。

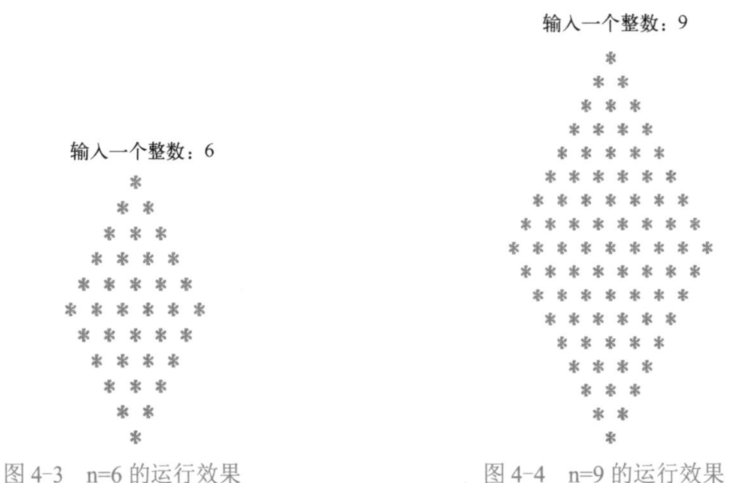

图 4-3　n=6 的运行效果　　图 4-4　n=9 的运行效果

例 4-11　快速判断一个数是否为素数。

微课视频 4-6

基本思路：除了 2 之外的所有偶数都不是素数；大于 5 的素数除以 6 的余数必然是 1 或 5，但被 6 除的余数是 1 或 5 的不一定是素数；如果一个大于 2 的整数 n 不能被 2 或 3 到 n 的平方根之间的奇数整除，那么它是素数。

```
1.  n = input("Input an integer:")
2.  n = int(n)
3.  # 2 和 3 是素数
4.  if n in (2,3):
5.      print('Yes')
6.  # 除了 2 之外的所有偶数必然不是素数
```

```
7.  elif n%2 == 0:
8.      print('No')
9.  else:
10.     # 大于 5 的素数必然出现在 6 的倍数两侧
11.     # 因为 6x+2、6x+3、6x+4 肯定不是素数，假设 x 为大于 1 的自然数
12.     m = n % 6
13.     if m!=1 and m!=5:
14.         print('No')
15.     else:
16.         # 判断整数 n 是否能被 3 到 n 的平方根之间的奇数整除
17.         for i in range(3, int(n**0.5)+1, 2):
18.             if n%i == 0:
19.                 print('No')
20.                 break
21.         else:
22.             print('Yes')
```

例 4-12　编写程序，计算组合数 C(n,i)，即从 n 个元素中任选 i 个，有多少种选法。

基本思路：以 Cni(8,3)为例。

$$C_8^3 = \frac{8!}{3! \times (8-3)!} = \frac{8 \times 7 \times 6 \times 5 \times 4 \times 3 \times 2 \times 1}{3 \times 2 \times 1 \times 5 \times 4 \times 3 \times 2 \times 1} = \frac{8 \times 7 \times 6}{3 \times 2 \times 1}$$

微课视频 4-7

对于(5,8]区间的数，分子上出现一次而分母上没出现；(3,5]区间的数在分子、分母上各出现一次，可以约掉；[1,3]区间的数分子上出现一次而分母上出现两次，约简后剩余一次。根据这一规律，可以编写如下非常高效的组合数计算程序。

```
1.  def Cni(n, i):
2.      if not (isinstance(n,int) and isinstance(i,int) and n>=i):
3.          print('n and i must be integers and n must be >=i.')
4.          return
5.      result = 1
6.      # 使用 i 和 n-i 把 1 到 n 之间的自然数分成 3 个区间
7.      # 使用 Min 表示 i 和 n-i 中较小的数，Max 表示其中较大的数
8.      Min, Max = sorted((i, n-i))
9.      for i in range(n, 0, -1):
10.         if i > Max:
11.             result *= i
12.         elif i <= Min:
13.             result //= i
14.     return result
15.
16. print(Cni(6,2))
```

例 4-13　编写程序，输入一个自然数 n，然后计算并输出前 n 个自然数的阶乘之和 1!+2!+3!+…+n!的值。

基本思路：在前一项(n−1)!的基础上再乘以 n 就可以得到下一项，充分利用这一规律可以避免重复计算，大幅度提高速度。

```
1.  n = int(input('请输入一个自然数：'))
2.  # 使用 result 保存最终结果，t 表示每一项
3.  result, t = 1, 1
4.  for i in range(2, n+1):
```

```
5.     # 在前一项的基础上得到当前项
6.     t *= i
7.     # 把当前项加到最终结果上
8.     result += t
9. print(result)
```

例 4-14　编写代码，模拟决赛现场最终成绩的计算过程。要求至少有 3 个评委，打分规则为删除最高分和最低分之后计算剩余分数的平均分。

基本思路：首先使用一个循环要求用户输入评委人数（应大于 2，至少有 3 个评委），然后再使用一个循环输入每个评委的打分，在两个循环中都使用了异常处理结构来保证用户输入的是整数，最后删除最高分和最低分，并计算剩余分数的平均分。

微课视频 4-8

```
1. while True:
2.     try:
3.         n = int(input('请输入评委人数：'))
4.         if n <= 2:
5.             print('评委人数太少,必须多于 2 个人。')
6.         else:
7.             break
8.     except:
9.         # pass 是空语句，表示什么也不做
10.        pass
11.
12. scores = []
13.
14. for i in range(n):
15.     # 这个 while 循环用来保证用户必须输入 0 到 100 之间的数字
16.     while True:
17.         try:
18.             score = input('请输入第{0}个评委的分数：'.format(i+1))
19.             # 把字符串转换为实数
20.             score = float(score)
21.             assert 0 <= score <= 100
22.             scores.append(score)
23.             # 如果数据合法，跳出 while 循环，继续输入下一个评委的分数
24.             break
25.         except:
26.             print('分数错误')
27.
28. # 计算并删除最高分与最低分
29. highest = max(scores)
30. lowest = min(scores)
31. scores.remove(highest)
32. scores.remove(lowest)
33. finalScore = round(sum(scores)/len(scores), 2)
34.
35. formatter = '去掉一个最高分{0}\n 去掉一个最低分{1}\n 最后得分{2}'
36. print(formatter.format(highest, lowest, finalScore))
```

例 4-15　编写程序，实现人机对战的尼姆游戏。

问题描述：尼姆游戏是这样一个游戏：假设有一堆物品，计算机和人类玩家轮流从其中拿

微课视频 4-9

走一部分。在每一步中，人或计算机可以自由选择拿走多少物品，但是必须至少拿走一个并且最多只能拿走一半物品，然后轮到下一个玩家。拿走最后一个物品的玩家输掉游戏。

基本思路：在每次循环中让人类玩家先拿走一定数量的物品，然后再让计算机取走一些物品，要求拿走的物品数量不超过剩余数量的一半。如果物品全部取完则结束游戏，并且判定拿走最后一个物品的玩家为输。

```
1.  from random import randint
2.  
3.  n = int(input('请输入一个正整数：'))
4.  while n > 1:
5.      # 人类玩家先走
6.      print("该你拿了，现在剩余物品数量为：{0}".format(n))
7.      # 确保人类玩家输入合法整数值
8.      while True:
9.          try:
10.             num = int(input('输入你要拿走的物品数量：'))
11.             # 确保拿走的物品数量不超过一半
12.             assert 1 <= num <= n//2
13.             break
14.         except:
15.             print('最少必须拿走 1 个，最多可以拿走{0}个。'.format(n//2))
16.     n -= num
17.     if n == 1:
18.         print('恭喜,你赢了！')
19.         break
20.     # 计算机玩家随机拿走一些，randint()用来生成指定范围内的一个随机数
21.     n -= randint(1, n//2)
22. else:
23.     print('哈哈，你输了。')
```

本章小结

本章详细讲解表达式与 True/False 的等价关系、各种形式的选择结构与循环结构以及 break 和 continue 语句的作用，并通过大量例题演示这些语法的应用。选择结构与循环结构是实现特定业务逻辑和解决实际问题过程中非常有用的语法，应熟练掌握。Python 3.10 新增软关键字 match 支持真正意义上的多分支选择结构，可关注微信公众号“Python 小屋”发消息“多分支选择结构”学习。

本章习题

扫描二维码获取本章习题。

习题 04

第5章 函　数

在实际开发中，把可能需要反复执行的代码封装为函数，然后在需要执行该段代码功能的地方调用封装好的函数，这样不仅可以实现代码的复用，更重要的是可以保证代码的一致性，只需要修改函数代码则所有调用位置均得到体现。同时，把大任务拆分成多个函数也是分治法和模块化设计的基本思路，这样有利于复杂问题简单化。本章将详细介绍 Python 中函数的使用。

本章学习目标

- 掌握函数定义和调用的语法
- 理解递归函数的执行过程
- 掌握位置参数、关键参数、默认值参数和不定长度参数的用法
- 理解函数调用时参数传递的序列解包用法
- 理解变量作用域
- 掌握 lambda 表达式的定义与使用
- 理解生成器函数工作原理

5.1 函数定义与使用

微课视频 5-1

5.1.1 基本语法

在 Python 中，定义函数的语法如下。

```
def 函数名([参数列表]):
    '''注释'''
    函数体
```

其中，def 是用来定义函数的关键字。定义函数时在语法上需要注意的问题主要如下。

- 不需要说明形参类型，Python 解释器会根据实参的值自动推断形参类型。
- 不需要指定函数返回值类型，这由函数中 return 语句返回的值来确定。
- 即使该函数不需要接收任何参数，也必须保留一对空的圆括号。
- 函数头部括号后面的冒号必不可少。
- 函数体相对于 def 关键字必须保持一定的空格缩进。

例 5-1　编写函数，计算并输出斐波那契数列中小于参数 n 的所有值，并调用该函数进行测试。

基本思路：每次循环时输出斐波那契数列中的一个数字，并生成下一个数字，如果某个数字大于或等于函数参数指定的数字，则结束循环。

```
1.  def fib(n):                        # 定义函数，括号里的 n 是形参
```

```
2.      a, b = 1, 1
3.      while a < n:
4.          print(a, end=' ')
5.          a, b = b, a+b                # 序列解包，生成数列中的下一个数字
6.
7.  fib(1000)                            # 调用函数，括号里的 1000 是实参
```

本例代码中各部分的含义如图 5-1 所示。

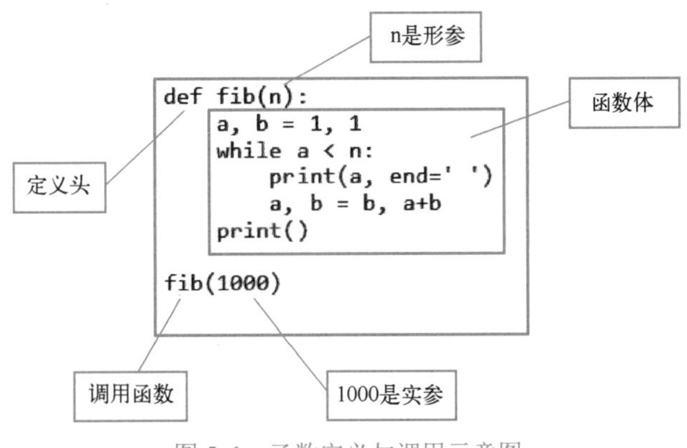

图 5-1　函数定义与调用示意图

5.1.2　递归函数

如果在一个函数中直接或间接地调用了该函数自身，叫作递归调用。函数的递归调用是函数调用的一种特殊情况，函数调用自己，自己再调用自己，自己再调用自己……当某个条件得到满足的时候就不再调用了，最后再一层一层地返回直到该函数的第一次调用，如图 5-2 所示。

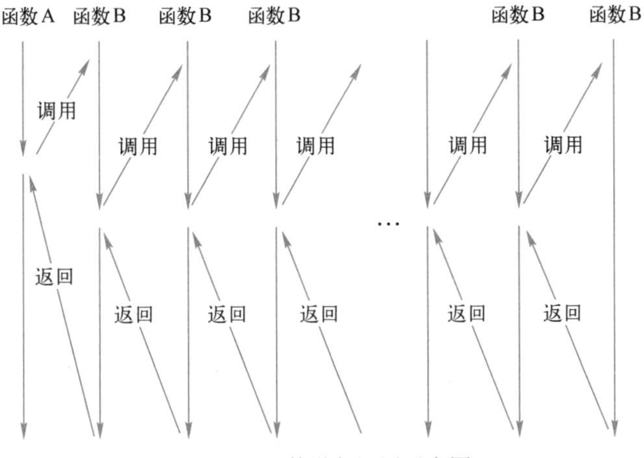

图 5-2　函数递归调用示意图

函数递归通常用来将一个大型的复杂问题层层转化为一个与原来问题本质相同但规模很小、很容易解决或描述的问题，只需要很少的代码就可以描述解决问题过程中需要的大量重复计算。在编写递归函数时，应注意以下几点。

- 每次递归应保持问题性质不变。

- 每次递归应使用更小或更简单的输入。
- 必须有一个能够直接处理而不需要再次进行递归的特殊情况来保证递归过程可以结束。
- 函数递归深度不能太大，否则会导致内存崩溃。

例 5-2　编写函数，使用递归实现整数的因数分解。

基本思路：在每次递归中，查找参数 num 的最小因数，然后把 num 与该因数的整商作为参数传递给下一次递归，直到参数 num 没有 1 和自己之外的因数为止。

```
1.  from random import randint
2.  
3.  def factors(num):
4.      # 每次都从 2 开始查找因数
5.      for i in range(2, int(num**0.5)+1):
6.          # 找到一个因数
7.          if num%i == 0:
8.              facs.append(i)
9.              # 对商继续分解，重复这个过程
10.             factors(num//i)
11.             # 注意，这个 break 非常重要
12.             break
13.     else:
14.         # 不可分解了，自身也是个因数
15.         facs.append(num)
16. 
17. facs = []
18. # 生成随机数对上面的函数 factors()进行测试
19. n = randint(2, 10**8)
20. factors(n)
21. result = '*'.join(map(str, facs))
22. if n == eval(result):
23.     print(n, '= '+result)
```

某 3 次运行结果分别为：

```
77190905 = 5*11*41*34231
89832530 = 2*5*8983253
29134505 = 5*19*19*16141
```

5.2　函数参数

微课视频 5-2

函数定义时圆括弧内是使用逗号分隔开的形参列表，函数可以有多个参数，也可以没有参数，但定义和调用函数时一对圆括弧必须要有，表示这是一个函数。调用函数时向其传递实参，将实参的引用传递给形参。

5.2.1　位置参数

位置参数（positional argument）是比较常用的形式，调用函数时实参和形参的顺序必须严格

一致，并且实参和形参的数量必须相同。

```
>>> def demo(a, b, c):
    print(a, b, c)

>>> demo(3, 4, 5)                        # 按位置和顺序传递
3 4 5
>>> demo(3, 5, 4)
3 5 4
>>> demo(1, 2, 3, 4)                     # 实参与形参数量必须相同
TypeError: demo() takes 3 positional arguments but 4 were given
```

5.2.2 默认值参数

Python 支持默认值参数（default argument），在定义函数时可以为形参设置默认值。在调用函数时，可以不用为设置了默认值的形参传递实参，此时函数将会直接使用函数定义时设置的默认值，当然也可以通过显式传递实参来替换其默认值。

需要注意的是，在定义带有默认值参数的函数时，任何一个默认值参数右边都不能再出现没有默认值的普通位置参数，否则会提示语法错误。带有默认值参数的函数定义语法如下。

```
def 函数名(…，形参名=默认值):
    函数体
```

例如下面的函数定义：

```
>>> def say(message, times=1):
、   print((message+' ') * times)
```

调用该函数时，如果只为第一个参数传递实参，则第二个参数使用默认值“1”，如果为第二个参数传递实参，则不再使用默认值“1”，而是使用调用者显式传递的值。

```
>>> say('hello')
hello
>>> say('hello', 3)
hello hello hello
```

5.2.3 关键参数

关键参数（keyword argument）主要指调用函数时的参数传递方式，通过关键参数可以按参数名字传递，明确指定哪个实参传递给哪个形参，实参顺序可以和形参顺序不一致，但不影响参数的传递结果，避免了用户需要牢记参数位置和顺序的麻烦，使得函数的调用和参数传递更加灵活方便。

```
>>> def demo(a, b, c=5):
    print(a, b, c)

>>> demo(3, 7)                           # 按位置传递
3 7 5
>>> demo(a=7, b=3, c=6)                  # 按名字传递
7 3 6
```

```
>>> demo(c=8, a=9, b=0)
9 0 8
```

5.2.4 不定长度参数

不定长度参数在定义函数时有两种形式：*parameter 和**parameter，前者用来接收任意多个位置实参并将其放在一个元组中，后者接收多个关键参数并将其放入一个字典中。元组和字典的长度无法提前确定，故称不定长度参数。

下面的代码演示了第一种形式不定长度参数的用法，无论调用该函数时传递了多少实参，一律将其放入元组中。

```
>>> def demo(*p):
    print(p)

>>> demo(1, 2, 3)
(1, 2, 3)
>>> demo(1, 2, 3, 4, 5, 6, 7)
(1, 2, 3, 4, 5, 6, 7)
```

下面的代码演示了第二种形式不定长度参数的用法，在调用该函数时自动将接收的多个关键参数转换为字典中的元素。

```
>>> def demo(**p):
    for item in p.items():
        print(item)

>>> demo(x=1, y=2, z=3)
('y', 2)
('x', 1)
('z', 3)
```

5.2.5 传递参数时的序列解包

与不定长度的参数相反，这里的序列解包是指对实参的操作，同样也有*和**两种形式。调用含有多个位置参数的函数时，可以使用 Python 列表、元组、集合、字典以及其他可迭代对象作为实参，并在实参名称前加一个星号，Python 解释器将自动进行解包为位置参数，然后把可迭代对象中的元素分别按位置和顺序传递给多个形参。

```
>>> def demo(a, b, c):                        # 可以接收多个参数的函数
    print(a+b+c)

>>> seq = [1, 2, 3]
>>> demo(*seq)                                # 对列表进行解包
6
>>> tup = (1, 2, 3)
>>> demo(*tup)                                # 对元组进行解包
6
>>> dic = {1:'a', 2:'b', 3:'c'}
>>> demo(*dic)                                # 对字典的“键”进行解包
```

```
6
>>> demo(*dic.values())                    # 对字典的"值"进行解包
abc
>>> Set = {1, 2, 3}
>>> demo(*Set)                              # 对集合进行解包
6
```

如果实参是个字典，可以使用两个星号**对其进行解包，会把字典解包为关键参数进行传递。对于这种形式的序列解包，要求实参字典中的所有"键"都必须是函数的形参名称，或者与函数定义中前面有两个星号的不定长度参数相对应。

```
>>> p = {'a':1, 'b':2, 'c':3}             # 要解包的字典
>>> def f(a, b, c=5):                       # 带有位置参数和默认值参数的函数
    print(a, b, c)

>>> f(**p)
1 2 3
>>> def f(a=3, b=4, c=5):                   # 带有多个默认值参数的函数
    print(a, b, c)

>>> f(**p)                                  # 对字典元素进行解包
1 2 3
>>> def demo(**p):                          # 接收关键参数形式可变长度参数的函数
    for item in p.items():
        print(item)

>>> p = {'x':1, 'y':2, 'z':3}
>>> demo(**p)                               # 对字典元素进行解包
('x', 1)
('y', 2)
('z', 3)
```

5.3 变量作用域

微课视频 5-3

变量起作用的代码范围称为变量的作用域，不同作用域内同名变量之间互不影响。如果想要在函数内部修改一个定义在函数外的变量值，必须要使用 global 明确声明，否则会自动创建新的局部变量。本书不介绍 nolocal 变量，可自行查阅资料。

在函数内如果只引用某个变量的值而没有为其赋新值，该变量为（隐式的）全局变量。如果在函数内有为变量赋值的操作，该变量就被认为是（隐式的）局部变量，除非在函数内赋值操作之前显式地用关键字 global 进行了声明。

下面的代码演示了局部变量和全局变量的用法。

```
>>> def demo():
    global x            # 声明或创建全局变量，必须在使用 x 之前执行该语句
    x = 3               # 修改全局变量的值
    y = 4               # 局部变量
    print(x, y)
```

```
>>> x = 5                  # 在函数外部定义了全局变量 x
>>> demo()                 # 本次调用修改了全局变量 x 的值
3  4
>>> x
3
>>> y                      # 局部变量在函数运行结束之后自动删除，不再存在
NameError: name 'y' is not defined
>>> del x                  # 删除了全局变量 x
>>> x
NameError: name 'x' is not defined
>>> demo()                 # 本次调用创建了全局变量
3  4
>>> x
3
```

如果局部变量与全局变量具有相同的名字，那么该局部变量会在自己的作用域内暂时隐藏同名的全局变量。

```
>>> def demo():
    x = 3                  # 创建了局部变量，并自动隐藏了同名的全局变量
    print(x)               # 这里访问的是局部变量，不是同名的全局变量

>>> x = 5                  # 创建全局变量
>>> x
5
>>> demo()
3
>>> x                      # 函数调用结束后，不影响全局变量 x 的值
5
```

5.4 lambda 表达式

微课视频 5-4

lambda 表达式常用来声明匿名函数，也就是没有函数名字、临时使用的小函数，常用在临时需要一个类似于函数的功能但又不想定义函数的场合，例如，内置函数 max()、min()、sorted()和列表方法 sort()的 key 参数，内置函数 map()和 filter()的第一个参数，等等。当然，也可以使用 lambda 表达式定义具名函数，但一般不这样用。

lambda 表达式在功能上等价于一个函数只可以包含一个表达式，不允许包含复杂语句和结构，但在表达式中可以调用其他函数，该表达式的计算结果相当于函数的返回值。下面的代码演示了不同情况下 lambda 表达式的应用。

```
>>> f = lambda x, y, z: x+y+z             # 也可以给 lambda 表达式起个名字
>>> print(f(1, 2, 3))                     # 把 lambda 表达式当作函数使用
6
>>> g = lambda x, y=2, z=3: x+y+z         # 支持默认值参数
>>> print(g(1))
6
>>> print(g(2, z=4, y=5))                 # 调用时使用关键参数
11
```

```
>>> L = [1, 2, 3, 4, 5]
>>> list(map(lambda x: x+10, L))        # lambda 表达式作为函数参数
[11, 12, 13, 14, 15]
>>> data = list(range(20))
>>> import random
>>> random.shuffle(data)                # 随机打乱顺序
>>> data
[4, 3, 11, 13, 12, 15, 9, 2, 10, 6, 19, 18, 14, 8, 0, 7, 5, 17, 1, 16]
>>> data.sort(key=lambda x: len(str(x)))
                                        # 使用 lambda 表达式指定排序规则
                                        # 按所有元素转换为字符串后的长度排序
>>> data
[4, 3, 9, 2, 6, 8, 0, 7, 5, 1, 11, 13, 12, 15, 10, 19, 18, 14, 17, 16]
>>> data.sort(key=lambda x: len(str(x)), reverse=True)
                                        # reverse=True 表示降序排序
>>> data
[11, 13, 12, 15, 10, 19, 18, 14, 17, 16, 4, 3, 9, 2, 6, 8, 0, 7, 5, 1]
```

5.5 生成器函数

微课视频 5-5

包含 yield 语句的函数可以用来创建生成器对象，这样的函数称作生成器函数。yield 语句与 return 语句的作用相似，都是用来从函数中返回值。与 return 语句不同的是，return 语句一旦执行会立刻结束函数的运行，而每次执行到 yield 语句并返回一个值之后会暂停或挂起后面代码的执行，下次通过生成器对象的__next__()方法、内置函数 next()、for 循环遍历生成器对象元素或其他方式显式“索要”数据时恢复执行。生成器对象具有惰性求值的特点，占用内存少，适合大数据处理。

例 5-3　编写并使用能够生成斐波那契数列的生成器函数。

```
>>> def f():
    a, b = 1, 1                     # 序列解包，同时为多个元素赋值
    while True:
        yield a                     # 暂停执行，需要时再产生一个新元素
        a, b = b, a+b               # 序列解包，继续生成新元素

>>> a = f()                         # 创建生成器对象
>>> for i in range(10):             # 斐波那契数列中前 10 个元素
    print(next(a), end=' ')

1 1 2 3 5 8 13 21 34 55
>>> for i in f():                   # 斐波那契数列中第一个大于 100 的元素
    if i > 100:
        print(i, end=' ')
        break

144
```

5.6　综合案例解析

例 5-4　编写函数，接收字符串参数，返回一个元组，该元组中第一个元素为大写字母个数，第二个元素为小写字母个数。

基本思路：使用包含两个元素的列表来记录大写字母和小写字母的个数，使用 for 循环遍历参数字符串中的每个字符，根据该字符类型对列表元素的值进行修改，最后把列表转换成元组并返回该元组。

```
1.  def demo(s):
2.      result = [0, 0]
3.      for ch in s:
4.          if ch.islower():                        # 当前字符为小写字母
5.              result[1] += 1                      # 小写字母个数加 1
6.          elif ch.isupper():                      # 当前字符为大写字母
7.              result[0] += 1                      # 大写字母个数加 1
8.      return tuple(result)
9.
10. print(demo('Beautiful is better than ugly.'))
```

运行结果为：

```
(1, 24)
```

例 5-5　编写函数，接收一个整数 t 为参数，打印杨辉三角前 t 行。

问题描述：杨辉三角的左侧和对角线边缘（也就是三角形的两个腰）上的数字都是 1，内部每个位置上的数字都是它正上方和左上方两个数字的和。

微课视频 5-6

基本思路：首先输出杨辉三角的前两行，然后在每次循环中根据上一行的内容计算出下一行除两端的 1 之外的数字，最后在前后各连接数字 1 并输出，重复这个过程，直到输出指定的行数。

```
1.  def yanghui(t):
2.      print([1])                                  # 输出第一行
3.      line = [1, 1]
4.      print(line)                                 # 输出第二行
5.      for i in range(2, t):
6.          r = []                                  # 存储当前行除两端之外的数字
7.          for j in range(0, len(line)-1):
8.              r.append(line[j]+line[j+1])         # 第 i 行除两端之外其他的数字
9.          line = [1] + r + [1]                    # 第 i 行的全部数字
10.         print(line)                             # 输出第 i 行
```

当调用 yanghui(6)时，执行结果如下。

```
[1]
[1, 1]
[1, 2, 1]
[1, 3, 3, 1]
```

```
[1, 4, 6, 4, 1]
[1, 5, 10, 10, 5, 1]
```

例 5-6　编写函数，接收一个正偶数为参数，输出两个素数，并且这两个素数之和等于原来的正偶数。如果存在多组符合条件的素数，则全部输出。

微课视频 5-7

基本思路：在 Python 中，允许嵌套定义函数，也就是在一个函数的内部可以再定义一个函数。下面的代码在 demo()函数中定义了一个用来判断素数的函数 isPrime()。

```
 1. def demo(n):
 2.     def isPrime(p):                      # 该函数用来判断 p 是否为素数
 3.         if p == 2:
 4.             return True
 5.         if p%2 == 0:
 6.             return False
 7.         for i in range(3, int(p**0.5)+1, 2):
 8.             if p%i == 0:
 9.                 return False
10.         return True
11.
12.     if isinstance(n, int) and n>0 and n%2==0:
13.         for i in range(2, n//2+1):
14.             if isPrime(i) and isPrime(n-i):
15.                 print(i, '+', n-i, '=', n)
```

例 5-7　编写函数，计算字符串匹配的准确率。

问题描述：以打字练习程序为例，假设 origin 为原始内容，userInput 为用户输入的内容，下面的代码用来测试用户输入的准确率。

基本思路：使用 zip()函数将原始字符串和用户输入的字符串左对齐，然后依次对比对应位置上的字符是否相同，如果相同就记一次正确，最后统计正确的字符数量并计算准确率。

```
 1. def rate(origin, userInput):
 2.     if not (isinstance(origin, str) and isinstance(userInput, str)):
 3.         print('The two parameters must be strings.')
 4.         return
 5.     # 统计对应位置上打对的字符数量
 6.     right = sum((1 for o, u in zip(origin, userInput) if o==u))
 7.     return round(right/len(origin), 2)
 8.
 9. s1 = 'Readability counts.'
10. s2 = 'readability count.'
11. print(rate(s1, s2))
```

运行结果：

```
0.84
```

例 5-8　编写函数模拟猜数游戏。系统随机产生一个数，玩家最多可以猜 3 次，系统会根据玩家的猜测进行提示，玩家则可以根据系统的提示对下一次的猜测进行适当调整。

微课视频 5-8

基本思路：使用 for 循环控制猜数的次数，使用异常处理结构避免输入非数字引起的程序崩溃，根据用户的猜测和真实数字之间的大小关系进行适当的提示。如果次数用完了还没有猜对就提示游戏结束并显示正确的数字；如果次数没有用完就猜对了，那么提前结束循环。

```
1.  from random import randint
2.  
3.  def guess(maxValue=10, maxTimes=3):
4.      # 随机生成一个整数
5.      value = randint(1, maxValue)
6.      for i in range(maxTimes):
7.          # 第一次猜和后面几次的提示信息不一样
8.          prompt = 'Start to GUESS:' if i==0 else 'Guess again:'
9.          # 使用异常处理结构，防止输入不是数字的情况
10.         try:
11.             x = int(input(prompt))
12.         except:
13.             # 如果输入的不是数字，就输出下面的这句话
14.             # 然后直接进入下一次循环，不会执行下面else子句的代码
15.             print('Must input an integer between 1 and ', maxValue)
16.         else:
17.             # 如果上面try中的代码没有出现异常，继续执行这个else中的代码
18.             # 猜对了，退出游戏
19.             if x == value:
20.                 print('Congratulations!')
21.                 break
22.             elif x > value:
23.                 print('Too big')
24.             else:
25.                 print('Too little')
26.     else:
27.         # 次数用完还没猜对，游戏结束，提示正确答案
28.         print('Game over. FAIL.')
29.         print('The value is ', value)
```

例 5-9　编写函数模拟报数游戏。有 **n** 个人围成一圈，顺序编号，从第一个人开始从 **1**～**k**（例如 **k=3**）报数，报到 **k** 的人退出圈子，然后圈子缩小，从下一个人继续游戏，问最后留下的是原来的第几号。

微课视频 5-9

基本思路：本例要点在于 Python 标准库 itertools 中的 cycle()函数，该函数的作用是将原序列中的所有元素首尾相接形成一个“圈”。

```
1.  from itertools import cycle
2.  
3.  def demo(lst, k):
4.      # 切片，以免影响原来的数据
```

```
5.      t_lst = lst[:]
6.      # 游戏一直进行到只剩下最后一个人
7.      while len(t_lst) > 1:
8.          # 创建 cycle 对象
9.          c = cycle(t_lst)
10.         # 从 1 到 k 报数
11.         for i in range(k):
12.             t = next(c)
13.         # 一个人出局，圈子缩小
14.         index = t_lst.index(t)
15.         t_lst = t_lst[index+1:] + t_lst[:index]
16.     # 游戏结束
17.     return t_lst[0]
18.
19. lst = list(range(1,11))
20. print(demo(lst, 3))
```

运行结果：

```
4
```

例 5-10　汉诺塔问题基于递归算法的实现。

微课视频 5-10

问题描述：有 A、B、C 三根柱子，其中 A 柱上有 num 个盘子，这些盘子从上到下每个越来越大，初始状态时 B 和 C 柱是空的。现在要求把 A 柱上的盘子移动到 C 柱上，要求：每次只能移动一个盘子；在移动过程中可以借助 B 柱；在整个移动过程中，时刻都要保持所有柱子上的盘子都是小的在上、大的在下。

基本思路：通过递归调用，可以在不改变问题本质的情况下减小问题规模，使得问题更加容易理解和解决。具体到这个问题，就是先把 A 柱上除最下面一个盘子之外的上面 num-1 个盘子借助于 C 柱移动到 B 柱上，然后把 A 柱上最下面的盘子移动到 C 柱上，最后再把 B 柱上的 num-1 个盘子借助于 A 柱移动到 C 柱上。

```
1.  def hannoi(num, src, dst, temp=None):
2.      '''参数含义：把 src 上的 num 个盘子借助于 temp 移动到 dst'''
3.      # 声明用来记录移动次数的变量为全局变量
4.      global times
5.      # 确认参数类型和范围
6.      assert type(num) == int, 'num must be integer'
7.      assert num > 0, 'num must > 0'
8.      # 只剩最后或只有一个盘子需要移动，这也是函数递归调用的结束条件
9.      if num == 1:
10.         print('The {0} Times move:{1}==>{2}'.format(times, src, dst))
11.         times += 1
12.     else:
13.         # 调用递归函数自身
14.         # 先把除最后一个盘子之外的所有盘子移动到临时柱子上
15.         hannoi(num-1, src, temp, dst)
16.         # 把最后一个盘子直接移动到目标柱子上
17.         hannoi(1, src, dst)
18.         # 把临时柱子上的所有盘子移动到目标柱子上
```

```
19.         hannoi(num-1, temp, dst, src)
20.  # 用来记录移动次数的变量
21.  times = 1
22.  # A 表示最初放置盘子的柱子，C 是目标柱子，B 是临时柱子
23.  hannoi(3, 'A', 'C', 'B')
```

运行结果：

```
The 1 Times move:A==>C
The 2 Times move:A==>B
The 3 Times move:C==>B
The 4 Times move:A==>C
The 5 Times move:B==>A
The 6 Times move:B==>C
The 7 Times move:A==>C
```

例 5-11　编写函数计算任意位数的黑洞数。

问题描述：黑洞数是指这样的整数，由这个整数每位上的数字组成的最大整数减去每位数字组成的最小整数仍然得到这个整数自身。例如，3 位黑洞数是 495，因为 954-459=495，4 位数字是 6174，因为 7641-1467=6174。

基本思路：给定任意整数，首先把所有位上的数字按升序排列得到这些数字能够组成的最小整数，然后降序排列得到这些数字能够组成的最大整数，如果构成的最大数与最小数的差等于原来的数字本身，就输出这个黑洞数。

```
1.  def main(n):
2.      '''参数 n 表示数字的位数，例如 n=3 时返回 495，n=4 时返回 6174'''
3.      # 待测试数范围的起点和结束值
4.      start = 10 ** (n-1)
5.      end = 10 ** n
6.      # 依次测试每个数
7.      for i in range(start, end):
8.          # 由这几个数字组成的最大数和最小数
9.          big = ''.join(sorted(str(i), reverse=True))
10.         little = ''.join(reversed(big))
11.         big, little = map(int, (big, little))
12.         if big-little == i:
13.             print(i)
14. n = 4
15. main(n)
```

运行结果：

```
6174
```

例 5-12　编写函数，实现冒泡排序算法。

问题描述：所谓冒泡排序算法，是指通过多次扫描来实现所有元素的排序，在每次扫描时从前往后依次两两比较相邻的元素，如果某两个元素不符合预期的顺序要求就进行交换，这样一次扫描结束后就把最大或最小的那个元素移动到了本次扫描范围最后的位置。然后再回到左端进行下一次扫描并重复上面的过程，直到所有元素都符合预期顺序为止。

基本思路：如果在某一次扫描中没有发生元素交换，说明所有元素已经排好序，不需要再进

行扫描，此时可以提前结束，从而减少扫描和元素比较的次数，提高算法效率。

```
1.  from random import randint
2.  
3.  def bubbleSort(lst, reverse=False):
4.      length = len(lst)
5.      for i in range(0, length):
6.          flag = False
7.          for j in range(0, length-i-1):
8.              # 比较相邻两个元素大小，并根据需要进行交换
9.              # 默认升序排序
10.             exp = 'lst[j] > lst[j+1]'
11.             # 如果 reverse=True 则降序排序
12.             if reverse:
13.                exp = 'lst[j] < lst[j+1]'
14.             if eval(exp):
15.                 lst[j], lst[j+1] = lst[j+1], lst[j]
16.                 # flag=True 表示本次扫描发生过元素交换
17.                 flag = True
18.         # 如果一次扫描结束后，没有发生过元素交换，说明已经按序排列
19.         if not flag:
20.             break
21. 
22. lst = [randint(1, 100) for i in range(20)]
23. print('排序前:\n', lst)
24. bubbleSort(lst, True)
25. print('排序后:\n', lst)
```

运行结果：

```
排序前:
 [100, 83, 16, 91, 78, 31, 15, 10, 3, 16, 96, 37, 54, 35, 30, 55, 8, 63, 25, 94]
排序后:
 [100, 96, 94, 91, 83, 78, 63, 55, 54, 37, 35, 31, 30, 25, 16, 16, 15, 10, 8, 3]
```

例 5-13　编写函数，实现选择法排序。

问题描述：所谓选择法排序，是指在每次扫描中选择剩余元素中最大或最小的一个元素，并在必要时与当前位置上的元素进行交换。

基本思路：在每次扫描中，先假设当前位置上的数是最大的或最小的，然后遍历该位置之后的元素，如果找到了更大或更小的数，就和当前位置上的数字交换。

```
1.  from random import randint
2.  
3.  def selectSort(lst, reverse=False):
4.      length = len(lst)
```

```
5.      for i in range(0, length):
6.          # 假设剩余元素中第一个最小或最大
7.          m = i
8.          # 扫描剩余元素
9.          for j in range(i+1, length):
10.             # 如果有更小或更大的，就记录下它的位置
11.             exp = 'lst[j] < lst[m]'
12.             if reverse:
13.                 exp = 'lst[j] > lst[m]'
14.             if eval(exp):
15.                 m = j
16.         # 如果发现更小或更大的，就交换值
17.         if m != i:
18.             lst[i], lst[m] = lst[m], lst[i]
19.
20. lst = [randint(1, 100) for i in range(20)]
21. print('排序前:\n', lst)
22. selectSort(lst, True)
23. print('排序后:\n', lst)
```

运行结果：

```
排序前:
 [85, 30, 22, 13, 60, 25, 64, 75, 78, 59, 100, 45, 75, 90, 61, 70, 91, 9, 52, 2]
排序后:
 [100, 91, 90, 85, 78, 75, 75, 70, 64, 61, 60, 59, 52, 45, 30, 25, 22, 13, 9, 2]
```

例 5-14　编写函数，实现二分法查找。

基本思路：二分法查找算法非常适合在大量元素中查找指定的元素，要求序列已经排好序（这里假设按从小到大排序），首先测试中间位置上的元素是否为想查找的元素，如果是则结束算法；如果序列中间位置上的元素比要查找的元素小，则在序列的后面一半元素中继续查找；如果中间位置上的元素比要查找的元素大，则在序列的前面一半元素中继续查找。重复上面的过程，不断地缩小搜索范围（每次的搜索范围可以减少一半），直到查找成功或者失败（要查找的元素不在序列中）。

```
1.  from random import randint
2.
3.  def binarySearch(lst, value):
4.      start = 0
5.      end = len(lst) - 1
6.      while start <= end:
7.          # 计算中间位置
8.          middle = (start + end) // 2
9.          # 查找成功，返回元素对应的位置
10.         if value == lst[middle]:
11.             return middle
12.         # 在后面一半元素中继续查找
```

```
13.         elif value > lst[middle]:
14.             start = middle + 1
15.         # 在前面一半元素中继续查找
16.         elif value < lst[middle]:
17.             end = middle - 1
18.     # 查找不成功，返回 None
19.     return False
20.
21. lst = [randint(1,50) for i in range(20)]
22. lst.sort()
23. print(lst)
24. result = binarySearch(lst, 30)
25. if result != None:
26.     print('Success, its position is:', result)
27. else:
28.     print('Fail. Not exist.')
```

例 5-15　编写函数，查找给定序列的最长递增子序列。

问题描述：所谓最长递增子序列，是指在原始序列的所有子序列中查找其中元素升序排列且元素个数最多的一个子序列。

基本思路：对于给定的序列，使用 Python 标准库 itertools 中的 combinations()函数生成包含指定数量的元素的组合，如果该组合中的元素恰好是升序排列的，就找到了一个符合条件的子序列，结束函数并返回这个子序列。

```
1.  from itertools import combinations
2.  from random import sample
3.
4.  def subAscendingList(lst):
5.      '''返回最长递增子序列'''
6.      for length in range(len(lst), 0, -1):
7.          # 按长度递减的顺序进行查找和判断
8.          for sub in combinations(lst, length):
9.              # 判断当前选择的子序列是否为递增顺序
10.             if list(sub) == sorted(sub):
11.                 # 找到第一个就返回
12.                 return sub
13.
14. def getList(start=0, end=1000, number=20):
15.     '''生成随机序列'''
16.     if number > end-start:
17.         return None
18.     return sample(range(start, end), number)
19.
20. def main():
21.     # 生成一个包含 10 个随机数的列表进行测试
22.     lst = getList(number=10)
23.     if lst:
24.         print(lst)
25.         print(subAscendingList(lst))
26.
```

```
27.  main()
```

运行结果：

```
[453, 431, 521, 713, 559, 672, 108, 972, 582, 350]
(453, 521, 559, 672, 972)
```

例 5-16　编写函数，寻找给定序列中相差最小的两个数字。

基本思路：对于任意给定的序列，对其进行排序后，原来相差最小的两个数字必然是相邻的。遍历排序后的列表，查找相邻元素之间差值最小的两个元素。

```
1.  import random
2.  
3.  def getTwoClosestElements(seq):
4.      # 先进行排序，使得相邻元素最接近
5.      # 相差最小的元素必然相邻
6.      seq = sorted(seq)
7.      # 无穷大
8.      dif = float('inf')
9.      # 遍历所有元素，两两比较，比较相邻元素的差值
10.     # 使用选择法寻找相差最小的两个元素
11.     for i, v in enumerate(seq[:-1]):
12.         d = abs(v - seq[i+1])
13.         if d < dif:
14.             first, second, dif = v, seq[i+1], d
15.     # 返回相差最小的两个元素
16.     return (first, second)
17.  
18. seq = [random.randint(1, 10000) for i in range(20)]
19. print(seq)
20. print(sorted(seq))
21. print(getTwoClosestElements(seq))
```

运行结果：

```
    [8623, 4898, 4788, 5366, 7161, 799, 4904, 7913, 6521, 1524, 6707, 6000, 2156,
4927, 8009, 8473, 7508, 2839, 2502, 3327]
    [799, 1524, 2156, 2502, 2839, 3327, 4788, 4898, 4904, 4927, 5366, 6000, 6521,
6707, 7161, 7508, 7913, 8009, 8473, 8623]
    (4898, 4904)
```

例 5-17　利用蒙特卡罗方法计算圆周率近似值。

微课视频 5-11

问题描述：蒙特卡罗方法是一种通过概率来得到问题近似解的方法，在很多领域都有重要的应用，其中就包括圆周率近似值的计算问题。假设有一块边长为 2 的正方形木板，上面画一个单位圆，然后随意往木板上扔飞镖，落点坐标(x, y)必然在木板上（更多的时候是落在单位圆内），如果扔的次数足够多，那么落在单位圆内的次数除以总次数再乘以 4，这个数字会无限逼近圆周率的值。这就是蒙特卡罗发明的用于计算圆周率近似值的方法，如图 5-3 所示。

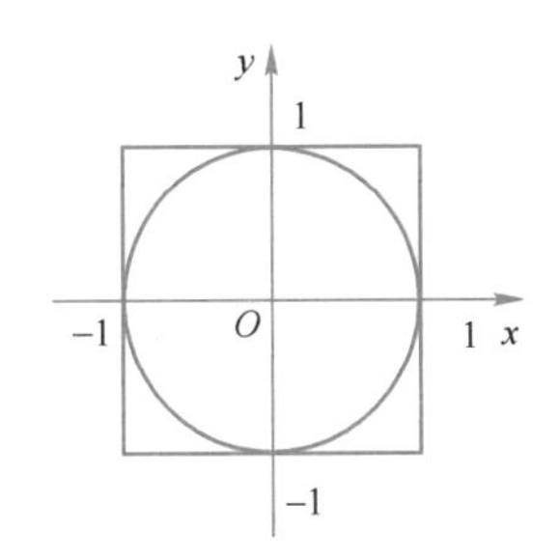

图 5-3　蒙特卡罗方法示意图

基本思路：首先生成介于 0 和 1 之间随机小数作为 x 和 y 坐标，进行简单的计算使其处于单位圆的外切正方形内，也就是介于-1 和 1 之间，最后判断该位置是否处于圆内或圆周上。

```
1.  from random import random
2.
3.  def estimatePI(times):
4.      hits = 0
5.      for i in range(times):
6.          x = random()*2 - 1        # random()生成介于 0 和 1 之间的小数
7.          y = random()*2 - 1        # 该数字乘以 2 再减 1，则介于-1 和 1 之间
8.          if x*x + y*y <= 1:        # 落在圆内或圆周上
9.              hits += 1
10.     return 4.0 * hits/times
11.
12. print(estimatePI(10000))
13. print(estimatePI(1000000))
14. print(estimatePI(100000000))
15. print(estimatePI(1000000000))
```

运行结果：

```
3.1468
3.141252
3.14152528
3.141496524
```

例 5-18　模拟蒙蒂霍尔悖论游戏。

微课视频 5-12

问题描述：假设你正参加一个有奖游戏节目，并且有 3 道门可选：其中一个后面是汽车，另外两个后面是山羊。你选择一道门，比如说选择 1 号门，主持人知道每道门后面是什么，并且打开了另一道门，比如说 3 号门，后面是一只山羊。然后主持人问你“你想改选 2 号门吗？”那么问题来了，改选的话对你会有利吗？这就是所谓的蒙蒂霍尔悖论游戏，也是一个经典的概率问题。

基本思路：使用字典来模拟 3 道门，使用“键”表示门的编号，“值”表示门后的物品。

```
1.  from random import randrange
2.
3.  def init():
4.      '''返回一个字典，键为 3 个门号，值为门后面的物品'''
5.      result = {i: 'goat' for i in range(3)}
6.      r = randrange(3)
```

```
 7.     # 随机在某道门后面放一辆汽车，其他两道门后面仍然是山羊
 8.     result[r] = 'car'
 9.     return result
10.
11. def startGame():
12.     # 获取本次游戏中每道门的情况
13.     doors = init()
14.     # 获取玩家选择的门号
15.     while True:
16.         try:
17.             firstDoorNum = int(input('Choose a door to open:'))
18.             assert 0 <= firstDoorNum <= 2
19.             break
20.         except:
21.             print('Door number must be between {} and {}'.format(0, 2))
22.
23.     # 主持人查看另外两道门后的物品情况
24.     # 字典的keys()方法返回结果可以当作集合使用，支持使用减法计算差集
25.     for door in doors.keys()-{firstDoorNum}:
26.         # 打开其中一道后面为山羊的门
27.         if doors[door] == 'goat':
28.             print('"goat" behind the door', door)
29.             # 获取第三道门号，让玩家纠结
30.             thirdDoor = (doors.keys()-{door, firstDoorNum}).pop()
31.             change = input('Switch to {}?(y/n)'.format(thirdDoor))
32.             finalDoorNum = thirdDoor if change=='y' else firstDoorNum
33.             if doors[finalDoorNum] == 'goat':
34.                 return 'I Win!'
35.             else:
36.                 return 'You Win.'
37. while True:
38.     print('='*30)
39.     print(startGame())
40.     r = input('Do you want to try once more?(y/n)')
41.     if r == 'n':
42.         break
```

运行结果：

```
==============================
Choose a door to open:1
"goat" behind the door 0
Switch to 2?(y/n)y
You Win.
Do you want to try once more?(y/n)y
==============================
```

```
Choose a door to open:2
"goat" behind the door 1
Switch to 0?(y/n)n
I Win!
Do you want to try once more?(y/n)n
```

本章小结

本章详细讲解函数定义与调用的语法、参数传递的不同方式和变量作用域的概念、lambda 表达式的定义与使用、生成器函数的定义与使用，最后通过大量例题演示了这些语法的应用。在学习生成器函数时，可以结合第 2 章的生成器表达式进行理解。函数是封装代码实现复用的重要技术手段，也是编写高质量代码的重要技术手段，应熟练掌握。

本章习题

扫描二维码获取本章习题。

习题 05

第6章　面向对象程序设计

Python 是面向对象的解释型高级动态编程语言，完全支持面向对象程序设计所需要的全部特性。本章将介绍 Python 面向对象程序设计的基本概念及应用，包括类的定义、数据成员与成员方法、私有成员与公有成员、继承以及特殊方法等。

本章学习目标

- 掌握定义类的语法
- 掌握创建对象的语法
- 理解数据成员与成员方法的区别
- 理解私有成员与公有成员的区别
- 理解属性的工作原理
- 了解继承的基本概念
- 了解特殊方法的概念与工作原理

微课视频 6-1

6.1　类的定义与使用

在面向对象程序设计（Object Oriented Programming）中，把数据以及对数据的操作封装在一起，组成一个整体（对象，object 或 instance），不同对象之间通过消息机制来通信或者同步。对于相同类型的对象进行分类、抽象后，得出共同的特征而形成了类（class）。创建类时用变量形式表示对象特征的成员称为数据成员（data member），用函数形式表示对象行为的成员称为成员方法（member method），数据成员和成员方法统称为类的成员（或属性，attribute）。

以设计好的类为基类（base class），可以继承得到派生类（derived class），大幅度缩短开发周期，并且可以实现设计复用。在派生类中还可以对基类继承而来的某些行为进行重新实现，从而使得基类的某个方法在不同派生类中的行为有可能会不同，体现出一定的多态性。类是实现代码复用和设计复用的一个重要方法，封装、继承和多态是面向对象程序设计的三个要素。

Python 使用关键字 class 来定义类，之后是一个空格，接下来是类的名字，如果派生自其他基类则需要把所有基类放到一对圆括号中并使用逗号分隔，然后是一个冒号，最后换行并定义类的内部实现。其中，类名最好与所描述的事物有关，且首字母一般要大写。例如：

```
1.  class Car(object):                    # 定义一个类，派生自 object 类
2.      def showInfo(self):               # 定义成员方法
3.          print('This is a car')
```

定义了类之后，就可以用类来实例化对象，并通过“对象名.成员”的方式来访问其中的数据成员或成员方法。例如：

```
car = Car()                 # 实例化对象
car.showInfo()              # 调用对象的成员方法
```

6.2 数据成员与成员方法

微课视频 6-2

6.2.1 私有成员与公有成员

从形式上看，在定义类的成员时，如果成员名以两个下画线开头但是不以两个下画线结束则表示是私有（private）成员。私有成员在类的外部不能直接访问，一般是在类的内部进行访问和操作，或者在类的外部通过调用对象的公有（public）成员方法来访问。公有成员是可以公开使用的，既可以在类的内部进行访问，也可以在外部程序中通过对象名来访问。

要注意的是，Python 并没有对私有成员提供严格的访问保护机制，通过一种特殊方式“对象名._类名__xxx”也可以在外部程序中访问私有成员，但不建议这样做。

```
>>> class Test:
    def __init__(self, value=0):    # 构造方法，创建对象时自动调用
        self.__value = value         # 私有数据成员

    def setValue(self, value):       # 公有成员方法，需要显式调用
        self.__value = value         # 在类内部可以直接访问私有成员

    def show(self):                  # 公有成员方法
        print(self.__value)

>>> t = Test()
>>> t.show()                         # 在类外部可以直接访问非私有成员
0
>>> t._Test__value                   # 在外部使用特殊形式访问私有数据成员
0
```

在上面的代码中，一个圆点“.”表示成员访问运算符，可以用来访问命名空间、模块或对象中的成员，在 IDLE、Eclipse+PyDev、Spyder、WingIDE、PyCharm 等 Python 开发环境中，在模块、对象或类名后面加上一个圆点“.”，都会自动列出其所有公开成员，如图 6-1 所示。

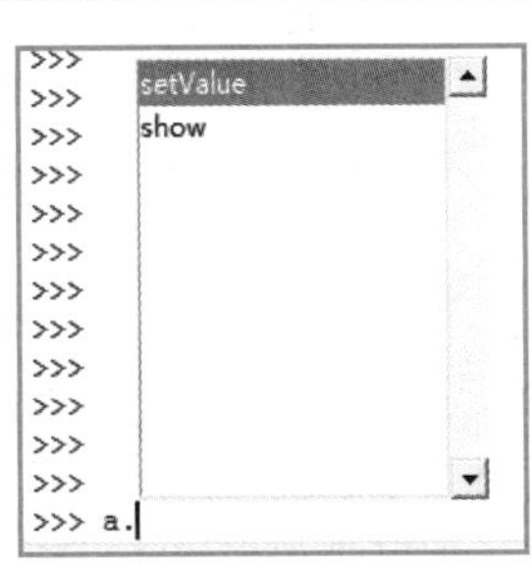

图 6-1 列出对象公开成员

在 Python 中，以下画线开头或结束的成员名有特殊的含义。

- _xxx：以一个下画线开头，表示保护成员，一般建议在类对象和子类对象中访问这些成员，不建议在类外部通过对象直接访问；在模块中使用一个或多个下画线开头的成员不能用“from module import *”导入，除非在模块中使用__all__变量明确指明这样的成员可以被导入。
- __xxx：以两个下画线开头但不以两个下画线结束，表示私有成员，一般只有类定义中能访问，子类定义中也不能直接访问该成员，但在类外部可以通过“对象名._类名__xxx”这样的特殊形式来访问。
- __xxx__：前后各两个下画线，表示系统定义的特殊成员，见 6.4 节。

6.2.2　数据成员

数据成员用来描述类或对象的某些特征或属性，可以分为属于对象的数据成员和属于类的数据成员。

- 属于对象的数据成员主要在构造方法__init__()中定义，而且在定义时和在实例方法中访问数据成员时以 self 作为前缀，同一个类的不同对象的数据成员之间互不影响。
- 属于类的数据成员的定义不在任何成员方法之内，是该类所有对象共享的，不属于任何一个对象。

在类的外部，属于对象的数据成员只能通过对象名访问；属于类的数据成员可以通过类名或对象名访问。

利用类数据成员的共享性，可以实时获得该类的对象数量，并且可以控制该类可以创建的对象最大数量。例如，下面的代码定义了一个特殊的类，这个类只能定义一个对象。

```
>>> class SingleInstance:
        num = 0
        def __init__(self):
            if SingleInstance.num > 0:
                raise Exception('只能创建一个对象')    # 抛出异常，代码崩溃
            SingleInstance.num += 1

>>> t1 = SingleInstance()
>>> t2 = SingleInstance()
Traceback (most recent call last):
  File "<pyshell# 11>", line 1, in <module>
    t2 = SingleInstance()
  File "<pyshell# 9>", line 5, in __init__
    raise Exception('只能创建一个对象')
Exception: 只能创建一个对象
```

6.2.3　成员方法

Python 类的成员方法大致可以分为公有方法、私有方法、静态方法和类方法。公有方法和私有方法一般是指属于对象的实例方法，其中私有方法的名字以两个下画线“__”开始。公有方法通过对象名直接调用，私有方法不能通过对象名直接调用，只能在其他实例方法中通过前缀 self 进行调用或在外部通过特殊的形式来调用。

所有实例方法都必须至少有一个名为 self 的参数，并且必须是方法的第一个形参（如果有多个形参），self 参数代表当前对象。在实例方法中访问实例成员时需要以 self 为前缀，但在外部通过对象名调用对象方法时并不需要传递这个参数，因为通过对象调用方法时会把对象隐式绑定到 self 参数。

静态方法和类方法都可以通过类名和对象名调用，但在这两种方法中不能访问属于对象的成员，只能访问属于类的成员。一般以 cls 作为类方法的第一个参数表示该类自身，在调用类方法时不需要为该参数传递值。静态方法可以不接收任何参数。例如：

```
>>> class Root:
```

```
    __total = 0
    def __init__(self, v):          # 构造方法
        self.__value = v
        Root.__total += 1

    def show(self):                 # 普通实例方法，以 self 作为第一个参数
        print('self.__value:', self.__value)
        print('Root.__total:', Root.__total)

    @classmethod                    # 修饰器，声明类方法
    def classShowTotal(cls):        # 类方法，一般以 cls 作为第一个参数
        print(cls.__total)

    @staticmethod                   # 修饰器，声明静态方法
    def staticShowTotal():          # 静态方法，可以没有参数
        print(Root.__total)

>>> r = Root(3)
>>> r.classShowTotal()              # 通过对象调用类方法
1
>>> r.staticShowTotal()             # 通过对象调用静态方法
1
>>> rr = Root(5)
>>> Root.classShowTotal()           # 通过类名调用类方法
2
>>> Root.staticShowTotal()          # 通过类名调用静态方法
2
>>> Root.show()                     # 试图通过类名直接调用实例方法，失败
TypeError: unbound method show() must be called with Root instance as first
argument (got nothing instead)
>>> Root.show(r)                    # 可以通过这种方法来调用方法并访问实例成员
self.__value: 3
Root.__total: 2
```

6.2.4 属性

微课视频 6-3

属性是一种特殊形式的成员方法，综合了数据成员和成员方法二者的优点，既可以像成员方法那样对值进行必要的检查，又可以像数据成员一样灵活地访问，同时还支持了封装的特性。

在 Python 3.x 中，属性得到了较为完整的实现，支持更加全面的保护机制。如果设置属性为只读，则无法修改其值，也无法为对象增加与属性同名的新成员，当然也无法删除对象属性。例如：

```
>>> class Test:
    def __init__(self, value):
        self.__value = value            # 私有数据成员

    @property                           # 修饰器，定义属性
    def value(self):                    # 只读属性，无法修改和删除
        return self.__value

>>> t = Test(3)
```

```
>>> t.value
3
>>> t.value = 5                          # 只读属性不允许修改值
AttributeError: can't set attribute
>>> del t.value                          # 试图删除对象属性，失败
AttributeError: can't delete attribute
>>> t.value
3
```

下面的代码则把属性设置为可读、可修改，但不允许删除。

```
>>> class Test:
    def __init__(self, value):
        self.__value = value

    def __get(self):                     # 读取私有数据成员的值
        return self.__value

    def __set(self, v):                  # 修改私有数据成员的值
        self.__value = v

    value = property(__get, __set)       # 可读可写属性，指定相应的读写方法

    def show(self):
        print(self.__value)

>>> t = Test(3)
>>> t.value                              # 允许读取属性值
3
>>> t.value = 5                          # 允许修改属性值
>>> t.value
5
>>> t.show()                             # 属性对应的私有变量也得到了相应的修改
5
>>> del t.value                          # 试图删除属性，失败
AttributeError: can't delete attribute
```

也可以将属性设置为可读、可修改、可删除。

```
>>> class Test:
    def __init__(self, value):
        self.__value = value

    def __get(self):
        return self.__value

    def __set(self, v):                           # 可以增加代码检查参数后再赋值
        self.__value = v

    def __del(self):                              # 删除对象的私有数据成员
        del self.__value

    value = property(__get, __set, __del)         # 可读、可写、可删除的属性
```

```
    def show(self):
        print(self.__value)

>>> t = Test(3)
>>> t.show()
3
>>> t.value
3
>>> t.value = 5
>>> t.show()
5
>>> t.value
5
>>> del t.value
>>> t.value                                  # 属性对应的私有数据成员已删除，访问失败
AttributeError: 'Test' object has no attribute '_Test__value'
>>> t.show()
AttributeError: 'Test' object has no attribute '_Test__value'
>>> t.value = 1                              # 动态增加属性和对应的私有数据成员
>>> t.show()
1
>>> t.value
1
```

下面的代码定义了一个矩形类，支持设置矩形的宽度和高度以及获取矩形的宽度、高度和面积，除了本节前面已经介绍过的属性定义方式，还演示了另一种定义属性的方式，具体用法可以参考代码注释。

```
1.  class Rectangle:
2.      def __init__(self, w, h):         # 构造方法，名字是固定的
3.          self.width = w                # 调用属性的 setter 方法进行赋值
4.          self.height = h
5.
6.      @property
7.      def width(self):                  # 读取属性的值时，自动调用这个方法
8.          return self.__width
9.
10.     @width.setter
11.     def width(self, w):               # 修改属性的值时，自动调用这个方法
12.         assert isinstance(w, (int,float)) and w>0, '矩形宽度必须大于0'
13.         self.__width = w
14.
15.     @width.deleter
16.     def width(self):                  # 删除属性时，自动调用这个方法
17.         del self.__width
18.
19.     def __get_height(self):
20.         return self.__height
21.     def __set_height(self, h):
22.         assert isinstance(h, (int,float)) and h>0, '矩形高度必须大于0'
23.         self.__height = h
24.     def __del_height(self):
```

```
25.             del self.__height
26.
27.         # 使用property()函数定义属性
28.         # 分别设置读取、修改、删除时调用的方法
29.         height = property(__get_height, __set_height, __del_height)
30.
31.         @property
32.         def area(self):
33.             return self.__width * self.__height
34.
35.     r1 = Rectangle(3, 5)
36.     print(r1.area)
37.     r2 = Rectangle(4, 6)
38.     r2.width = 5
39.     r2.height = 7
40.     print(r2.area)
```

运行结果为：

```
15
35
```

6.3 继承

微课视频 6-4

继承是一种实现设计复用和代码复用的机制。设计一个新类时，如果能够在一个已有的且设计良好的类的基础上进行适当扩展和二次开发，可以大幅度减少开发工作量，并且可以很大程度地保证质量。在继承关系中，已有的设计好的类称为父类或基类，新设计的类称为子类或派生类。派生类可以继承父类的公有成员，但是不能继承其私有成员。如果需要在派生类中调用基类的方法，可以使用内置函数 super()或者通过“基类名.方法名()”的方式来实现这一目的。

例 6-1　设计 Person 类，并根据 Person 派生 Teacher 类，然后分别创建和使用 Person 类与 Teacher 类的对象。

基本思路：在子类 Teacher 中继承父类 Person 中的公有成员，并增加属于自己的成员。在访问父类中的私有数据成员时，不能直接去访问，而应该借助于父类提供的公开接口。

```
1.  class Person:
2.      def __init__(self, name='', age=20, sex='man'):
3.          # 通过调用方法进行初始化，这样可以对参数进行更好的控制
4.          self.setName(name)
5.          self.setAge(age)
6.          self.setSex(sex)
7.
8.      def setName(self, name):
9.          if not isinstance(name, str):
10.             raise Exception('name must be string.')
11.         self.__name = name
12.
13.     def setAge(self, age):
14.         if type(age) != int:
```

```
15.             raise Exception('age must be integer.')
16.         self.__age = age
17.
18.     def setSex(self, sex):
19.         if sex not in ('man', 'woman'):
20.             raise Exception('sex must be "man" or "woman"')
21.         self.__sex = sex
22.
23.     def show(self):
24.         print(self.__name, self.__age, self.__sex, sep='\n')
25.
26. # 派生类
27. class Teacher(Person):
28.     def __init__(self, name='', age=30,
29.                  sex='man', department='Computer'):
30.         # 调用基类构造方法初始化基类的私有数据成员
31.         super(Teacher, self).__init__(name, age, sex)
32.         # 也可以这样初始化基类的私有数据成员
33.         # Person.__init__(self, name, age, sex)
34.         # 调用自己的方法初始化派生类的数据成员
35.         self.setDepartment(department)
36.
37.     # 在派生类中新增加的方法
38.     def setDepartment(self, department):
39.         if type(department) != str:
40.             raise Exception('department must be a string.')
41.         self.__department = department
42.
43.     # 覆盖了从父类中继承来的方法
44.     def show(self):
45.         # 先调用父类的同名方法，显示从父类中继承来的数据成员
46.         super(Teacher, self).show()
47.         # 再显示派生类中的私有数据成员
48.         print(self.__department)
49.
50. if __name__ == '__main__':
51.     # 创建基类对象
52.     zhangsan = Person('Zhang San', 19, 'man')
53.     zhangsan.show()
54.     print('='*30)
55.
56.     # 创建派生类对象
57.     lisi = Teacher('Li si', 32, 'man', 'Math')
58.     lisi.show()
59.     # 调用继承的方法修改年龄
60.     lisi.setAge(40)
61.     lisi.show()
```

运行结果：

```
Zhang San
19
man
==============================
Li si
32
man
Math
Li si
40
man
Math
```

最后，Python 也支持多继承，如果父类中有相同的方法名，而在子类中使用时没有指定父类名，则 Python 解释器将从左向右按顺序进行搜索，使用第一个匹配的成员。

6.4 特殊方法

微课视频 6-5

在 Python 中，不管类的名字是什么，构造方法都叫作__init__()，析构方法都叫作__del__()，分别用来在创建对象时进行必要的初始化和在释放对象时进行必要的清理工作。

在 Python 中，除了构造方法和析构方法之外，还有大量的特殊方法支持更多的功能，例如，运算符重载和自定义类对内置函数的支持就是通过在类中重写特殊方法实现的。在自定义类时如果重写了某个特殊方法即可支持对应的运算符或内置函数，具体实现什么工作则完全可以由程序员根据实际需要来定义。表 6-1 列出了其中一部分比较常用的特殊方法，完整列表请参考下面的网址：

https://docs.python.org/3/reference/datamodel.html#special-method-names

表 6-1 Python 类的特殊方法

方 法	功能说明
__init__()	构造方法，创建对象时自动调用
__del__()	析构方法，释放对象时自动调用
__add__()	+
__sub__()	-
__mul__()	*
__truediv__()	/
__floordiv__()	//
__mod__()	%
__pow__()	**
__eq__()、 __ne__()、 __lt__()、 __le__()、 __gt__()、 __ge__()	==、 !=、 <、 <=、 >、 >=
__lshift__()、__rshift__()	<<、>>

（续）

方　法	功 能 说 明
__and__()、__or__()、 __invert__()、__xor__()	&、|、 ~、^
__iadd__()、__isub__()	+=、-=，很多其他运算符也有与之对应的复合赋值运算符
__pos__()	一元运算符+，正号
__neg__()	一元运算符-，负号
__contains__()	与成员测试运算符 in 对应
__radd__()、__rsub__	反射加法、反射减法，一般与普通加法和减法具有相同的功能，但操作数的位置或顺序相反，很多其他运算符也有与之对应的反射运算符
__abs__()	与内置函数 abs()对应
__divmod__()	与内置函数 divmod()对应
__len__()	与内置函数 len()对应
__reversed__()	与内置函数 reversed()对应
__round__()	与内置函数 round()对应
__str__()	与内置函数 str()对应，要求该方法必须返回 str 类型的数据
__getitem__()	按照索引获取值
__setitem__()	按照索引赋值

例如，在下面的两段代码中，Demo 类的第一次定义中没有实现特殊方法__add__()，所以该类的对象不支持加号运算符。第二次的 Demo 类中实现了特殊方法__add__()，所以该类的对象支持加号运算符，但是具体如何支持，进行加法运算时具体做什么，最终还是由该方法中的代码决定的。

（1）Demo 类第一次定义没有实现特殊方法__add__()

```
>>> class Demo:
    def __init__(self, value):
        self.__value = value

>>> d = Demo(3)
>>> d + 3
TypeError: unsupported operand type(s) for +: 'Demo' and 'int'
```

（2）Demo 类中实现了特殊方法__add__()

```
>>> class Demo:
    def __init__(self, value):
        self.__value = value


    def __add__(self, anotherValue):
        return self.__value + anotherValue

>>> dd = Demo(3)
>>> dd + 5
8
```

6.5 综合案例解析

微课视频 6-6

例 6-2 自定义双端队列类，模拟入队、出队等基本操作。

问题描述：双端队列是指在左右两侧都可以入队和出队的一种数据结构。所谓入队是指，在队列的头部或尾部增加一个元素。所谓出队是指，删除并返回队列头部或尾部的一个元素。

基本思路：对列表进行封装和扩展，对外提供接口模拟双端队列的操作，假装自己是一个双端队列，把外部对双端队列的操作转换为内部对列表的操作。在列表尾部使用 append()方法追加一个元素用来模拟右端入队操作，使用 pop()方法删除列表尾部元素模拟右端出队操作，左端入队和出队操作的思路类似。

```
1.  class myDeque:
2.      # 构造方法，默认队列大小为 10
3.      def __init__(self, iterable=None, maxlen=10):
4.          if iterable == None:
5.              # 如果没有提供初始数据，就创建一个空队列
6.              self._content = []
7.              self._current = 0
8.          else:
9.              # 使用给定的数据初始化双端队列
10.             # _content 用于存储实际数据
11.             # _current 表示队列中元素的个数
12.             self._content = list(iterable)
13.             self._current = len(iterable)
14.         # _size 表示队列大小
15.         self._size = maxlen
16.         if self._size < self._current:
17.             self._size = self._current
18.
19.     # 析构方法
20.     def __del__(self):
21.         del self._content
22.
23.     # 修改队列大小
24.     def setSize(self, size):
25.         if size < self._current:
26.             # 如果缩小队列，需要同时删除后面的元素
27.             for i in range(size, self._current)[::-1]:
28.                 del self._content[i]
29.             # 因为删除了部分元素，所以需要修改队列中元素数量
30.             self._current = size
31.         # 设置队列大小
32.         self._size = size
33.
34.     # 在右侧入队
35.     def appendRight(self, v):
36.         if self._current < self._size:
37.             self._content.append(v)
```

```
38.             self._current = self._current + 1
39.         else:
40.             # 如果队列已满，则给出提示，并忽略该操作
41.             print('The queue is full')
42.
43.     # 在左侧入队
44.     def appendLeft(self, v):
45.         if self._current < self._size:
46.             self._content.insert(0, v)
47.             self._current = self._current + 1
48.         else:
49.             print('The queue is full')
50.
51.     # 在左侧出队
52.     def popLeft(self):
53.         if self._content:
54.             self._current = self._current - 1
55.             return self._content.pop(0)
56.         else:
57.             # 如果队列是空的，则给出提示，并忽略该操作
58.             print('The queue is empty')
59.
60.     # 在右侧出队
61.     def popRight(self):
62.         # 列表中如果有元素则等价于 True，空列表等价于 False
63.         if self._content:
64.             self._current = self._current - 1
65.             return self._content.pop()
66.         else:
67.             print('The queue is empty')
68.
69.     # 循环移位
70.     def rotate(self, k):
71.         if abs(k) > self._current:
72.             print('k must <= '+str(self._current))
73.             return
74.         self._content = self._content[-k:] + self._content[:-k]
75.
76.     # 元素翻转
77.     def reverse(self):
78.         # 反向切片，这里也可以调用列表的 reverse()方法
79.         self._content = self._content[::-1]
80.
81.     # 显示当前队列中元素个数
82.     def __len__(self):
83.         return self._current
84.
85.     # 使用 print()打印对象时，显示当前队列中的元素，可使用 f-字符串改写
86.     def __str__(self):
87.         return 'myDeque(' + str(self._content)\
88.                + ', maxlen=' + str(self._size) + ')'
89.
```

```
 90.     # 直接对象名当作表达式时，显示当前队列中的元素
 91.     __repr__ = __str__
 92.
 93.     # 队列置空
 94.     def clear(self):
 95.         self._content = []
 96.         self._current = 0
 97.
 98.     # 测试队列是否为空
 99.     def isEmpty(self):
100.         return not self._content
101.
102.     # 测试队列是否已满
103.     def isFull(self):
104.         return self._current == self._size
105.
106. if __name__ == '__main__':
107.     print('Please use me as a module.')
```

将上面的代码保存为 myDeque.py 文件，并保存在当前文件夹、Python 安装文件夹或 sys.path 列表指定的其他文件夹中，也可以使用 append()方法把该文件所在文件夹添加到 sys.path 列表中。下面的代码演示了自定义双端队列类的用法。

```
>>> from myDeque import myDeque      # 导入自定义双端队列类
>>> q = myDeque(range(5))            # 创建双端队列对象
>>> q
myDeque([0, 1, 2, 3, 4], maxlen=10)
>>> q.appendLeft(-1)                 # 在队列左侧入队
>>> q.appendRight(5)                 # 在队列右侧入队
>>> q
myDeque([-1, 0, 1, 2, 3, 4, 5], maxlen=10)
>>> q.popLeft()                      # 在队列左侧出队
-1
>>> q.popRight()                     # 在队列右侧出队
5
>>> q.reverse()                      # 元素翻转
>>> q
myDeque([4, 3, 2, 1, 0], maxlen=10)
>>> q.isEmpty()                      # 测试队列是否为空
False
>>> q.rotate(-3)                     # 元素循环左移 3 次
>>> q
myDeque([1, 0, 4, 3, 2], maxlen=10)
>>> q.setSize(20)                    # 改变队列大小
>>> q
myDeque([1, 0, 4, 3, 2], maxlen=20)
>>> q.clear()                        # 清空队列元素
>>> q
myDeque([], maxlen=20)
>>> q.isEmpty()
True
```

例 6-3　设计自定义栈类，模拟入栈、出栈，判断栈是否为空、是否已满以及改变栈大小等操作。

问题描述：栈是一种操作受限的数据结构，只能在一侧进行元素的增加和删除操作。

基本思路：对列表进行封装和二次开发，通过在列表尾部追加和删除元素来模拟栈的入栈和出栈操作。如果栈内部封装的列表中元素数量达到容量的限制则表示已满，如果列表为空则表示栈已空。改变栈的大小时，如果新的大小比栈中已有的元素数量还小，则拒绝该操作。

微课视频 6-7

```
1.  class Stack:
2.      # 构造方法
3.      def __init__(self, maxlen=10):
4.          self._content = []
5.          self._size = maxlen
6.          self._current = 0
7.
8.      # 析构方法，释放列表
9.      def __del__(self):
10.         del self._content
11.
12.     # 清空栈中的元素，也可以调用列表的clear()方法
13.     def clear(self):
14.         self._content = []
15.         self._current = 0
16.
17.     # 测试栈是否为空
18.     def isEmpty(self):
19.         return not self._content
20.
21.     # 修改栈的大小
22.     def setSize(self, size):
23.         # 不允许修改后栈的大小小于已有元素数量
24.         if size < self._current:
25.             print('new size must >= ' + str(self._current))
26.             return
27.         self._size = size
28.
29.     # 测试栈是否已满
30.     def isFull(self):
31.         return self._current == self._size
32.
33.     # 入栈
34.     def push(self, v):
35.          if self._current < self._size:
36.              # 在列表尾部追加元素
37.              self._content.append(v)
38.              # 栈中元素个数加1
39.              self._current = self._current + 1
40.          else:
41.              print('Stack Full!')
```

```
42.
43.     # 出栈
44.     def pop(self):
45.         if self._content:
46.             # 栈中元素个数减1
47.             self._current = self._current - 1
48.             # 弹出并返回列表尾部元素
49.             return self._content.pop()
50.         else:
51.             print('Stack is empty!')
52.
53.     def __str__(self):
54.         return 'Stack(' + str(self._content)\
55.                + ', maxlen=' + str(self._size) + ')'
56.
57.     # 复用__str__方法的代码
58.     __repr__ = __str__
```

将代码保存为myStack.py文件，下面的代码演示了自定义栈结构的用法。

```
>>> from myStack import Stack                    # 导入自定义栈
>>> s = Stack()                                  # 创建栈对象
>>> s.push(5)                                    # 元素入栈
>>> s.push(8)
>>> s.push('a')
>>> s.pop()                                      # 元素出栈
'a'
>>> s.push('b')
>>> s.push('c')
>>> s                                            # 查看栈对象
Stack([5, 8, 'b', 'c'], maxlen=10)
>>> s.setSize(8)                                 # 修改栈大小
>>> s
Stack([5, 8, 'b', 'c'], maxlen=8)
>>> s.setSize(3)
new size must >=4
>>> s.clear()                                    # 清空栈元素
>>> s.isEmpty()
True
>>> s.setSize(2)
>>> s.push(1)
>>> s.push(2)
>>> s.push(3)
Stack Full!
```

例 6-4　自定义三维向量类。

微课视频 6-8

问题描述：模拟三维空间的向量，并模拟向量的缩放操作和向量之间的加法和减法运算。

基本思路：设计一个类，使用私有数据成员__x、__y 和__z 表示三维向量的各个分量，提供公开接口 add()、sub()、mul()、div()来实现向量之间的加、减以及向量与标量之间的乘、除运算，还提供属性 length 支持查看向量的长度。

```
1.  class Vector3:
2.      # 构造方法，初始化，定义向量坐标
3.      def __init__(self, x, y, z):
4.          self.__x = x
5.          self.__y = y
6.          self.__z = z
7.
8.      # 两个向量相加，对应分量相加，返回新向量
9.      def add(self, anotherPoint):
10.         x = self.__x + anotherPoint.__x
11.         y = self.__y + anotherPoint.__y
12.         z = self.__z + anotherPoint.__z
13.        return Vector3(x, y, z)
14.
15.     # 减去另一个向量，对应分量相减，返回新向量
16.     def sub(self, anotherPoint):
17.         x = self.__x - anotherPoint.__x
18.         y = self.__y - anotherPoint.__y
19.         z = self.__z - anotherPoint.__z
20.         return Vector3(x, y, z)
21.
22.     # 向量与一个数字相乘，各分量乘以同一个数字，返回新向量
23.     def mul(self, n):
24.         x, y, z = self.__x*n, self.__y*n, self.__z*n
25.         return Vector3(x, y, z)
26.
27.     # 向量除以一个数字，各分量除以同一个数字，返回新向量
28.     def div(self, n):
29.         x, y, z = self.__x/n, self.__y/n, self.__z/n
30.         return Vector3(x, y, z)
31.
32.     # 查看向量各分量值
33.     def show(self):
34.         print('X:{0}, Y:{1}, Z:{2}'.format(self.__x,
35.                                            self.__y,
36.                                            self.__z))
37.
38.     # 查看向量长度，所有分量平方和的平方根
39.     @property
40.     def length(self):
41.         return (self.__x**2 + self.__y**2 + self.__z**2) ** 0.5
42.
43. # 用法演示
44. v = Vector3(3, 4, 5)
45. v1 = v.mul(3)
```

```
46.  v1.show()
47.  v2 = v1.add(v)
48.  v2.show()
49.  print(v2.length)
```

运行结果：

```
X:9, Y:12, Z:15
X:12, Y:16, Z:20
28.284271247461902
```

本章小结

本章详细讲解类与对象、数据成员与成员方法、私有成员与公有成员、属性、继承、特殊方法等概念与相关语法，最后通过几个例题演示了这些语法的应用。类是比函数更高一级的封装，是设计复用的重要技术手段，熟练掌握相关知识对于大型软件开发非常有帮助。

本章习题

扫描二维码获取本章习题。

习题 06

第7章 字 符 串

本章将介绍 Python 中字符串的使用，包括字符串的编码格式，转义字符和原始字符串的概念和用法，字符串的常用方法以及运算符、内置函数、标准库、扩展库对字符串的操作。

本章学习目标

- 了解 ASCII、UTF-8、GBK、CP936 等常见字符编码格式
- 了解转义字符和原始字符串的概念和用法
- 熟练运用字符串常用方法
- 熟练掌握运算符和内置函数对字符串的操作
- 了解中文分词和拼音处理的扩展库基本用法

微课视频 7-1

7.1 字符串概述

字符串是指包含若干字符的容器类型。在 Python 中，字符串属于不可变有序序列，使用单引号、双引号、三单引号或三双引号作为定界符，并且不同的定界符之间可以互相嵌套。下面几种都是合法的 Python 字符串。

```
'Hello world'
'这个字符串是数字"123"和字母"abcd"的组合'
'''Tom said,"Let's go"'''
```

除了支持序列通用操作（包括双向索引、比较大小、计算长度、切片、成员测试等）以外，字符串类型还支持一些特有的方法，例如，字符串格式化、查找、替换、排版等。字符串属于不可变序列，不能直接对字符串对象进行元素增加、修改与删除等操作，切片操作也只能访问其中的元素而无法使用切片来修改字符串中的字符。另外，字符串对象提供的 replace()和 translate()方法以及大量排版方法也不是对原字符串直接进行修改替换，而是返回一个新字符串作为结果。

7.2 字符串编码格式

最早的字符串编码是美国标准信息交换码 ASCII，仅对 10 个数字、26 个大写英文字母、26 个小写英文字母及一些其他符号进行了编码。ASCII 码采用 1 个字节来对字符进行编码，最多只能表示 256 个符号。

UTF-8 对全世界所有国家和地区需要用到的字符进行了编码，以 1 个字节表示英语字符（兼容 ASCII），以 3 个字节表示常见汉字。GB2312 是我国制定的中文编码，使用 1 个字节表示英文字符，2 个字节表示中文字符；GBK 是 GB2312 的扩充，CP936 是微软在 GBK 基础上开发的编码方式。GB2312、GBK 和 CP936 都是使用 2 个字节表示中文字符。

不同编码格式之间相差很大，采用不同的编码格式意味着不同的表示和存储形式，把同一字符存入文件时，实际写入的字节串内容可能会不同（见第 9 章），在理解其内容时必须了解编码规则并进行正确的解码，如果解码方法不正确就无法还原信息。

Python 3.x 程序文件默认使用 UTF-8 编码格式，完全支持中文。在统计字符串长度时，无论是一个数字、英文字母，还是一个汉字，都按一个字符对待和处理。

```
>>> s = '中国山东烟台'
>>> len(s)                        # 字符串长度，或者包含的字符个数
6
>>> s = '中国山东烟台 ABCDE'      # 中文与英文字符同样对待，都算一个字符
>>> len(s)
11
```

除了支持 Unicode 编码的 str 类型之外，Python 还支持字节串类型 bytes。str 类型字符串可以通过 encode()方法使用指定的编码格式编码成为 bytes 对象，bytes 对象可以通过 decode()方法使用指定编码格式解码成为 str 字符串。

```
>>> type('Python 是个好语言')
<class 'str'>
>>> type('山东'.encode('gbk'))        # 编码成字节串，采用 GBK 编码格式
<class 'bytes'>
>>> '中国'.encode()                   # 默认使用 UTF-8 进行编码
b'\xe4\xb8\xad\xe5\x9b\xbd'
>>> _.decode()                        # 默认使用 UTF-8 进行解码
'中国'
```

7.3 转义字符与原始字符串

转义字符是指，在字符串中某些特定的符号前加一个斜线之后，该字符将被解释为另外一种含义，不再表示本来的字符。Python 中常用的转义字符如表 7-1 所示。

表 7-1　常用转义字符

转义字符	含　义
\b	退格，把光标移动到前一列位置
\f	换页符
\n	换行符
\r	回车符
\t	水平制表符
\v	垂直制表符
\\	一个斜线\
\'	单引号'
\"	双引号"
\ooo	1～3 位八进制数对应的字符
\xhh	2 位十六进制数对应的字符
\uhhhh	4 位十六进制数表示的 Unicode 字符
\Uxxxxxxxx	8 位十六进制数表示的 Unicode 字符

下面的代码演示了转义字符的用法。

```
>>> print('Hello\tWorld')                        # 包含转义字符的字符串
Hello   World
>>> print('\103')                                # 三位八进制数对应的字符
C
>>> print('\x41')                                # 两位十六进制数对应的字符
A
>>> print('我是\u8463\u4ed8\u56fd')              # 四位十六进制数表示的 Unicode 字符
我是董付国
```

把下面的代码保存为文件 escapeCharacter.py，然后在命令提示符环境执行命令 python escapeCharacter.py，仔细观察运行过程，并理解转义字符'\r'的用法。

```
1.  from time import sleep
2.
3.  for i in range(100):
4.      print(i, end='\r')
5.      sleep(0.1)
```

为了避免对字符串中的转义字符进行转义，可以使用原始字符串。原始字符串是指，在字符串前面加上字母 r 或 R 表示原始字符串，其中的所有字符都表示原始的字面含义而不会进行任何转义。

```
>>> path = 'C:\Windows\notepad.exe'
>>> print(path)                                  # 字符\n 被转义为换行符
C:\Windows
otepad.exe
>>> path = r'C:\Windows\notepad.exe'             # 原始字符串，任何字符都不转义
>>> print(path)
C:\Windows\notepad.exe
```

7.4 字符串格式化

微课视频 7-2

7.4.1 使用%运算符进行格式化

使用%运算符进行字符串格式化的语法形式如图 7-1 所示，格式运算符%之前的部分为格式字符串，之后的部分为需要进行格式化的内容。

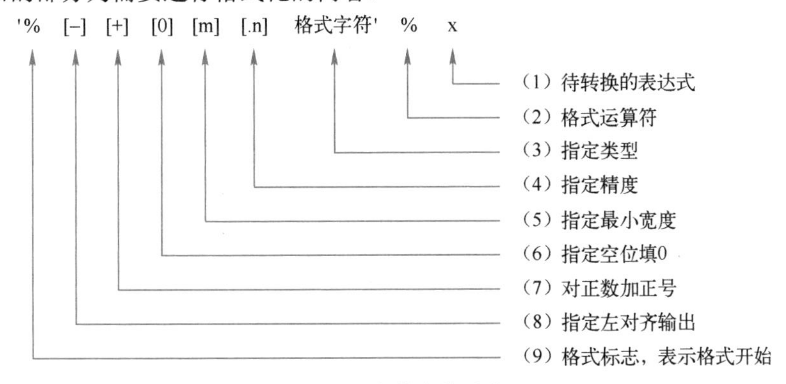

图 7-1 字符串格式化

Python 支持大量的格式字符，表 7-2 列出了比较常用的一部分。

表 7-2　格式字符

格式字符	说明
%s	格式化为字符串
%c	单个字符
%d、%i	十进制整数
%o	八进制整数
%x	十六进制整数
%e	指数（基底写为 e）
%E	指数（基底写为 E）
%f、%F	浮点数
%g	指数（e）或浮点数（根据长度决定使用哪种显示方式）
%G	指数（E）或浮点数（根据长度决定使用哪种显示方式）
%%	格式化为一个%符号

使用这种方式进行字符串格式化时，要求被格式化的内容和格式字符之间的数量和顺序都必须一一对应，不够灵活方便，功能也不够强大，现在已经很少使用了。

```
>>> x = 1235
>>> '%o' % x                # 格式化为八进制数
'2323'
>>> '%x' % x                # 格式化为十六进制数
'4d3'
>>> '%e' % x                # 格式化为指数形式
'1.235000e+03'
>>> '%s' % 65               # 格式化为字符串，等价于 str()
'65'
>>> '%s' % 165333
'165333'
>>> '%d,%c' % (68, 68)      # 使用元组对字符串进行格式化，按位置进行对应
'68,D'
>>> '%s' % set(range(5))    # 把集合格式化为字符串
'{0, 1, 2, 3, 4}'
```

7.4.2　使用 format()方法进行字符串格式化

字符串格式化方法 format()提供了更加强大的功能，不要求待格式化的内容和格式字符之间的顺序严格一致，更加灵活。该方法中可以使用的格式主要有 b（二进制格式）、c（把整数转换成 Unicode 字符）、d（十进制格式）、o（八进制格式）、x（小写十六进制格式）、X（大写十六进制格式）、e/E（科学计数法格式）、f/F（固定长度的浮点数格式）、%（使用固定长度浮点数显示百分数）。Python 3.6.x 开始支持在数字常量的中间位置使用单个下画线作为分隔符来提高数字的可读性，相应地，字符串格式化方法 format()也提供了对下画线的支持。

```
>>> 1 / 3
0.3333333333333333
>>> print('{0:.3f}'.format(1/3))              # 保留 3 位小数
0.333
>>> '{0:%}'.format(3.5)                       # 格式化为百分数
'350.000000%'
>>> print('The number {0:,} in hex is: {0:#x}, in oct is {0:#o}'.format(55))
The number 55 in hex is: 0x37, in oct is 0o67
>>> print('The number {0:,} in hex is: {0:x}, the number {1} in oct is {1:o}'.format(5555, 55))
The number 5,555 in hex is: 15b3, the number 55 in oct is 67
>>> print('The number {1} in hex is: {1:#x}, the number {0} in oct is {0:#o}'.format(5555, 55))
The number 55 in hex is: 0x37, the number 5555 in oct is 0o12663
>>> print('my name is {name}, my age is {age}, and my QQ is {qq}'.format(name='Dong', qq='30646****', age=38))
my name is Dong, my age is 38, and my QQ is 30646****
>>> position = (5, 8, 13)
>>> print('X:{0[0]};Y:{0[1]};Z:{0[2]}'.format(position))
X:5;Y:8;Z:13
>>> '{0:_},{0:_x}'.format(1000000)            # Python 3.6.0 及更高版本支持
'1_000_000,f_4240'
>>> '{0:_},{0:_x}'.format(10000000)           # Python 3.6.0 及更高版本支持
'10_000_000,98_9680'
# 在下面的代码中，+、-、#的位置表示填充字符
# <表示左对齐，^表示居中对齐，>表示右对齐
>>> '{0:+<8d},{0:-^8d},{0:#>8d}'.format(666)
'666+++++,--666---,#####666'
```

7.4.3 格式化的字符串常量

从 Python 3.6.x 开始支持一种新的字符串格式化方式，官方叫作 Formatted String Literals，简称 f-字符串，其含义与字符串对象的 format()方法类似，但形式更加简洁。其中大括号和里面的变量名表示占位符，在进行格式化时，使用前面定义的同名变量的值对格式化字符串中的占位符进行替换。如果没有该变量的定义，则抛出异常。

```
>>> name = 'Dong'
>>> age = 39
>>> f'My name is {name}, and I am {age} years old.'
'My name is Dong, and I am 39 years old.'
>>> width = 10
>>> precision = 4
>>> value = 11/3
>>> f'result:{value:{width}.{precision}}'    # 指定宽度和有效数字个数
'result:     3.667'
>>> f'my address is {address}'               # 没有 address 变量，抛出异常
NameError: name 'address' is not defined
>>> value = 666
>>> f'{value:+<8d},{value:-^8d},{value:#>8d}'
'666+++++,--666---,#####666'
```

```
>>> from datetime import date
# 获取今天的日期
>>> today = date.today()
>>> f'{today.year}-{today.month}-{today.day}'
'2021-4-14'
# 也可以直接把日期对象转换为字符串
>>> str(today)
'2021-04-14'
>>> width, height = 3, 5
# 大括号内表达式后面带等于号的语法只适用于 Python 3.8 以及更新的版本
>>> f'{width*height=}'
'width*height=15'
```

7.5 字符串常用方法与操作

微课视频 7-3

除了可以使用内置函数和运算符对字符串进行操作，Python 字符串对象自身还提供了大量方法用于字符串的检测、替换和排版等操作。需要注意的是，字符串对象是不可变的，所以字符串对象提供的涉及字符串“修改”的方法都是返回修改后的新字符串，并不对原字符串做任何修改。

7.5.1 find()、rfind()、index()、rindex()、count()

find()方法和 rfind()方法分别用来查找另一个字符串在当前字符串指定范围（默认是整个字符串）中首次和最后一次出现的位置，如果不存在则返回-1；index()方法和 rindex()方法用来返回另一个字符串在当前字符串指定范围中首次和最后一次出现的位置，如果不存在则抛出异常；count()方法用来返回另一个字符串在当前字符串中出现的次数，如果不存在则返回 0。

```
>>> s = 'apple,peach,banana,peach,pear'
>>> s.find('peach')                     # 返回第一次出现的位置
6
>>> s.find('peach', 7)                  # 从指定位置开始查找
19
>>> s.find('peach', 7, 20)              # 在指定范围中进行查找
-1
>>> s.rfind('p')                        # 从字符串尾部向前查找
25
>>> s.index('p')                        # 返回首次出现位置
1
>>> s.index('pe')
6
>>> s.index('pear')
25
>>> s.index('ppp')                      # 指定的子字符串不存在时抛出异常
ValueError: substring not found
>>> s.count('p')                        # 统计子字符串出现次数
5
```

7.5.2 split()、rsplit()

字符串对象的 split()方法和 rsplit()方法分别用来以指定字符串为分隔符，从当前字符串左端和右端开始将其分隔成多个字符串，返回包含分隔结果的列表。

```
>>> s = 'apple,peach,banana,pear'
>>> s.split(',')                          # 使用逗号进行分隔
['apple', 'peach', 'banana', 'pear']
>>> s = '2021-10-31'
>>> t = s.split('-')                      # 使用减号作为分隔符
>>> t
['2021', '10', '31']
>>> list(map(int, t))                     # 将分隔结果转换为整数
[2021, 10, 31]
```

对于 split()方法和 rsplit()方法，如果不指定分隔符，则字符串中的任何空白符号（包括空格、换行符、制表符等）的连续出现都将被认为是分隔符，并且自动删除字符串两侧的空白字符，返回包含最终分隔结果的列表。

```
>>> s = '\n\nhello\t\t world \n\n\n My name\t is Dong   '
>>> s.split()
['hello', 'world', 'My', 'name', 'is', 'Dong']
```

但是，明确传递参数指定 split()方法使用的分隔符时，情况略有不同。

```
>>> 'a\t\t\tbb\t\tccc'.split('\t')       # 每个制表符都被作为独立的分隔符
['a', '', '', 'bb', '', 'ccc']
>>> 'a\t\t\tbb\t\tccc'.split()           # 连续多个制表符被作为一个分隔符
['a', 'bb', 'ccc']
>>> 'a,,,bb,,ccc'.split(',')             # 相邻两个逗号之间会得到一个空字符串
['a', '', '', 'bb', '', 'ccc']
```

另外，split()方法和 rsplit()方法还允许指定最大分隔次数（注意，并不是必须分隔这么多次）。

```
>>> s = '\n\nhello\t\t world \n\n\n My name is Dong   '
>>> s.split(maxsplit=1)        # 分隔 1 次
['hello', 'world \n\n\n My name is Dong   ']
>>> s.rsplit(maxsplit=1)
['\n\nhello\t\t world \n\n\n My name is', 'Dong']
>>> s.split(maxsplit=10)       # 最大分隔次数大于实际可分隔次数时，相当于不指定
['hello', 'world', 'My', 'name', 'is', 'Dong']
```

7.5.3 join()

字符串的 join()方法用来将只包含字符串的可迭代对象中所有字符串进行连接，并在相邻两个字符串之间插入当前字符串，返回新字符串。

```
>>> li = ['apple', 'peach', 'banana', 'pear']
>>> ','.join(li)                      # 使用逗号作为连接符
'apple,peach,banana,pear'
>>> ':'.join(li)                      # 使用冒号作为连接符
```

```
'apple:peach:banana:pear'
>>> ''.join(li)                          # 使用空字符作为连接符，直接拼接
'applepeachbananapear'
```

结合使用 split()方法和 join()方法可以删除字符串中多余的空白字符，如果有连续多个空白字符，只保留一个。

```
>>> x = 'aaa      bb      c d e   fff    '
>>> ' '.join(x.split())                  # 使用空格作为连接符
'aaa bb c d e fff'
```

7.5.4 lower()、upper()、capitalize()、title()、swapcase()

这几个方法分别用来将当前字符串转换为小写字符串、将字符串转换为大写字符串、将字符串首字母变为大写、将每个单词的首字母变为大写以及大小写互换。

```
>>> s = 'What is Your Name?'
>>> s.lower()                            # 返回小写字符串
'what is your name?'
>>> s.upper()                            # 返回大写字符串
'WHAT IS YOUR NAME?'
>>> s.capitalize()                       # 字符串首字符大写
'What is your name?'
>>> s.title()                            # 每个单词的首字母大写
'What Is Your Name?'
>>> s.swapcase()                         # 大小写互换
'wHAT IS yOUR nAME?'
```

7.5.5 replace()、maketrans()、translate()

字符串方法 replace()用来替换当前字符串中指定字符或子字符串的所有重复出现，每次只能替换一个字符或一个字符串，把指定的字符串参数作为一个整体对待，类似于 Word、WPS、记事本等文本编辑器的查找与替换功能。该方法并不修改原字符串，而是返回一个新字符串。

```
>>> s = 'Python 是一门非常优秀的编程语言'
>>> s.replace('编程', '程序设计')            # 两个参数都各自作为整体对待
'Python 是一门非常优秀的程序设计语言'
>>> print('abcdabc'.replace('abc', 'ABC'))
ABCdABC
```

字符串对象的 maketrans()方法用来生成字符映射表，translate()方法用来根据映射表中定义的对应关系转换当前字符串并替换其中的字符，使用这两个方法的组合可以同时处理多个不同的字符，replace()方法则无法满足这一要求。

```
# 创建映射表，将字符串'abcdef123'中的字符一一对应地转换为'uvwxyz@#$'中的字符
>>> table = ''.maketrans('abcdef123', 'uvwxyz@#$')
>>> s = 'Beautiful is better than ugly.'
# 按映射表进行转换
>>> s.translate(table)
'Byuutizul is vyttyr thun ugly.'
```

例 7-1　使用 maketrans()方法和 translate()方法实现凯撒加密算法，其中 k 表示算法密钥，也就是把每个英文字母变为其后的第几个字母。

问题描述：凯撒加密算法，是指把原始字符串中的每个英文字母都使用它在字母表中后面第 k 个字母进行替换，是一种比较经典的加密算法。

基本思路：把小写字母和大写字母分别循环左移 k 位，然后根据循环移位（借助切片实现循环移位）之前和之后的字符串构造映射表，最后使用这个映射表对给定的字符串进行替换。

```
>>> import string
>>> def kaisa(s, k):
    lower = string.ascii_lowercase          # 小写字母
    upper = string.ascii_uppercase          # 大写字母
    before = string.ascii_letters
    after = lower[k:] + lower[:k] + upper[k:] + upper[:k]
    table = ''.maketrans(before, after)     # 创建映射表
    return s.translate(table)

>>> s = 'Python is a great programming language. I like it!'
>>> kaisa(s, 3)
'Sbwkrq lv d juhdw surjudpplqj odqjxdjh. L olnh lw!'
>>> s = 'If the implementation is easy to explain, it may be a good idea.'
>>> kaisa(s, 3)
'Li wkh lpsohphqwdwlrq lv hdvb wr hasodlq, lw pdb eh d jrrg lghd.'
```

7.5.6　strip()、rstrip()、lstrip()

这几个方法分别用来删除当前字符串两端、右端或左端连续的空白字符或指定字符。

```
>>> '\n\nhello world   \n\n'.strip()          # 删除两侧的空白字符
'hello world'
>>> 'aaaassddfaaa'.strip('a')                 # 删除两侧的指定字符
'ssddf'
>>> 'aaaassddfaaa'.rstrip('a')                # 删除字符串右侧指定字符
'aaaassddf'
>>> 'aaaassddfaaa'.lstrip('a')                # 删除字符串左侧指定字符
'ssddfaaa'
```

这 3 个方法的参数指定的字符串并不作为一个整体对待，而是在原字符串的两侧、右侧、左侧删除参数字符串中包含的所有字符，一层一层地从外往里扒。

```
>>> 'aabbccddeeeffg'.strip('gbaefcd')
''
```

7.5.7　startswith()、endswith()

这两个方法用来判断当前字符串是否以指定字符串开始或结束，可以接收两个整数参数来限定字符串的检测范围。

```
>>> s = 'Beautiful is better than ugly.'
>>> s.startswith('Be')              # 检测整个字符串
```

```
True
>>> s.startswith('Be', 5)          # 指定检测范围起始位置
False
>>> s.startswith('Be', 0, 5)       # 指定检测范围起始和结束位置
True
```

另外，这两个方法还可以接收一个字符串元组作为参数来表示前缀或后缀，例如，下面的代码使用列表推导式列出指定文件夹下所有扩展名为“.bmp”“.jpg”或“.gif”的图片。

```
>>> import os
>>> [filename
     for filename in os.listdir(r'D:\\')
     if filename.endswith(('.bmp', '.jpg', '.gif'))]
```

7.5.8 isalnum()、isalpha()、isdigit()、isspace()、isupper()、islower()

这几个方法用来测试当前字符串是否全部为数字或字母、是否全部为字母、是否全部为整数字符、是否全部为空白字符以及区分大小写的字母是否全部为大写字母或小写字母。

```
>>> '1234abcd'.isalnum()           # 测试是否仅包含英文字母或数字
True
>>> '\t\n\r '.isspace()            # 测试是否全部为空白字符
True
>>> 'aBC'.isupper()                # 测试是否全部为大写字母
False
>>> '1234abcd'.isalpha()           # 全部为英文字母时返回 True
False
>>> '1234abcd'.isdigit()           # 全部为数字时返回 True
False
>>> '1234.0'.isdigit()             # 不能测试浮点数
False
>>> '1234'.isdigit()               # 只能测试整数
True
```

7.5.9 center()、ljust()、rjust()

这几个方法用于对当前字符串进行排版，返回指定宽度的新字符串，原字符串分别居中、居左或居右出现在新字符串中，如果指定的宽度大于原字符串长度，则使用指定的字符（默认是空格）进行填充，否则直接返回原字符串。

```
>>> 'Main Menu'.center(20)         # 居中，两侧默认以空格进行填充
'     Main Menu      '
>>> 'Main Menu'.center(20, '-')    # 居中，两侧以减号进行填充
'-----Main Menu------'
>>> 'Main Menu'.ljust(20, '#')     # 居左，右侧以井号进行填充
'Main Menu###########'
>>> 'Main Menu'.rjust(20, '=')     # 居右，左侧以等号进行填充
'===========Main Menu'
```

7.5.10 字符串支持的运算符

Python 支持使用运算符+连接字符串，但该运算符涉及大量数据的复制，效率非常低，不适合大量长字符串的连接。

```
>>> 'Hello ' + 'World!'
'Hello World!'
```

Python 字符串支持与整数的乘法运算，表示序列重复。

```
>>> 'abcd' * 3
'abcdabcdabcd'
```

可以使用成员测试运算符 in 来判断一个字符串是否出现在另一个字符串中，返回 True 或 False。

```
>>> 'a' in 'abcde'            # 测试一个字符串是否存在于另一个字符串中
True
>>> 'ac' in 'abcde'           # 关键字 in 左边的字符串作为一个整体对待
False
```

例 7-2　检测用户输入中是否有不允许的敏感字词，如果有就提示非法，否则提示正常。

基本思路： 遍历所有敏感词，对于每个敏感词，使用关键字 in 测试其是否在字符串中出现，如果出现就表示该字符串中包含某个敏感词，输出提示信息并结束循环，不需要继续检查其他敏感词。

```
>>> words = ('测试', '非法', '暴力')
>>> text = '这句话里含有非法内容'
>>> for word in words:
    if word in text:
        print('非法')
        break
else:
    print('正常')


非法
```

例 7-3　测试用户输入中是否有敏感词，如果有就把敏感词替换为 3 个星号***。

基本思路： 遍历所有敏感词，对于每个敏感词，使用 in 测试其是否出现在字符串中，如果出现就使用字符串方法 replace()将其替换为***，然后继续检查和替换下一个敏感词。

```
>>> words = ('测试', '非法', '暴力', '话')
>>> text = '这句话里含有非法内容'
>>> for word in words:
    if word in text:
        text = text.replace(word, '***')

>>> text
'这句***里含有***内容'
```

7.5.11 适用于字符串的内置函数

除了字符串对象提供的方法以外，很多 Python 内置函数也可以对字符串进行操作。

```
>>> x = 'Hello world.'
>>> len(x)                      # 字符串长度
12
>>> max(x)                      # 最大字符
'w'
>>> min(x)                      # 最小字符
' '
>>> list(zip(x,x))              # zip()也可以作用于字符串
[('H', 'H'), ('e', 'e'), ('l', 'l'), ('l', 'l'), ('o', 'o'), (' ', ' '),
('w', 'w'), ('o', 'o'), ('r', 'r'), ('l', 'l'), ('d', 'd'), ('.', '.')]
>>> sorted(x)                   # 对所有字符进行排序，返回列表
[' ', '.', 'H', 'd', 'e', 'l', 'l', 'l', 'o', 'o', 'r', 'w']
>>> ''.join(reversed(x))        # 翻转字符串，也可以使用反向切片实现
'.dlrow olleH'
>>> list(enumerate(x))          # 枚举字符串
[(0, 'H'), (1, 'e'), (2, 'l'), (3, 'l'), (4, 'o'), (5, ' '), (6, 'w'), (7,
'o'), (8, 'r'), (9, 'l'), (10, 'd'), (11, '.')]
>>> def add(ch1, ch2):
        return ch1+ch2

>>> list(map(add, x, x))
['HH', 'ee', 'll', 'll', 'oo', '  ', 'ww', 'oo', 'rr', 'll', 'dd', '..']
>>> eval('3+4')                 # 计算字符串表达式的值
7
>>> a = 3
>>> b = 5
>>> eval('a+b')                 # 要求变量 a 和 b 已存在，否则抛出异常
8
```

7.5.12 字符串切片

切片也适用于字符串，但仅限于读取其中的元素，不支持字符串修改。

```
>>> 'Explicit is better than implicit.'[:8]
'Explicit'
>>> 'Explicit is better than implicit.'[9:23]
'is better than'
>>> path = 'C:\\Python39\\test.bmp'
>>> path[:-4] + '_new' + path[-4:]
'C:\\Python39\\test_new.bmp'
```

7.6 字符串常量

微课视频 7-4

Python 标准库 string 提供了大小写英文字母、数字字符、标点符号等常量，可以直接使用。

例 7-4　使用 string 模块提供的字符串常量，模拟生成指定长度的随机密码。

基本思路：把大小写英文字母（ascii_letters）和数字字符（digits）作为候选字符集，然后使用生成器表达式从候选字符集中随机选取（choice()）n 个字符，最后使用字符串方法 join()把生成的字符连接成为一个字符串。可以把代码中的生成器表达式改写为 choices()函数，请自行尝试。

```
1.  from random import choice
2.  from string import ascii_letters, digits
3.
4.  characters = digits + ascii_letters
5.
6.  def generatePassword(n):
7.      return ''.join((choice(characters) for _ in range(n)))
8.
9.  print(generatePassword(8))
10. print(generatePassword(15))
```

7.7　中英文分词

Python 扩展库 jieba 和 snownlp 很好地支持了中文分词，可以使用 pip 命令进行安装。在自然语言处理领域经常需要对文字进行分词，分词的准确度直接影响了后续文本处理和挖掘算法的最终效果。

```
>>> import jieba                              # 导入 jieba 模块
>>> x = '分词的准确度直接影响了后续文本处理和挖掘算法的最终效果。'
>>> jieba.cut(x)                              # 使用默认词库进行分词
<generator object Tokenizer.cut at 0x000000000342C990>
>>> list(_)
['分词', '的', '准确度', '直接', '影响', '了', '后续', '文本处理', '和', '挖掘',
'算法', '的', '最终', '效果', '。']
>>> list(jieba.cut('花纸杯'))
['花', '纸杯']
>>> jieba.add_word('花纸杯')                   # 增加词条
>>> list(jieba.cut('花纸杯'))                  # 使用新词库进行分词
['花纸杯']
>>> import snownlp                            # 导入 snownlp 模块
>>> snownlp.SnowNLP('学而时习之，不亦说乎').words
['学而', '时习', '之', '，', '不亦', '说乎']
>>> snownlp.SnowNLP(x).words
['分词', '的', '准确度', '直接', '影响', '了', '后续', '文本', '处理', '和', '挖
掘', '算法', '的', '最终', '效果', '。']
```

7.8　汉字到拼音的转换

Python 扩展库 pypinyin 支持汉字到拼音的转换。

```
>>> from pypinyin import lazy_pinyin, pinyin
>>> lazy_pinyin('董付国')                      # 返回拼音
['dong', 'fu', 'guo']
```

```
>>> lazy_pinyin('董付国', 1)                # 带声调的拼音
['dǒng', 'fù', 'guó']
>>> lazy_pinyin('董付国', 2)                # 数字表示前面字母的声调
['do3ng', 'fu4', 'guo2']
>>> lazy_pinyin('董付国', 3)                # 只返回拼音首字母，即声母
['d', 'f', 'g']
>>> lazy_pinyin('重要', 1)                  # 能够根据词组智能识别多音字
['zhòng', 'yào']
>>> lazy_pinyin('重阳', 1)
['chóng', 'yáng']
>>> pinyin('重阳')                          # 返回拼音
[['chóng'], ['yáng']]
>>> pinyin('重阳节', heteronym=True)        # 返回多音字的所有读音
[['chóng'], ['yáng'], ['jié', 'jiē']]
```

7.9 综合案例解析

微课视频 7-5

例 7-5 编写函数实现字符串加密和解密，循环使用指定密钥，采用简单的异或算法。

基本思路：使用 Python 标准库 itertools 中的 cycle()函数把密钥首尾相接以支持循环使用，然后把明文中每个字符和对应的密钥字符进行异或运算（运算符^）。在 Python 中，不支持字符之间的异或运算，需要先使用内置函数 ord()得到字符的 Unicode 编码，再使用内置函数 chr()把两个 Unicode 编码异或运算的结果转换为字符。

```
1.  def crypt(source, key):
2.      from itertools import cycle
3.      func = lambda x, y: chr(ord(x)^ord(y))
4.      return ''.join(map(func, source, cycle(key)))
5.
6.  source = 'Beautiful is better than ugly.'
7.  key = 'Python'
8.
9.  print('Before Encrypted:'+source)
10. encrypted = crypt(source, key)
11. print('After Encrypted:'+encrypted)
12. decrypted = crypt(encrypted, key)
13. print('After Decrypted:'+decrypted)
```

输出结果如图 7-2 所示。

```
Before Encrypted:Beautiful is better than ugly.
After Encrypted:↨┴←●6♀↑H–p←◄♂″Y  ♬ p♀‼┘┬@
After Decrypted:Beautiful is better than ugly.
```

图 7-2　字符串加密与解密结果

微课视频 7-6

例 7-6 编写程序，统计一段文字中每个词出现的次数。

基本思路：使用 Python 扩展库 jieba 的 cut()函数对给定的字符串进行分词，然后使用 Python 标准库 collections 的 Counter 类统计每个词出现的次数。

```
1.  from collections import Counter
2.  from jieba import cut
3.  
4.  def frequency(text):
5.      return Counter(cut(text))
6.  
7.  text = '''八百标兵奔北坡，北坡八百炮兵炮。
8.  标兵怕碰炮兵炮，炮兵怕把标兵碰。'''
9.  print(frequency(text))
```

运行结果：

```
    Counter({'标兵': 3, '炮兵': 3, '八百': 2, '北坡': 2,'，': 2, '炮': 2, '。': 2,
'怕': 2, '碰': 2, '奔': 1, '\n': 1, '把': 1})
```

例 7-7　检查并判断密码字符串的安全强度。

微课视频 7-7

基本思路：遍历字符串中的每个字符，统计字符串中是否包含数字字符、小写字母、大写字母和标点符号，根据包含的字符种类的数量来判断该字符串作为密码时的安全强度。密码的安全强度越高，破解的难度就越大。另外，在 for 循环中嵌套的 if 和 elif 结构中，充分利用了 and 运算符的惰性求值特性，如果字符串 pwd 中已经包含数字，则不再检查当前字符是否为数字，小写字母、大写字母和标点符号也做了同样处理，这样可以加快代码运行速度，减少不必要的计算。

```
1.  import string
2.  
3.  def check(pwd):
4.      # 密码必须至少包含 6 个字符
5.      if not isinstance(pwd, str) or len(pwd)<6:
6.          return 'not suitable for password'
7.  
8.      # 密码强度等级与包含字符种类的对应关系
9.      d = {1:'weak', 2:'below middle', 3:'above middle', 4:'strong'}
10.     # 分别用来标记 pwd 是否含有数字、小写字母、大写字母和指定的标点符号
11.     r = [False] * 4
12. 
13.     for ch in pwd:
14.         # 是否包含数字
15.         if not r[0] and ch in string.digits:
16.             r[0] = True
17.         # 是否包含小写字母
18.         elif not r[1] and ch in string.ascii_lowercase:
19.             r[1] = True
20.         # 是否包含大写字母
21.         elif not r[2] and ch in string.ascii_uppercase:
22.             r[2] = True
23.         # 是否包含指定的标点符号
24.         elif not r[3] and ch in ',.!;?<>':
25.             r[3] = True
26.     # 统计包含的字符种类，返回密码强度
27.     return d.get(r.count(True), 'error')
28. 
```

```
29.  print(check('a2Cd,'))
30.  print(check('1234567890'))
31.  print(check('abcdERGj'))
```

运行结果：

```
not suitable for password
weak
below middle
```

本章小结

本章详细讲解字符串相关内容，包括字符串编码格式、转义字符与原始字符串，格式化、查找、分割、连接、替换、排版、测试等字符串方法的语法和功能，以及中文分词和汉字拼音处理相关的扩展库安装与使用，最后通过几个例题演示了综合应用。字符串操作与下一章的正则表达式是文本处理的重要技术手段，在文件操作（本书第 9 章）以及网络爬虫程序设计（本书第 11 章）中有重要应用。

本章习题

扫描二维码获取本章习题。

习题 07

第 8 章　正则表达式

正则表达式使用预定义的模式去匹配一类具有共同特征的字符串，可以快速、准确地完成复杂的查找、替换等处理要求，比字符串自身提供的方法具有更强大的处理功能。本章将介绍 Python 中正则表达式语法以及标准库 re 的应用。

本章学习目标

- 掌握正则表达式基本语法
- 理解正则表达式扩展语法
- 掌握正则表达式模块 re 的常用函数用法
- 了解 Match 对象用法

微课视频 8-1

8.1　正则表达式语法

8.1.1　正则表达式基本语法

正则表达式由元字符及其不同组合来构成，通过巧妙地构造正则表达式可以匹配任意字符串，并完成查找、替换、分隔等复杂的字符串处理任务。常用的正则表达式元字符如表 8-1 所示。

表 8-1　正则表达式常用元字符

元 字 符	功 能 说 明
.	匹配除换行符以外的任意单个字符，单行模式下也可以匹配换行符
*	匹配位于*之前的字符或子模式的 0 次或多次重复
+	匹配位于+之前的字符或子模式的 1 次或多次重复
-	用来在[]之内表示范围
|	匹配位于|之前或之后的字符
^	匹配以^后面的字符或模式开头的字符串，例如，'^http'只能匹配所有以'http'开头的字符串
$	匹配以$前面的字符或模式结束的字符串
?	1）表示问号之前的字符或子模式是可选的。2）当紧随任何其他表示次数的限定符（*、+、?、{n}、{n,}、{n,m}）之后时，表示匹配模式是“非贪心的”。“非贪心的”模式匹配搜索到的尽可能短的字符串，而默认的“贪心的”模式匹配搜索到的尽可能长的字符串。例如，在字符串'oooo'中，'o+?'只匹配单个'o'，而'o+'匹配所有'o'
\	对\后面的字符进行转义
\num	此处的 num 是一个十进制正整数，表示前面子模式的编号。与转义字符\ooo 含义不同
\f	匹配一个换页符，与转义字符\f 含义相同
\n	匹配一个换行符，与转义字符\n 含义相同

（续）

元 字 符	功 能 说 明
\r	匹配一个回车符，与转义字符\r 含义相同
\b	匹配单词头或单词尾，与转义字符\b 含义不同
\B	与\b 含义相反
\d	匹配任意单个数字，相当于[0-9]
\D	与\d 含义相反，相当于[^0-9]
\s	匹配任何空白字符，包括空格、制表符、换页符，与 [\f\n\r\t\v] 等效
\S	与\s 含义相反
\w	匹配任意单个汉字、字母、数字以及下画线
\W	与\w 含义相反
()	将位于()内的内容作为一个整体来对待，定义子模式
{m,n}	按{}中指定的次数进行匹配，例如，{3,8}表示前面的字符或模式至少重复 3 而最多重复 8 次，{3}表示恰好 3 次，{3,}表示至少 3 次，{,8}表示至多 8 次，注意逗号后面不要有空格
[]	匹配位于[]中的任意一个字符，例如，[a-zA-Z0-9] 可以匹配单个任意大小写字母或数字
[^xyz]	^放在[]内表示反向字符集，匹配除 x、y、z 之外的任何字符
[a-z]	字符范围，匹配指定范围内的任何字符
[^a-z]	反向范围字符，匹配除小写英文字母之外的任何字符

如果以“\”开头的元字符与转义字符（见表 7-1）形式相同但含义不同，需要使用“\\”，或者使用原始字符串。在字符串前加上字符 r 或 R 之后表示原始字符串，字符串中任何字符都不再进行转义。原始字符串可以减少用户的输入，主要用于正则表达式和文件路径字符串的情况，但如果字符串以一个反斜线“\”结束的话，则需要多写一个反斜线，即以“\\”结束。

下面给出几个正则表达式示例。

- 最简单的正则表达式是普通字符串，只能匹配自身。
- '[pjc]ython'或者'(p|j|c)ython'都可以匹配'python'、'jython'、'cython'。
- 'python|perl'或'p(ython|erl)'都可以匹配'python'或'perl'。
- r'(https://)?(www\.)?python\.org'只能匹配'https://www.python.org'、'https://python.org'、'www.python.org'和'python.org'。
- '(a|b)*c'：匹配多个（包含 0 个）a 或 b，后面紧跟一个字母 c。
- 'ab{1,}'：等价于'ab+'，匹配以字母 a 开头后面紧跟 1 个或多个字母 b 的字符串。
- '^[a-zA-Z]{1}([a-zA-Z0-9._]){4,19}$'：匹配长度为 5～20 的字符串，必须以字母开头并且后面可带数字、字母、“_”“.”的字符串。
- '^(\w){6,20}$'：匹配长度为 6～20 的字符串，可以包含汉字、字母、数字、下画线。
- '^\d{1,3}\.\d{1,3}\.\d{1,3}\.\d{1,3}$'：检查给定字符串是否为 IP 地址。
- '^(13[4-9]\d{8})|(15[01289]\d{8})$'：检查给定字符串是否为移动手机号码。
- '^[a-zA-Z]+$'：检查给定字符串是否只包含英文字母大小写。

- '^\w+@(\w+\.)+\w+$'：检查给定字符串是否为电子邮件地址。
- '^(\-)?\d+(\.\d{1,2})?$'：检查给定字符串是否为最多带有两位小数的正数或负数。
- '[\u4e00-\u9fa5]'：匹配给定字符串中常用汉字。
- '^\d{18}|\d{15}$'：检查给定字符串是否为合法身份证格式。
- '\d{4}-\d{1,2}-\d{1,2}'：匹配指定格式的日期，例如 2021-3-30。
- '^(?=.*[a-z])(?=.*[A-Z])(?=.*\d)(?=.*[,._]).{8,}$'：检查给定字符串是否为强密码，必须同时包含英文大写字母、英文小写字母、数字或特殊符号（如英文逗号、英文句号、下画线），并且长度必须至少 8 位。
- "(?!.*[\'\"\/;=%?]).+"：如果给定字符串中包含'、"、/、;、=、%、?则匹配失败。
- '(.)\\1+'：匹配任意字符或模式的两次或多次重复出现。
- '((?P<f>\b\w+\b)\s+(?P=f))'：匹配连续出现两次的单词。
- '((?P<f>.)(?P=f)(?P<g>.)(?P=g))'：匹配 AABB 形式的成语或字符组合。
- r'(\w)(?!.*\1)'：查找字符串中每个字符的最后一次出现。
- r'(\w)(?=.*\1)'：查找字符串中所有重复出现的字符。

使用时要注意的是，正则表达式只是进行形式上的检查，并不保证内容一定正确。例如，正则表达式'^\d{1,3}\.\d{1,3}\.\d{1,3}\.\d{1,3}$'可以检查字符串是否为 IP 地址，字符串'888.888.888.888'这样的也能通过检查，但实际上并不是有效的 IP 地址。同样的道理，正则表达式'^\d{18}|\d{15}$'也只负责检查字符串是否为 18 位或 15 位数字，并不保证一定是合法的身份证号，也没有考虑最后一位是字母 X 的情况。

8.1.2 正则表达式扩展语法

正则表达式使用圆括号“()”表示一个子模式，圆括号中的内容作为一个整体对待，例如'(red)+'可以匹配'redred'、'redredred'等一个或多个重复'red'的情况。使用子模式扩展语法可以实现更加复杂的字符串处理功能，常用的扩展语法如表 8-2 所示，具体用法和演示代码请参考后面几节的介绍。

表 8-2 常用子模式扩展语法

语　法	功能说明
(?P<groupname>)	为子模式命名
(?iLmsux)	设置匹配标志，可以是几个字母的组合，每个字母含义与编译标志相同，见 116 页 8.2 节
(?:…)	匹配但不捕获该匹配的子表达式
(?P=groupname)	表示在此之前的命名为 groupname 的子模式内容在当前位置又出现一次
(?#…)	表示注释
(?<=…)	用于正则表达式之前，表示如果<=后的内容在字符串中出现则匹配，但不返回<=之后的内容
(?=…)	用于正则表达式之后，表示如果=后的内容在字符串中出现则匹配，但不返回=之后的内容
(?<!…)	用于正则表达式之前，表示如果<!后的内容在字符串中不出现则匹配，但不返回<!之后的内容
(?!…)	用于正则表达式之后，表示如果!后的内容在字符串中不出现则匹配，但不返回!之后的内容

8.2 正则表达式模块 re

微课视频 8-2

Python 标准库 re 提供了正则表达式操作所需要的功能，可以直接使用模块 re 中的函数（见表 8-3）来处理字符串。

表 8-3 re 模块常用函数

函　　数	功 能 说 明
findall(pattern, string[, flags])	列出字符串中模式的所有匹配项，如果 pattern 中有子模式则只返回子模式匹配的内容
match(pattern, string[, flags])	从字符串的开始处匹配模式，返回 Match 对象或 None
search(pattern, string[, flags])	在整个字符串中寻找和匹配模式，返回 Match 对象或 None
split(pattern, string[, maxsplit=0])	根据模式匹配项分隔字符串
sub(pat, repl, string[, count=0])	将字符串中 pat 的所有匹配项用 repl 替换，返回新字符串，repl 可以是字符串或返回字符串的可调用对象，该可调用对象作用于每个匹配的 Match 对象

其中函数参数 flags 的值可以是 re.A（匹配 ASCII 字符）re.I（注意是大写字母 I，不是数字 1，表示忽略大小写）、re.L（支持本地字符集的字符）、re.M（多行匹配模式）、re.S（单行模式，使元字符“.”匹配任意字符，包括换行符）、re.U（匹配 Unicode 字符）、re.X（忽略模式中的空格，并可以使用#注释）的不同组合（使用“|”进行组合）。

下面的代码演示了直接使用 re 模块中的函数和正则表达式处理字符串的用法，其中 match() 函数用于在字符串开始位置进行匹配，search()函数用于在整个字符串中进行匹配，这两个函数如果匹配成功则返回 Match 对象，否则返回 None。

```
>>> import re                                  # 导入 re 模块
>>> text = 'alpha. beta....gamma delta'        # 测试用的字符串
>>> re.split('[\. ]+', text)                   # 使用圆点和空格进行分隔
['alpha', 'beta', 'gamma', 'delta']
>>> re.split('[\. ]+', text, maxsplit=2)       # 最多分隔两次，此处圆点前不加反斜线
['alpha', 'beta', 'gamma delta']
>>> pat = '[a-zA-Z]+'
>>> re.findall(pat, text)                      # 查找所有单词
['alpha', 'beta', 'gamma', 'delta']
>>> s = 'a s d'
>>> re.sub('a|s|d', 'good', s)                 # 把多个子字符串替换成同一个字符串
'good good good'
>>> s = "It's a very good good idea"
>>> re.sub(r'(\b\w+) \1', r'\1', s)            # 处理连续的重复单词
"It's a very good idea"
>>> example = 'Beautiful is better than ugly.'
>>> re.findall('\\bb.+?\\b', example)          # 以字母 b 开头的完整单词
                                               # 此处问号?表示非贪心模式
['better']
>>> re.findall('\\bb.+\\b', example)           # 贪心模式的匹配结果
['better than ugly']
>>> re.findall('\\bb\w*\\b', example)          # \w 不能匹配空格
['better']
```

```
>>> re.findall('\\Bh.+?\\b', example)
                                          # 单词中 h 字母开始往后的剩余部分
['han']
>>> re.findall('\\b\w.+?\\b', example)      # 所有单词
['Beautiful', 'is', 'better', 'than', 'ugly']
>>> re.findall(r'\b\w.+?\b', example)       # 使用原始字符串，少写一个反斜线
['Beautiful', 'is', 'better', 'than', 'ugly']
>>> re.findall('\w+', example)              # 所有单词，等价写法
['Beautiful', 'is', 'better', 'than', 'ugly']
>>> re.split('\s', example)                 # 使用任何空白字符分隔字符串
['Beautiful', 'is', 'better', 'than', 'ugly.']
>>> re.findall('\d+\.\d+\.\d+', 'Python 2.7.18')
                                            # 查找并返回 x.x.x 形式的数字
['2.7.18']
>>> re.findall('\d+\.\d+\.\d+', 'Python 2.7.18,Python 3.8.9')
['2.7.18', '3.8.9']
>>> s = '<html><head>This is head.</head><body>This is body.</body></html>'
>>> pattern = r'<html><head>(.+)</head><body>(.+)</body></html>'
>>> result = re.search(pattern, s)
>>> result.group(1)                         # 第一个子模式
'This is head.'
>>> result.group(2)                         # 第二个子模式
'This is body.'
>>> re.findall(pattern, s)
[('This is head.', 'This is body.')]
```

8.3 Match 对象

微课视频 8-3

正则表达式模块 re 的 match()函数与 search()函数或正则表达式对象的同名方法匹配成功后都会返回 Match 对象。Match 对象的主要方法有 group()（返回匹配的一个或多个子模式内容）、groups()（返回一个包含匹配的所有子模式内容的元组）、groupdict()（返回包含匹配的所有命名子模式内容的字典）、start()（返回指定子模式内容的起始位置）、end()（返回指定子模式内容结束位置的下一个位置）、span()（返回一个包含指定子模式内容起始位置和结束位置下一个位置的元组）等。

下面的代码演示了 Match 对象的 group()、groups()与 groupdict()以及其他方法的用法。

```
>>> m = re.match(r'(\w+) (\w+)', 'Isaac Newton, physicist')
>>> m.group(0)                          # 返回整个模式内容
'Isaac Newton'
>>> m.group(1)                          # 返回第 1 个子模式内容
'Isaac'
>>> m.group(2)                          # 返回第 2 个子模式内容
'Newton'
>>> m.group(1, 2)                       # 返回指定的多个子模式内容
('Isaac', 'Newton')
>>> m = re.match(r'(?P<first_name>\w+) (?P<last_name>\w+)', 'Malcolm Reynolds')
>>> m.group('first_name')               # 使用命名的子模式
'Malcolm'
>>> m.group('last_name')
```

```
'Reynolds'
>>> m = re.match(r'(\d+)\.(\d+)', '24.1632')
>>> m.groups()                              # 返回所有匹配的子模式（不包括第 0 个）
('24', '1632')
>>> m = re.match(r'(?P<first_name>\w+) (?P<last_name>\w+)', 'Malcolm Reynolds')
>>> m.groupdict()                           # 以字典形式返回匹配的结果
{'first_name': 'Malcolm', 'last_name': 'Reynolds'}
>>> s = 'aabc abcd abbcd abccd abcdd'
>>> re.findall(r'(\b\w*(?P<f>\w+)(?P=f)\w*\b)', s)
[('aabc', 'a'), ('abbcd', 'b'), ('abccd', 'c'), ('abcdd', 'd')]
```

8.4 综合案例解析

微课视频 8-4

例 8-1　使用正则表达式提取字符串中的电话号码。

基本思路：使用模块 re 的 findall()函数在字符串中查找所有符合特定模式的内容。

```
1.  import re
2.  
3.  text = '''Suppose my Phone No. is 0535-1234567,
4.  yours is 010-12345678,
5.  his is 025-87654321.'''
6.  # 注意，下面的正则表达式中大括号内逗号后面不能有空格
7.  matchResult = re.findall(r'(\d{3,4})-(\d{7,8})', text)
8.  for item in matchResult:
9.      print(item[0], item[1], sep='-')
```

运行结果：

```
0535-1234567
010-12345678
025-87654321
```

例 8-2　使用正则表达式查找文本中最长的数字字符串。

基本思路：首先使用模块 re 的 findall()函数查找所有包含连续数字的子字符串，或者使用 split()函数使用连续的非数字作为分隔符对字符串进行切分，然后使用内置函数 max()在所有数字子串中查找最长的一个。下面代码中两个函数的功能是一样的，只是写法略有不同。

```
1.  import re
2.  
3.  def longest1(s):
4.      '''查找所有连续数字'''
5.      t = re.findall('\d+', s)
6.      if t:
7.          return max(t, key=len)
8.      return 'No'
9.  
10. def longest2(s):
11.     '''使用非数字作为分隔符'''
12.     t = re.split('[^\d]+', s)
13.     if t:
14.         return max(t, key=len)
```

```
15.        return 'No'
```

例 8-3　将一句英语文本中的单词进行倒置，标点不倒置，假设单词之间使用一个或多个空格进行分割。比如 **I like Beijing.** 经过函数后变为：**Beijing. like I**。

基本思路：使用正则表达式对原始字符串进行切分，得到其中的所有单词并保存到列表中，然后把列表中的元素进行逆序，最后再连接成为一个长字符串。

```
1.  import re
2.  
3.  def reverse(s):
4.      t = re.split('\s+', s.strip())
5.      t.reverse()
6.      return ' '.join(t)
7.  
8.  print(reverse('I like Beijing.'))
9.  print(reverse('Simple is better than complex.'))
```

运行结果：

```
Beijing. like I
complex. than better is Simple
```

本章小结

本章详细讲解正则表达式基本语法和扩展语法以及 Python 标准库 re 中相关函数的语法和功能。正则表达式的功能比字符串方法要强大很多，是下一章中文本文件操作和第 11 章的网络爬虫程序设计中非常有用的技术。

本章习题

扫描二维码获取本章习题。

习题 08

第9章　文件与文件夹操作

文件是长久保存信息并允许重复使用和反复修改的重要方式，同时也是信息交换的重要途径。本章将介绍 Python 中操作文件的有关内容，包括文本文件与二进制文件的区别，与文件操作和文件夹操作相关的函数与标准库的用法，并通过 Word 文件和 Excel 文件操作介绍了 Python 扩展库 python-docx 和 openpyxl 的用法。

本章学习目标

- 了解文件的概念及分类
- 掌握内置函数 open()的用法
- 熟练运用 with 关键字
- 掌握 os、os.path、shutil 标准库中常用函数的用法
- 掌握递归遍历文件夹及其子文件夹的原理
- 了解 python-docx、openpyxl 等扩展库的用法

9.1　文件的概念及分类

记事本文件、日志文件、各种配置文件、数据库文件、图像文件、音频视频文件、可执行文件、Office 文档、动态链接库文件等，都以不同的文件形式存储在各种存储设备（如磁盘、U 盘、光盘、云盘等）上。按数据的组织形式可以把文件分为文本文件和二进制文件两大类。

（1）文本文件

文本文件存储的是常规字符串，由若干文本行组成，通常每行以换行符'\n'结尾。常规字符串是指记事本之类的文本编辑器能正常显示、编辑并且人类能够直接阅读和理解的字符串，如英文字母、汉字、数字字符串、标点符号等。扩展名为 txt、log、ini、c、cpp、py、pyw 的文件都属于文本文件，可以使用字处理软件如 gedit、记事本、ultraedit 等进行编辑。

（2）二进制文件

常见的如图形图像文件、音视频文件、可执行文件、资源文件、数据库文件、Office 文档等都属于二进制文件。二进制文件无法用记事本或其他普通字处理软件直接进行编辑，通常也无法被人类直接阅读和理解，需要使用相应的软件才能正确地读取、显示、修改或执行。

9.2　文件操作基本知识

微课视频 9-1

无论是文本文件还是二进制文件，其操作流程基本都是一致的，首先打开文件并创建文件对象，然后通过该文件对象对文件内容进行读取、写入、删除和修改等操作，最后关闭并保存文件内容。

9.2.1 内置函数 open()

Python 内置函数 open()可以指定模式打开指定文件并创建文件对象，该函数完整的用法如下。

```
open(file, mode='r', buffering=-1, encoding=None,
     errors=None, newline=None, closefd=True, opener=None)
```

内置函数 open()的主要参数含义如下。

- 参数 file 指定要打开或创建的文件名称，如果该文件不在当前目录中，可以使用相对路径或绝对路径，为了减少路径中分隔符“\”的输入，可以使用原始字符串。
- 参数 mode（取值范围见表 9-1）指定打开文件后的处理方式，例如，“只读”“只写”“读写”“追加”“二进制只读”“二进制读写”等，默认为“文本只读模式”。

表 9-1　文件打开模式

模　式	说　明
r	读模式（默认模式，可省略），如果文件不存在则抛出异常
w	写模式，如果文件已存在，先清空原有内容
x	写模式，创建新文件，如果文件已存在则抛出异常
a	追加模式，不覆盖文件中原有内容
b	二进制模式（可与其他模式组合使用），使用二进制模式打开文件时不允许指定 encoding 参数
t	文本模式（默认模式，可省略）
+	读、写模式（可与其他模式组合使用）

- 参数 encoding 指定对文本进行编码和解码的方式，只适用于文本模式，可以使用 Python 支持的任何格式，如 GBK、UTF-8、CP936 等，必须与文件实际编码格式一致。

如果执行正常，open()函数返回 1 个可迭代的文件对象，通过该文件对象可以对文件进行读写操作，如果指定文件不存在、访问权限不够、磁盘空间不够或其他原因导致创建文件对象失败则抛出异常。下面的代码分别以读、写方式打开两个文件并创建了与之对应的文件对象。

```
fp = open('file1.txt', 'r')
fp = open('file2.txt', 'w')
```

当对文件内容操作完以后，一定要关闭文件对象，这样才能保证所做的任何修改都确实被保存到文件中。

```
fp.close()
```

另外需要注意的是，即使写了关闭文件的代码，也无法保证文件一定能够正常关闭。例如，如果在打开文件之后和关闭文件之前发生了错误导致程序崩溃，这时文件就无法正常关闭。在管理文件对象时推荐使用 with 关键字，可以避免这个问题（具体参见 9.2.3 内容）。

9.2.2 文件对象常用方法

如果执行正常，open()函数返回 1 个文件对象，通过该文件对象可以对文件进行读写操作，文件对象常用方法如表 9-2 所示，具体用法将在后面几节中陆续介绍。

表 9-2　文件对象常用方法

方　法	功能说明
close()	把缓冲区的内容写入文件，同时关闭文件
read([size])	从文本文件中读取 size 个字符作为结果返回，或从二进制文件中读取 size 个字节并返回，如果省略 size 则表示读取所有内容，操作大文件时不建议省略参数
readline()	从文本文件中读取一行内容作为结果返回
readlines()	把文本文件中的每行文本作为一个字符串存入列表中，返回该列表，对于大文件会占用较多内存，不建议使用
seek(offset[, whence])	把文件指针移动到指定位置（单位是字节），offset 表示相对于 whence 的偏移量。whence 为 0 表示从文件头开始计算，1 表示从当前位置开始计算，2 表示从文件尾开始计算，默认为 0
tell()	返回文件指针的当前位置
write(s)	把字符串 s 的内容写入文本文件或字节串 s 的内容写入二进制文件
writelines(s)	把列表 s 中的字符串依次写入文本文件，不添加换行符

9.2.3　上下文管理语句 with

在实际程序开发中，读写文件应优先考虑使用上下文管理语句 with，关键字 with 可以自动管理资源，不论因为什么原因（哪怕是代码引发了异常）跳出 with 块，总能保证文件被正确关闭，可用于文件操作、数据库连接等场合。用于文件内容读写时，with 语句的用法如下。

```
with open(filename, mode) as fp:
    # 这里写通过文件对象 fp 读写文件内容的语句
```

9.3　文本文件内容操作案例

微课视频 9-2

例 9-1　将字符串写入文本文件，然后再读取并输出。

基本思路：使用上下文管理语句 with 避免忘记关闭文件，使用文件对象的 write()方法写入内容，使用 read()方法从文件中读取内容。

```
1.  s = 'Hello world\n 文本文件的读取方法\n 文本文件的写入方法\n'
2.  
3.  with open('sample.txt', 'w') as fp:     # Windows 系统中默认使用 cp936 编码
4.      fp.write(s)
5.  
6.  with open('sample.txt') as fp:          # Windows 系统中默认使用 cp936 编码
7.      print(fp.read())
```

例 9-2　遍历并输出文本文件的所有行内容。

基本思路：对于大的文本文件，一般不建议使用 read()方法或 readlines()方法一次性读取全部内容，因为这会占用较多的内容。更建议使用 readline()方法逐行读取并处理，或者直接使用 for 循环遍历文件中的每一行并进行必要的处理。

```
1.  with open('sample.txt') as fp:          # 假设文件采用 CP936 编码
2.      for line in fp:                     # 文本文件对象可以直接迭代
3.          print(line)
```

例 9-3　假设文件 data.txt 中有若干行整数，每行有 1 个整数。编写程序读取所有整数，将

其按降序排序后再写入文本文件 data_desc.txt 中，每行 1 个整数。

基本思路： 虽然不建议使用 readlines()方法一次性读取全部内容，但也要具体问题具体分析。以本例问题为例，只有把所有数据都读取之后才能进行排序。另外，内置函数 int()在把字符串转换为整数时，会自动忽略字符串两侧的换行符\n、空格、制表符等空白字符。

```
1.  with open('data.txt', 'r') as fp:
2.      data = fp.readlines()                      # 读取所有行，存入列表
3.  data = [int(item) for item in data]            # 列表推导式，转换为数字
4.  data.sort(reverse=True)                        # 降序排序
5.  data = [str(item)+'\n' for item in data]       # 将结果转换为字符串
6.  with open('data_desc.txt', 'w') as fp:         # 将结果写入文件
7.      fp.writelines(data)
```

例 9-4　统计文本文件中最长一行的长度和该行的内容。

基本思路： 遍历文件所有行，使用选择法找出最长的行及其内容。

```
1.  with open('sample.txt') as fp:
2.      result = [0, '']              # 使用列表保存某行长度和内容
3.      for line in fp:               # 遍历文件中每一行的内容
4.          t = len(line)             # 该行文本的长度
5.          if t > result[0]:         # 发现更长的行，保存最新结果
6.              result = [t, line]
7.  print(result)
```

9.4　文件夹操作

9.4.1　os 模块

Python 标准库 os 除了提供使用操作系统功能和访问文件系统的简便方法之外，还提供了大量文件与文件夹操作的函数，如表 9-3 所示。

表 9-3　os 模块常用函数

函　　数	功 能 说 明
chdir(path)	把 path 设为当前工作目录
chmod(path, mode, *, dir_fd=None, follow_symlinks=True)	改变文件的访问权限
listdir(path)	返回 path 目录下的文件和目录列表
mkdir(path[, mode=511])	创建目录，要求上级目录必须存在
makedirs(path1/path2…, mode=511)	创建多级目录，会根据需要自动创建中间缺失的目录
rmdir(path)	删除目录，目录中不能有文件或子文件夹
remove(path)	删除指定的文件，要求用户拥有删除文件的权限，并且文件没有只读或其他特殊属性
removedirs(path1/path2…)	删除多级目录
rename(src, dst)	重命名文件或目录，可以实现文件的移动，若目标文件已存在则抛出异常，并且不能跨越磁盘或分区
replace(old, new)	重命名文件或目录，若目标文件已存在则直接覆盖，不能跨越磁盘或分区
startfile(filepath [, operation])	使用关联的应用程序打开指定文件或启动指定应用程序
stat(path)	返回文件的所有属性
system()	启动外部程序

下面通过几个示例来演示 os 模块的基本用法。

```
>>> import os
>>> import os.path
>>> os.rename(r'C:\test1.txt', r'C:\test2.txt')
>>> [fname for fname in os.listdir('.')
     if fname.endswith(('.pyc', '.py', '.pyw'))]
>>> os.getcwd()                                  # 返回当前工作目录
'C:\\Python38'
>>> os.mkdir(os.getcwd()+'\\temp')               # 创建目录
>>> os.chdir(os.getcwd()+'\\temp')               # 改变当前工作目录
>>> os.getcwd()
'C:\\Python38\\temp'
>>> os.mkdir(os.getcwd()+'\\test')
>>> os.listdir('.')
['test']
>>> os.rmdir('test')                             # 删除目录
>>> os.listdir('.')
[]
>>> time.strftime('%Y-%m-%d %H:%M:%S',          # 查看文件创建时间
                  time.localtime(os.stat('test.py').st_ctime))
'2020-12-28 14:56:57'
>>> os.startfile('notepad.exe')                  # 启动记事本程序
```

例 9-5　使用递归法遍历指定目录下所有子目录和文件。

微课视频 9-3

基本思路：遍历指定文件夹中所有文件和子文件夹，对于文件则直接输出，对于子文件夹则进入该文件夹继续遍历，重复上面的过程。Python 标准库 os.path 中的 isfile()函数用来测试一个路径是否为文件，isdir()函数用来测试一个路径是否为文件夹，见 9.4.2 节对 os.path 模块的介绍。

```
1.  from os import listdir
2.  from os.path import join, isfile, isdir
3.
4.  def listDirDepthFirst(directory):
5.      '''深度优先遍历文件夹'''
6.      # 遍历文件夹，如果是文件就直接输出
7.      # 如果是文件夹，就输出显示，然后递归遍历该文件夹
8.      for subPath in listdir(directory):
9.          # listdir()列出的是相对路径，需要使用 join()把父目录连接起来
10.         path = join(directory, subPath)
11.         if isfile(path):
12.             print(path)
13.         elif isdir(path):
14.             print(path)
15.             listDirDepthFirst(path)
```

9.4.2　os.path 模块

os.path 模块提供了大量用于路径判断、切分、连接以及文件夹遍历的方法，如表 9-4 所示。

表 9-4　os.path 模块常用成员

函　　数	功 能 说 明
abspath(path)	返回给定路径的绝对路径
basename(path)	返回指定路径的最后一个分隔符后面的部分
dirname(p)	返回给定路径的最后一个分隔符前面的部分
exists(path)	判断路径是否存在
getatime(filename)	返回文件的最后访问时间
getctime(filename)	返回文件的创建时间
getmtime(filename)	返回文件的最后修改时间
getsize(filename)	返回文件的大小，单位是字节
isdir(path)	判断 path 是否为文件夹
isfile(path)	判断 path 是否为文件
join(path, *paths)	连接两个或多个 path
split(path)	以路径中的最后一个斜线或反斜线为分隔符把路径分隔成两部分，以元组形式返回
splitext(path)	从路径中分隔文件的扩展名
splitdrive(path)	从路径中分隔驱动器的名称

```
>>> path = 'D:\\mypython_exp\\new_test.txt'
>>> os.path.dirname(path)                    # 返回路径的文件夹名
'D:\\mypython_exp'
>>> os.path.basename(path)                   # 返回路径的最后一个组成部分
'new_test.txt'
>>> os.path.split(path)                      # 切分文件路径和文件名
('D:\\mypython_exp', 'new_test.txt')
>>> os.path.split('')                        # 切分结果为空字符串
('', '')
>>> os.path.split('C:\\windows')             # 以最后一个斜线为分隔符
('C:\\', 'windows')
>>> os.path.split('C:\\windows\\')
('C:\\windows', '')
>>> os.path.splitdrive(path)                 # 切分驱动器符号
('D:', '\\mypython_exp\\new_test.txt')
>>> os.path.splitext(path)                   # 切分文件扩展名
('D:\\mypython_exp\\new_test', '.txt')
```

9.4.3　shutil 模块

shutil 模块也提供了大量的函数支持文件和文件夹操作，常用方法如表 9-5 所示。

表 9-5　shutil 模块常用函数

函　　数	功 能 说 明
copy(src, dst)	复制文件，新文件具有同样的文件属性，如果目标文件已存在则抛出异常
copyfile(src, dst)	复制文件，不复制文件属性，如果目标文件已存在则直接覆盖
copytree(src, dst)	递归复制文件夹
disk_usage(path)	查看磁盘使用情况

（续）

函　　数	功 能 说 明
move(src, dst)	移动文件或递归移动文件夹，也可以用来给文件和文件夹重命名
rmtree(path)	递归删除文件夹
make_archive(base_name, format, root_dir= None, base_dir=None)	创建 tar 或 zip 格式的压缩文件
unpack_archive(filename, extract_dir=None, format=None)	解压缩文件

下面的代码演示了标准库 shutil 的一些基本用法。

1．复制文件

```
>>> import shutil
>>> shutil.copyfile('C:\\dir1.txt', 'D:\\dir2.txt')
```

2．压缩文件

下面的代码将 C:\Python38\Dlls 文件夹以及该文件夹中所有文件压缩至 D:\a.zip 文件。

```
>>> shutil.make_archive('D:\\a', 'zip', 'C:\\Python38', 'Dlls')
'D:\\a.zip'
```

3．解压缩文件

下面的代码则将刚压缩得到的文件 D:\a.zip 解压缩至 D:\a_unpack 文件夹。

```
>>> shutil.unpack_archive('D:\\a.zip', 'D:\\a_unpack')
```

4．删除文件夹

下面的代码使用 shutil 模块的函数删除刚刚解压缩得到的文件夹。

```
>>> shutil.rmtree('D:\\a_unpack')
```

5．复制文件夹

下面的代码使用 shutil 的 copytree()函数递归复制文件夹，并忽略扩展名为 pyc 的文件和以“新”开头的文件和子文件夹。

```
>>> from shutil import copytree, ignore_patterns
>>> copytree('C:\\python38\\test', 'D:\\des_test',
             ignore=ignore_patterns('*.pyc', '新*'))
```

9.4.4　综合案例解析

例 9-6　把指定文件夹中的所有文件名批量随机化，保持文件类型不变。

基本思路：遍历指定文件夹中的所有文件，对文件名进行切分得到主文件名和扩展名，使用随机生成的字符串替换主文件名。

```
1.  from string import ascii_letters
2.  from os import listdir, rename
3.  from os.path import splitext, join
4.  from random import choice, randint
5.
6.  def randomFilename(directory):
```

```
 7.     for fn in listdir(directory):
 8.         # 切分，得到文件名和扩展名
 9.         name, ext = splitext(fn)
10.         n = randint(5, 20)
11.         # 生成随机字符串作为新文件名
12.         newName = ''.join((choice(ascii_letters) for i in range(n)))
13.         # 修改文件名
14.         rename(join(directory, fn), join(directory, newName+ext))
15.
16. randomFilename('C:\\test')
```

例 9-7　编写程序，统计指定文件夹大小以及文件和子文件夹数量。

问题描述：本例属于系统运维范畴，可用于磁盘配额的计算，例如，email、博客、FTP、快盘等系统中每个账号所占空间大小的统计。

基本思路：递归遍历指定目录的所有子目录和文件，如果遇到文件夹就把表示文件夹数量的变量加 1，如果遇到文件就把表示文件数量的变量加 1，同时获取该文件大小并累加到表示文件夹大小的变量上去。

```
 1. import os
 2.
 3. totalSize = 0
 4. fileNum = 0
 5. dirNum = 0
 6.
 7. def visitDir(path):
 8.     # 分别用来保存文件夹总大小、文件数量、文件夹数量的变量
 9.     global totalSize, fileNum, dirNum
10.     for lists in os.listdir(path):                    # 递归遍历指定文件夹
11.         sub_path = os.path.join(path, lists)      # 连接为完整路径
12.         if os.path.isfile(sub_path):
13.             fileNum = fileNum + 1                     # 统计文件数量
14.             totalSize = totalSize + os.path.getsize(sub_path)
15.                                                       # 统计文件总大小
16.         elif os.path.isdir(sub_path):
17.             dirNum = dirNum + 1                       # 统计文件夹数量
18.             visitDir(sub_path)                        # 递归遍历子文件夹
19.
20. def main(path):
21.     if not os.path.isdir(path):
22.         print(f'Error:"{path}" is not a directory or does not exist.')
23.         return
24.     visitDir(path)
25.
26. def sizeConvert(size):                                # 单位换算
27.     K, M, G = 1024, 1024**2, 1024**3
28.     if size >= G:
29.         return str(size/G)+'G Bytes'
30.     elif size >= M:
31.         return str(size/M)+'M Bytes'
32.     elif size >= K:
33.         return str(size/K)+'K Bytes'
34.     else:
```

```
35.         return str(size)+'Bytes'
36.
37.  def output(path):                                    # 输出统计结果
38.      print(f'The total size of {path} is:'
39.            + sizeConvert(totalSize) + '({str(totalSize)} Bytes)')
40.      print(f'The total number of files in {path} is:', fileNum)
41.      print(f'The total number of directories in {path} is:{dirNum}')
42.
43.  if __name__ == '__main__':
44.      path = r'd:\idapro6.5plus'
45.      main(path)
46.      output(path)
```

例 9-8 编写程序，递归删除指定文件夹中指定类型的文件和大小为 0 的文件。

基本思路：递归遍历文件夹及其所有子文件夹，如果某个文件扩展名为指定的类型或者文件大小为 0，就删除它。

```
1.  from os.path import isdir, join, splitext, getsize
2.  from os import remove, listdir, chmod
3.
4.  filetypes = ['.tmp', '.log', '.obj', '.txt']     # 指定要删除的文件类型
5.
6.  def delCertainFiles(directory):
7.      if not isdir(directory):                    # 如果不存在该文件夹就返回
8.          return
9.      for filename in listdir(directory):
10.         temp = join(directory, filename)        # 连接为完整路径
11.         if isdir(temp):
12.             delCertainFiles(temp)               # 递归调用
13.         elif splitext(temp)[1] in filetypes or getsize(temp)==0:
14.             chmod(temp, 0o777)                  # 修改文件属性，获取删除权限
15.                                                 # 0o777 表示全部权限
16.             remove(temp)                        # 删除文件
17.             print(temp, ' deleted....')
18.
19. delCertainFiles(r'C:\test')
```

9.5 Excel 与 Word 文件操作案例

微课视频 9-4

例 9-9 使用扩展库 **openpyxl** 读写 **Excel 2007** 以及更高版本的文件。

说明：首先在命令提示环境执行命令 pip install openpyxl 安装扩展库 openpyxl，然后再执行下面的代码对 Excel 文件进行读写操作。

```
1.  import openpyxl
2.  from openpyxl import Workbook
3.
4.  fn = r'f:\test.xlsx'                            # 文件名
5.  wb = Workbook()                                 # 创建工作簿
6.  ws = wb.create_sheet(title='你好，世界')          # 创建工作表
```

```
 7. ws['A1'] = '这是第一个单元格'                       # 单元格赋值
 8. ws['B1'] = 3.1415926
 9. wb.save(fn)                                      # 保存 Excel 文件
10.
11. wb = openpyxl.load_workbook(fn)                  # 打开已有的 Excel 文件
12. ws = wb.worksheets[1]                            # 打开指定索引的工作表
13. print(ws['A1'].value)                            # 读取并输出指定单元格的值
14. ws.append([1,2,3,4,5])                           # 添加一行数据
15. ws.merge_cells('F2:F3')                          # 合并单元格
16. ws['F2'] = '=sum(A2:E2)'                         # 写入公式
17. for r in range(10,15):
18.     for c in range(3,8):
19.         ws.cell(row=r, column=c, value=r*c)      # 写入单元格数据
20.
21. wb.save(fn)                                      # 保存文件
```

例 9-10　把记事本文件 **test.txt** 转换成 **Excel 2007+**文件。

问题描述：假设 test.txt 文件中第一行为表头，从第二行开始是实际数据，并且表头和数据行中的不同字段信息都是用逗号分隔。

说明：需要首先根据题目描述创建记事本文件 test.txt 并写入一些内容，然后再执行下面的代码。

```
 1. from openpyxl import Workbook
 2.
 3. def main(txtFileName):
 4.     # 得到对应的 Excel 文件名
 5.     new_XlsxFileName = txtFileName[:-3] + 'xlsx'
 6.     # 创建工作簿，并获取其中第一个工作表
 7.     wb = Workbook()
 8.     ws = wb.worksheets[0]
 9.     # 打开原始的记事本文件，依次读取每行内容，切分后写入 Excel 文件
10.     with open(txtFileName) as fp:
11.         for line in fp:
12.             # 切分后得到列表，可以直接追加到工作表中
13.             # 每个元素写入一个单元格
14.             line = line.strip().split(',')
15.             ws.append(line)
16.     # 保存 Excel 文件
17.     wb.save(new_XlsxFileName)
18.
19. main('test.txt')
```

例 9-11　输出 **Excel** 文件中单元格中公式计算结果。

基本思路：在使用扩展库 openpyxl 的 load_workbook()函数打开 Excel 文件时，如果指定参数 data_only 为 True，则只读取其中单元格里的文字，而不会读取公式的内容。

```
1. import openpyxl
2.
3. # 打开 Excel 文件
4. wb = openpyxl.load_workbook('data.xlsx', data_only=True)
5.
6. # 获取 WorkSheet
7. ws = wb.worksheets[1]
8.
```

```
9.  # 遍历Excel文件所有行，假设下标为3的列中是公式
10. for row in ws.rows:
11.     print(row[3].value)
```

例 9-12　检查 Word 文档的连续重复字。

问题描述：在 Word 文档中，经常会由于键盘操作不小心而使得文档中出现连续的重复字，例如“用户的的资料”或“需要需要用户输入”之类的情况。本例使用扩展库 python-docx 对 Word 文档进行检查并提示类似的重复汉字。

说明：本例需要先在命令提示符环境中执行命令 pip install python-docx 安装扩展库 python-docx；示例代码中的文件“《Python 程序设计开发宝典》.docx”可以替换成任意其他 Word 文档，但要求该文件和本程序文件存储在同一个文件夹中，否则需要指定完整路径。

基本思路：使用扩展库 python-docx 打开 Word 文档，然后把所有段的文字连接为一个长字符串，遍历该字符串，检查是否有连续两个字是一样的，或者是否有中间隔一个字的两个字是一样的，如果有就进行提示。

```
1.  from docx import Document
2.  
3.  doc = Document('《Python程序设计开发宝典》.docx')
4.  
5.  # 把所有段落的文本连接成为一个长字符串
6.  contents = ''.join((p.text for p in doc.paragraphs))
7.  # 使用列表来存储可疑的子字符串
8.  words = []
9.  for index, ch in enumerate(contents[:-2]):
10.     if ch==contents[index+1] or ch==contents[index+2]:
11.         word = contents[index:index+3]
12.         if word not in words:
13.             words.append(word)
14.             print(word)
```

例 9-13　提取 Word 文档中例题、插图和表格清单。

基本思路：遍历 Word 文档中每一段文字，如果是以类似于“例 3-6 ”这样形式的内容开头则认为是例题，如果是以类似于“图 13-12 ”这样形式的内容则认为是插图，如果是以类似于“表 9-1 ”这样形式的内容开头则认为是表格。使用正则表达式分别匹配这些内容，并写入字典 result 的不同元素中。

```
1.  import re
2.  from docx import Document
3.  
4.  result = {'li':[], 'fig':[], 'tab':[]}
5.  doc = Document('《Python可以这样学》.docx')
6.  
7.  for p in doc.paragraphs:                    # 遍历文档所有段落
8.      t = p.text                              # 获取每一段的文本
9.      if re.match('例\d+-\d+ ', t):           # 例题
10.         result['li'].append(t)
11.     elif re.match('图\d+-\d+ ', t):         # 插图
12.         result['fig'].append(t)
```

```
13.     elif re.match('表\d+-\d+ ', t):      # 表格
14.         result['tab'].append(t)
15.
16. for key, value in result.items():       # 输出结果
17.     print('='*30)
18.     for v in value:
19.         print(v)
```

例 9-14　查找 Word 文件中所有红色字体和加粗的文字。

基本思路： Word 文件的文本结构可以简单地分为三层，①Document 对象表示整个文档；②Document 包含若干 Paragraph 对象，每个 Paragraph 对象用来表示文档中的一个段落；③一个 Paragraph 对象包含若干 Run 对象，一个 Run 对象就是 style 相同的一段文本。遍历 Word 文档中所有段落的所有 Run 对象，根据 Run 对象的属性进行识别和输出。

```
1.  from docx import Document
2.  from docx.shared import RGBColor
3.
4.  boldText = []
5.  redText = []
6.  # 打开 Word 文件，遍历所有段落
7.  doc = Document('test.docx')
8.  for p in doc.paragraphs:
9.      for r in p.runs:
10.         # 加粗字体
11.         if r.bold:
12.             boldText.append(r.text)
13.         # 红色字体
14.         if r.font.color.rgb == RGBColor(255,0,0):
15.             redText.append(r.text)
16.
17. result = {'red text': redText, 'bold text': boldText,
18.           'both': set(redText) & set(boldText)}
19.
20. # 输出结果
21. for title, value in result.items():
22.     print(title.center(30, '='))
23.     for text in value:
24.         print(text)
```

本章小结

本章详细讲解文件操作的原理与内置函数 open()的用法、文件夹操作常用的标准库对象以及操作 Word 文件和 Excel 文件的常用扩展库。在读写文本文件时一定要注意使用正确的编码格式。另外，Word 文件操作和 Excel 文件操作是办公自动化领域非常有用的技术，由于篇幅所限，本章只通过几个例题进行了演示，可以关注作者微信公众号“Python 小屋”学习更多相关内容。

本章习题

习题 09

扫描二维码获取本章习题。

第 10 章　异常处理结构

程序一旦在运行时出现异常，整个程序将会崩溃。异常处理结构是保证代码健壮性和提高代码容错性的重要技术，可以尽可能避免程序崩溃，将其转换为友好提示，或进行其他必要的处理。本章重点介绍异常的概念和作用，以及常用的异常处理结构形式。

本章学习目标

- 了解异常基本概念及其常见表现形式
- 理解出现异常的各种原因和处理异常的必要性
- 熟练运用常用的异常处理结构

10.1　异常的概念及常见表现形式

微课视频 10-1

1. 异常的概念

异常是指程序运行时引发的错误，引发错误的原因有很多，例如，除零、下标越界、文件不存在、网络异常等，多数异常与用户输入和运行环境有关。当 Python 检测到一个错误时，解释器就会指出当前程序流已经无法再继续执行下去，这时候就出现了异常。代码一旦抛出异常而得不到及时的处理，整个程序就会崩溃并提前结束。合理地使用异常处理结构可以使得程序更加健壮，具有更高的容错性，不会因为用户不小心的错误输入而造成程序终止，也可以使用异常处理结构为用户提供更加友好的提示。

2. 异常的常见表现形式

下面是几种比较常见的异常的表现形式。

```
>>> [1, 2, 3].find(3)                    # 属性错误，列表没有 find()方法
AttributeError: 'list' object has no attribute 'find'
>>> 3 * 'Hello world                     # 语法错误，后面缺少单引号
SyntaxError: EOL while scanning string literal
>>> {3, 4, 5} * 3                        # 操作数类型不支持
TypeError: unsupported operand type(s) for *: 'set' and 'int'
>>> id(5)                                # 有可能有代码改变了 id 的含义
TypeError: 'int' object is not callable
>>> print(testStr)                       # 变量名不存在
NameError: name 'testStr' is not defined
>>> fp = open(r'D:\test.data', 'rb')    # 文件不存在
FileNotFoundError: [Errno 2] No such file or directory: 'D:\\test.data'
>>> fp.close()                           # 不存在文件对象 fp，应该是之前打开失败
NameError: name 'fp' is not defined
>>> len(3)                               # 参数类型不匹配
TypeError: object of type 'int' has no len()
>>> list(3)                              # 参数类型不匹配
```

```
TypeError: 'int' object is not iterable
>>> import socket
>>> sock = socket.socket()
>>> sock.connect(('1.1.1.1', 80))  # 无法连接远程主机
TimeoutError: [WinError 10060] 由于连接方在一段时间后没有正确答复或连接的主机没有反应，连接尝试失败。
# 除法运算的除数为0，导致代码崩溃抛出异常
>>> 3 / 0
ZeroDivisionError: division by zero
# 函数用法不对，传递给函数的参数数量不对
# 这时可以使用help(sum)查看一下sum()函数的说明文档
>>> sum(1, 2, 3)
TypeError: sum() takes at most 2 arguments (3 given)
# 函数用法不对，sum()函数的第一个参数必须是可迭代对象
>>> sum(1, 2)
TypeError: 'int' object is not iterable
# 内置函数不可调用，应该是前面把sum当成变量名了
# 在程序中把前面的变量sum改名即可，交互模式中可以使用del sum删除变量之后再次调用
>>> sum([1, 2, 3])
TypeError: 'int' object is not callable
# 函数用法不对，内置函数sorted()必须使用key参数指定排序规则
# 正确用法为sorted([111,22,3], key=str)
>>> sorted([111,22,3], str)
TypeError: sorted expected 1 argument, got 2
# 函数用法不对，内置函数sorted()第一个参数必须是位置参数
>>> sorted(iterable=[111,22,3], key=str)
TypeError: sorted expected 1 argument, got 0
# 列表是可变的，属于不可哈希对象，不能作为集合的元素，也不能作为字典元素的“键”
>>> data = {[1], [2]}
TypeError: unhashable type: 'list'
# 大括号可以用来定义字典和集合，但不能同时包含“键:值”元素和非“键:值”元素
>>> data = {'a':97, 'b':98, 99, 100}
SyntaxError: invalid syntax
# 变量不存在，这样的情况一般是拼写错误造成的
>>> print(age)
NameError: name 'age' is not defined
# 文件不存在，这样的情况一般是路径错误或者拼写错误造成的
# 还有种可能是Windows操作系统隐藏了真正的扩展名，看到的扩展名并不是真的
# 使用字符串表示文件路径时，建议加字母r使用原始字符串
>>> with open('20200121.txt', encoding='utf8') as fp:
    content = fp.read()

FileNotFoundError: [Errno 2] No such file or directory: '20200121.txt'
# 读取文本文件时使用了不正确的编码格式
>>> with open(r'C:/Python38/20200120.txt', encoding='utf8') as fp:
    print(fp.read())

UnicodeDecodeError: 'utf-8' codec can't decode byte 0xb6 in position 0: invalid start byte
# 以'w'模式打开的文件不能读取其中的内容，以'r'模式打开的文件不能写入内容
>>> with open('20200726.txt', 'w', encoding='utf8') as fp:
    print(fp.read())
```

```
io.UnsupportedOperation: not readable
>>> import sqlite3
>>> conn = sqlite3.connect('database.db')
>>> sql = 'SELECT * FROM student WHERE zhuanye="网络工程"'
# 数据库中不存在名为student的数据表
# 此时应检查SQL语句是否有拼写错误以及连接的数据库路径是否正确
>>> for row in conn.execute(sql):
    print(row)

sqlite3.OperationalError: no such table: student
# 输入的内容包含非数字字符，无法转换为整数
>>> number = int(input('请输入一个正整数：'))
请输入一个正整数：12,345
ValueError: invalid literal for int() with base 10: '12,345'
>>> data = [1, 2, 3, 4, 5]
# 列表对象没有名为rindex的方法，无法调用
>>> data.rindex(3)
AttributeError: 'list' object has no attribute 'rindex'
# Python不支持字符串与整数相加
>>> print('A' + 32)
TypeError: can only concatenate str (not "int") to str
# 不支持对复数计算余数
>>> (3+4j) % (2+1j)
TypeError: can't mod complex numbers.
# 3(4+5)不能理解为3*(4+5)
# 这样写相当于把3当作函数来调用，出错并提示整数对象不可调用
>>> print(3(4+5))
TypeError: 'int' object is not callable
# 字符串漏掉了最后的引号，没有闭合
>>> print('Hello world)
SyntaxError: EOL while scanning string literal
# 集合的大括号没有闭合
>>> print({3,4,5)
SyntaxError: closing parenthesis ')' does not match opening parenthesis '{'
# 在交互模式中每次只能执行一条语句
# 这样的错误一般是从文件中复制了多条语句到交互模式中执行造成的
>>> x = 3
y = 5
SyntaxError: multiple statements found while compiling a single statement
# 续行符"\"后面不能再有代码有效字符
>>> x = 3 + 5\ - 2
SyntaxError: unexpected character after line continuation character
>>> from PIL import Image
>>> im = Image.open('1234.jpg')
# 调用方法时传递的实参数量不对，此时应使用help(im.getpixel)查看使用说明
# 这里正确的用法应该是print(im.getpixel((30,40)))
# 也就是使用表示横坐标和纵坐标位置的元组(30,40)作为方法getpixel()的参数
>>> print(im.getpixel(30,40))
TypeError: getpixel() takes 2 positional arguments but 3 were given
```

在代码引发异常导致崩溃时，惊慌是没有用的，也不要急于求助别人，建议自己充分思考和查阅大量资料之后仍无法解决再去问别人，应该尝试着自己阅读异常信息并查找原因。大多数情况下，异常信息还是能够给出足够多提示的，大部分都给出了准确的提示，但确实也有少部分情

况反而会给人误导，真正的错误并不是提示的那一行代码，这需要靠长期的经验积累。一般而言，在异常信息的最后一行明确给出了异常的类型或者导致错误的原因，倒数第二行会给出导致崩溃的那一行代码。例如，把下面的代码保存为文件并运行。

```
1.  values = eval(input('请输入一个列表：'))
2.  num = int(input('请输入一个整数：'))
3.  print('最后一次出现的位置：', values.rindex(num))
```

运行结果如图 10-1 所示，根据异常信息不难发现和解决问题，把代码第 3 行的 rindex 改为 index 就可以了。

```
请输入一个列表：[1, 2, 3, 4]
请输入一个整数：3
Traceback (most recent call last):
  File "C:/Python38/测试.py", line 3, in <module>
    print('最后一次出现的位置：', values.rindex(num))
AttributeError: 'list' object has no attribute 'rindex'
```


图 10-1　代码执行结果与异常信息

10.2　常用异常处理结构

微课视频 10-2

Python 提供了多种不同形式的异常处理结构，基本思路都是一致的：先尝试运行代码，如果没有问题就正常执行，如果发生了错误就尝试着去捕获和处理，最后实在没办法了才崩溃。

10.2.1　try…except…结构

Python 异常处理结构中最简单的形式是 try…except…结构，其中 try 子句中的代码块包含可能会引发异常的语句，except 子句用来捕捉和处理相应的异常。该结构语法如下。

```
try:
    # 可能会引发异常的代码，先执行一下试试
except Exception[ as reason]:
    # 如果 try 中的代码抛出异常并被 except 捕捉，就执行这里的代码
```

如果 try 子句中的代码引发异常并被 except 子句捕捉，就执行 except 子句的代码块；如果 try 中的代码块没有出现异常就继续往下执行异常处理结构后面的代码；如果出现异常但没有被 except 捕获，继续往外层抛出，如果所有层都没有捕获并处理该异常，程序崩溃并将该异常信息呈现给最终用户。

例 10-1　编写程序，接收用户输入，并且要求用户必须输入整数，不接收其他类型的输入。

基本思路：如果用户输入的内容可以转换为整数则退出循环，否则就提示 Error 并提示再次输入。

```
>>> while True:
    x = input('Please input:')
    try:
        x = int(x)
        print('You have input {0}'.format(x))
        break
    except Exception as e:
```

```
        print('Error.')

Please input:234c
Error.
Please input:5
You have input 5
```

10.2.2 try…except…else…结构

在 try…except…else…结构中，如果 try 中的代码抛出了异常并且被 except 语句捕捉则执行相应的异常处理代码，这种情况下就不会执行 else 中的代码；如果 try 中的代码没有引发异常，则执行 else 块的代码。语法如下。

```
try:
    # 可能会引发异常的代码
except Exception[ as reason]:
    # 用来处理异常的代码
else:
    # 如果 try 子句中的代码没有引发异常，就继续执行这里的代码
```

例 10-2 使用 try…except…else…结构改写例 10-1 的代码。

基本思路：如果 try 中的代码没有抛出异常，就继续执行 else 中的代码，其中的 break 语句用来结束循环；如果 try 中的代码抛出异常，就执行 except 中的代码而不执行 else 中的代码。

```
>>> while True:
    x = input('Please input:')
    try:
        x = int(x)
    except Exception as e:
        print('Error.')
    else:
        print('You have input {0}'.format(x))
        break

Please input:888c
Error.
Please input:888
You have input 888
```

10.2.3 try…except…finally…结构

在这种结构中，无论 try 中的代码是否发生异常，也不管抛出的异常有没有被 except 语句捕获，finally 子句中的代码总是会得到执行。因此，finally 中的代码常用来做一些清理工作，例如释放 try 子句中代码申请的资源。该结构的语法如下。

```
try:
    # 可能会引发异常的代码
except Exception[ as reason]:
    # 处理异常的代码
finally:
```

```
        # 无论 try 子句中的代码是否引发异常，都会执行这里的代码
```

例 10-3　编写程序，接收一个文本文件的名字，预期该文件中只包含一个整数，要求输出该数字加 5 之后的结果。如果文件不存在就提示不存在；如果文件存在但内容格式不正确，就提示文件内容格式不正确。

基本思路： 打开文件时如果文件不存在会抛出异常，读取的内容如果不能转换成为整数也会抛出异常，使用 finally 保证文件总是能够被关闭。

```
 1.  filename = input('请输入一个文件名：')
 2.
 3.  try:
 4.      fp = open(filename)
 5.      try:
 6.          print(int(fp.read())+5)
 7.      except:
 8.          print('文件内容格式不正确。')
 9.      finally:
10.          fp.close()
11.  except:
12.      print('文件不存在')
```

10.2.4　可以捕捉多种异常的异常处理结构

在实际开发中，同一段代码可能会抛出多种异常，并且需要针对不同的异常类型进行相应的处理。为了支持多种异常的捕捉和处理，Python 异常处理结构可以带有多个 except 子句，一旦 try 子句中的代码抛出了异常，就按顺序依次检查与哪一个 except 子句匹配，如果某个 except 捕捉到了异常，其他的 except 子句将不会再尝试捕捉异常。多个异常之间应该是正交的，或者按照从派生类到基类的顺序进行捕捉和处理。该结构类似于多分支选择结构，语法格式如下。

```
try:
    # 可能会引发异常的代码
except Exception1:
    # 处理异常类型 1 的代码
except Exception2:
    # 处理异常类型 2 的代码
except Exception3:
    # 处理异常类型 3 的代码
...
```

例 10-4　使用异常处理结构捕获多种可能的异常。

基本思路： 一个 try 块可以带有多个 except 子句，分别用来捕获对应类型的异常。

```
>>> try:
    x = float(input('请输入被除数：'))
    y = float(input('请输入除数：'))
    z = x / y
except ZeroDivisionError:
    print('除数不能为零')
except ValueError:
```

```
        print('被除数和除数应为数值类型')
    except NameError:
        print('变量不存在')
    else:
        print(x, '/', y, '=', z)
```

上面的代码连续运行 3 次并输入不同的数据，结果如下。

```
请输入被除数: 30                        # 第一次运行
请输入除数: 5
30.0 / 5.0 = 6.0

请输入被除数: 30                        # 第二次运行，略去重复代码
请输入除数: abc
被除数和除数应为数值类型

请输入被除数: 30                        # 第三次运行，略去重复代码
请输入除数: 0
除数不能为零
```

10.3 断言语句与上下文管理语句

断言语句 assert 也是一种比较常用的代码调试技术，常用来在程序的某个位置确认指定的条件必须满足，如果满足条件就继续执行后续的代码，否则就抛出异常。一般来说，通过了严格测试的代码在正式发布之前会删除 assert 语句，这样可以适当提高程序运行速度。另外，以优化模式把 Python 程序编译为字节码时会自动删除 assert 语句。

```
>>> a = 3
>>> b = 5
>>> assert a==b, 'a must be equal to b'
AssertionError: a must be equal to b
```

上下文管理（context manager）语句 with 可以自动管理资源，不论因为什么原因（哪怕是代码引发了异常）跳出 with 块，总能保证文件或连接被正确关闭，常用于文件操作、数据库连接、网络通信连接和多线程、多进程同步等场合。其具体用法可以参考本书文件操作的有关章节。

本章小结

本章详细讲解异常的概念与常见表现形式、常用异常处理结构、断言语句与上下文管理语句。异常处理结构是防止程序崩溃、保证代码健壮性的重要技术手段之一。在编写程序时，不能只考虑理想的情况，还应考虑在不正常的情况下如何让代码有相对正常的表现和行为。

本章习题

习题 10

扫描二维码获取本章习题。

第 11 章　网络爬虫入门与应用

网络爬虫程序用于在网络上自动、批量抓取感兴趣的数据或信息，模拟人类浏览网页以及复制、粘贴、另存等操作，可以大幅提高工作效率，是目前非常热门的一个应用方向。网络爬虫程序再结合数据分析与处理技术，可以从杂乱无章的信息中得到有用信息，进一步为商业决策提供支持。Python 提供了大量用于编写网络爬虫程序的标准库和扩展库，例如 urllib、requests、Scrapy、BeautifulSoup4、Selenium、Pyppeteer 等，大幅度降低了开发难度，也降低了学习爬虫程序的门槛。本章将对其中部分内容进行介绍。

本章学习目标

- 了解常用的 HTML 标签
- 了解在网页中使用 JavaScript 代码的几种方式
- 熟练掌握阅读和分析网页源代码的方法
- 掌握 Python 标准库 urllib 的用法
- 掌握 Python 扩展库 Scrapy 的用法
- 掌握 Python 扩展库 BeautifulSoup4 的用法
- 掌握 Python 扩展库 requests 的用法

11.1　HTML 与 JavaScript 基础

如果只是编写爬虫程序，只要能够看懂 HTML 和 CSS 代码基本上就可以了，不要求能编写。当然，对于一些高级爬虫程序的编写，还需要具有深厚的 JavaScript 功底，甚至 JQuery、AJAX 等知识。

微课视频 11-1

11.1.1　HTML 基础

大部分 HTML 标签是闭合的，由开始标签和结束标签构成，二者之间是要显示的内容，例如，<title>网页标题</title>。也有的 HTML 标签是没有结束标签的，例如，
和<hr>。

（1）h 标签

在 HTML 代码中，使用 h1 到 h6 表示不同级别的标题，其中 h1 级别的标题字体最大，h6 级别的标题字体最小。该标签的用法如下。

```
<h1>一级标题</h1>
<h2>二级标题</h2>
<h3>三级标题</h3>
```

（2）p 标签

在 HTML 代码中，p 标签表示段落，用法如下。

```
<p>这是一个段落</p>
```

（3）a 标签

在 HTML 代码中，a 标签表示超链接，使用时需要指定链接地址（由 href 属性来指定）和在页面上显示的文本，用法如下。

```
<a href="http://www.baidu.com">点这里</a>
```

（4）img 标签

在 HTML 代码中，img 标签用来显示一个图像，并使用 src 属性指定图像文件地址，可以使用本地文件，也可以指定网络上的图片。举例如下。

```
1.  <img src="Python可以这样学.jpg" width="200" height="300" />
2.  <img src="http://www.tup.tsinghua.edu.cn/upload/bigbookimg/072406-01.jpg"
width= "200" height= "300" />
```

（5）table、tr、td 标签

在 HTML 代码中，table 标签用来创建表格，tr 用来创建行，td 用来创建单元格，用法如下。

```
1.  <table border="1">
2.      <tr>
3.          <td>第一行第一列</td>
4.          <td>第一行第二列</td>
5.      </tr>
6.      <tr>
7.          <td>第二行第一列</td>
8.          <td>第二行第二列</td>
9.      </tr>
10. </table>
```

（6）ul、ol、li

在 HTML 代码中，ul 标签用来创建无序列表，ol 标签用来创建有序列表，li 标签用来创建其中的列表项。例如，下面是 ul 和 li 标签的用法。

```
1.  <ul id="colors" name="myColor">
2.      <li>红色</li>
3.      <li>绿色</li>
4.      <li>蓝色</li>
5.  </ul>
```

（7）div 标签

在 HTML 代码中，div 标签用来创建一个块，其中可以包含其他标签，举例如下。

```
1.  <div id="yellowDiv" style="background-color:yellow;border:#FF0000 1px solid;">
2.      <ol>
3.          <li>红色</li>
4.          <li>绿色</li>
5.          <li>蓝色</li>
6.      </ol>
7.  </div>
8.  <div id="reddiv" style="background-color:red">
9.      <p>第一段</p>
```

```
10.     <p>第二段</p>
11. </div>
```

11.1.2 JavaScript 基础

JavaScript 是由客户端浏览器解释执行的弱类型脚本语言，大幅度提高网页的浏览速度和交互能力，提高了用户体验。

（1）在网页中使用 JavaScript 代码的方式

可以在 HTML 标签的事件属性中直接添加 JavaScript 代码。例如，把下面的代码保存为 index.html 文件并使用浏览器打开，单击“保存”按钮，网页会弹出提示“保存成功”。

```
1. <html>
2.     <body>
3.         <form>
4.             <input type="button" value="保存" onClick="alert('保存成功');">
5.         </form>
6.     </body>
7. </html>
```

对于行数较多但仅在个别网页中用到的 JavaScript 代码，可以写在网页中的<script>标签中。例如，下面的代码保存为 index.html 并使用浏览器打开，会发现页面上显示的是“动态内容”而不是“静态内容”。在这段代码中要注意，<script></script>这一对标签要放在<body></body>标签的后面，否则由于页面还没有渲染完，获取指定 id 的 div 时会失败。

```
1. <html>
2.     <body>
3.         <div id="test">静态内容</div>
4.     </body>
5.     <script type="text/javascript">
6.         document.getElementById("test").innerHTML="动态内容";
7.     </script>
8. </html>
```

如果一个网站中用到大量的 JavaScript 代码，一般会把这些代码按功能划分到不同函数中，并把这些函数封装到一个或多个扩展名为 js 的文件中，然后在网页中使用。例如，和网页在同一个文件夹中的 myfunctions.js 内容如下。

```
1. function modify(){
2.     document.getElementById("test").innerHTML="动态内容";
3. }
```

在下面的页面文件中，把外部文件 myfunctions.js 导入，然后调用了其中的函数。

```
1. <html>
2. <head>
3.     <script type="text/javascript" src="myfunctions.js"></script>
4. </head>
5.     <body>
6.         <div id="test">静态内容</div>
7.     </body>
8.     <script type="text/javascript">modify();</script>
```

```
9.  </html>
```

（2）常用 JavaScript 事件

如果不在 HTML 代码中说明，那么<script>和</script>这两个标签的 JavaScript 代码在页面打开和每次刷新时都会得到运行，例如本节的第二段和第三段代码所演示。但有些 JavaScript 代码需要在特定的时机运行，例如本节第一段代码，只有单击页面的按钮之后才会执行 onClick 属性指定的 JavaScript 代码，这种机制叫作事件驱动。得益于事件驱动机制，可以指定某段代码在什么情况下才会运行，例如，页面加载时（onLoad 事件）、鼠标单击时（onClick 事件）、键盘按键时（onkeypress 事件）等。

把下面的代码保存为 index.html 并使用浏览器打开，会发现在每次页面加载时都会弹出提示，但在页面上进行其他操作时，并不会弹出提示。

```
1.  <html>
2.      <body onLoad="alert('页面开始加载');">
3.          <div id="test">静态内容</div>
4.      </body>
5.  </html>
```

除了常用的事件之外，还有一些特殊的方式可以执行 JavaScript 代码。例如，下面的代码演示了在链接标签<a>中使用 href 属性指定 JavaScript 代码的用法。

```
1.  <html>
2.      <script type="text/javascript">
3.          function test(){alert('提示信息');}
4.      </script>
5.      <body>
6.          <a href="javascript:test();">点这里</a>
7.      </body>
8.  </html>
```

（3）常用 JavaScript 对象

常用的 JavaScript 对象有 navigator、window、location、document、history、image、form 等，这里简单介绍一下 window 和 document 对象的用法。

window 对象表示浏览器窗口，是所有对象的顶层对象，会在<body>或<frameset>每次出现时自动创建，在同一个窗口中访问其他对象时，可以省略前缀“window.”。前面几段代码中的 alert()实际上就是 window 对象的众多方法之一，除此之外，还有 confirm()、open()、prompt()、setInterval()、focus()、home()、close()、back()、forward()等。下面的代码演示了 prompt()方法的用法，将其保存为文件 index.html 并使用浏览器打开，会提示用户输入任意内容，然后在页面上输出相应的信息。

```
1.  <html>
2.      <script type="text/javascript">
3.          var city = prompt("请输入一个城市名称：", "烟台");
4.          document.write("你输入的是："+city);
5.      </script>
6.      <body></body>
7.  </html>
```

document 对象表示当前 HTML 文档，可用来访问页面上所有元素，常用的方法有 write()、getElementById()等。例如，上一段代码中演示了 document 对象 write()方法的用法，本节（1）部分中的第二段代码演示了 document 对象 getElementById()方法的用法。

当网页中包含<img>标签时，会自动建立 image 对象，网页中的图像可以通过 document 对象的 images 数组来访问，或者使用图像对象的名称进行访问。例如，把下面的代码保存为文件 index.html，此时页面上会显示图像文件 1.jpg 的内容，单击该图像时会切换成为 2.jpg 的内容。

```
1.  <html>
2.      <body>
3.          <img name="img1" src="1.jpg"
4.               onClick="document.img1.src='2.jpg';" />
5.      </body>
6.  </html>
```

11.2 urllib 基本应用与爬虫案例

Python 3.x 标准库 urllib 提供了 urllib.request、urllib.response、urllib.parse、urllib.robotparser 和 urllib.error 五个模块，很好地支持了网页内容读取功能。再结合 Python 字符串方法、正则表达式、文件操作和多线程编程，可以完成大部分网页内容爬取工作，也是理解和使用其他爬虫库的基础。

微课视频 11-2

11.2.1 urllib 的基本应用

1. 读取并显示网页内容

Python 标准库 urllib.request 中的 urlopen()函数可以用来打开一个指定的 URL，打开成功之后，可以像读取文件内容一样使用 read()方法读取网页上的数据。要注意的是，读取到的是二进制数据，需要使用 decode()方法进行正确的解码。对于大多数网站而言，使用 decode()方法默认的 UTF-8 是可以正常解码的，如果失败的话可以查看网页源代码确认使用的编码格式，然后再修改代码。

下面代码为读取并显示https://www.python.org页面的内容，具体读取页面的结果不再占用篇幅在此展示。

```
1.  import urllib.request
2.
3.  fp = urllib.request.urlopen(r'https://www.python.org')
4.  print(fp.read(100))
5.  print(fp.read(100).decode())
6.  fp.close()
```

2. 提交网页参数

对于动态网页而言，经常需要用户输入并提交参数。常用的提交参数的方式有 GET 和 POST 两种。Python 标准库 urllib.parse 中提供的 urlencode()函数可以用来对用户提交的参数进行编码，然后再通过不同的方式传递给 urlopen()函数。

1）下面的代码演示了如何使用 GET 方法读取并显示指定 url 的内容。

```
1.  import urllib.request
2.  import urllib.parse
3.
4.  params = urllib.parse.urlencode({'spam': 1, 'eggs': 2, 'bacon': 0})
5.  url = 'http://www.musi-cal.com/cgi-bin/query?%s' % params
6.  with urllib.request.urlopen(url) as f:
7.      print(f.read().decode('utf-8'))
```

2）下面的代码演示了如何使用 POST 方法提交参数并读取指定页面内容。

```
1.  import urllib.request
2.  import urllib.parse
3.
4.  data = urllib.parse.urlencode({'spam': 1, 'eggs': 2, 'bacon': 0})
5.  data = data.encode('ascii')
6.  with urllib.request.urlopen('http://requestb.in/xrbl82xr',
7.                              data) as f:
8.      print(f.read().decode('utf-8'))
```

11.2.2 urllib 爬虫案例

微课视频 11-3

例 11-1　爬取公众号文章中的图片。

案例描述：公众号文章其实也是网页，只要知道了网页地址，使用电脑端浏览器一样可以打开和阅读。

基本思路：使用 urllib.request.urlopen()打开指定网页之后，分析网页源代码结构和图片链接的代码格式，然后编写正则表达式提取所有图片链接地址，读取图片数据后使用二进制文件对象的 write()方法写入本地文件即可实现图片下载。

操作步骤如下。

1）确定公众号文章的地址，以微信公众号“Python 小屋”里的一篇文章为例，文章标题为“报告 PPT（163 页）：基于 Python 语言的课程群建设探讨与实践”，地址如下。

```
https://mp.weixin.qq.com/s/P9Wke8FSNPxOvfLyaPcv8Q
```

2）在浏览器（以 Chrome 为例）中打开该文章，然后右击，在弹出的快捷菜单中选择“查看网页源代码”，分析后发现，公众号文章中的图片链接格式如下。

```
<p><img data-s="300,640" data-type="png" data-src="http://mmbiz.qpic.cn/mmbiz_png/xXrickrc6JTO9TThicnuGGR7DtzWtslaBlYS5QJ73u2WpzPW8KX8iaCdWcNYia5YjYpx89K78YwrDamtkxmUXuXJfA/0?wx_fmt=png" style=""class=""data-ratio="0.5580865603644647" data-w="878"  /></p>
```

3）根据前面的分析，确定用来提取文章中图片链接的正则表达式如下。

```
pattern = 'data-type="png" data-src="(.+?)"'
```

4）编写并运行 Python 爬虫程序，代码如下。

```
1.  from re import findall
2.  from urllib.request import urlopen
```

```
3.
4.  url = 'https://mp.weixin.qq.com/s/P9Wke8FSNPxOvfLyaPcv8Q'
5.  with urlopen(url) as fp:
6.      content = fp.read().decode()
7.
8.  pattern = 'data-type="png" data-src="(.+?)"'
9.  # 查找所有图片链接地址
10. result = findall(pattern, content)
11. # 逐个读取图片数据，并写入本地文件
12. for index, item in enumerate(result):
13.     with urlopen(item) as fp:
14.         with open(str(index)+'.png', 'wb') as fp1:
15.             fp1.write(fp.read())
```

运行结果：运行结束后会在程序文件所在的文件夹中生成该文章中的所有图片，文件名分别为0.png、1.png、2.png……

例 11-2　微信公众号"**Python** 小屋"中维护了一个实时更新的历史文章清单，地址如下。

```
https://mp.weixin.qq.com/s/u9FeqoBaA3Mr0fPCUMbpqA
```

在这篇文章链接的最后有几段放在中文全角方括号内的文字，编写网络爬虫程序读取方括号内的文字，写入本地文件 readme.txt，然后自动打开这个文件显示其中的内容。

基本思路：使用标准库函数 urllib.request.urlopen()打开上面的链接地址，读取其中的网页源代码，然后使用正则表达式提取中文全角方括号内的文字，使用内置函数 open()创建本地文件 readme.txt 并写入从网页中读取到的文字，最后使用标准库函数 os.startfile()打开文件 readme.txt。

微课视频 11-4

```
1.  from os import startfile
2.  from re import findall, sub
3.  from urllib.request import urlopen
4.
5.  url = r'https://mp.weixin.qq.com/s/u9FeqoBaA3Mr0fPCUMbpqA'
6.  # 读取网页源代码
7.  with urlopen(url) as fp:
8.      content = fp.read().decode()
9.  # 提取中文全角方括号内的文本
10. pattern = r'【(.+?)】'
11. text = sub('<p.*?>|<br *?/>', '',
12.            findall(pattern, content)[0]).replace('</p>', '\n')
13. # 写入本地文本文件
14. with open('readme.txt', 'w', encoding='utf8') as fp:
15.     fp.write(text)
16. # 打开文件，自动关联记事本程序
17. startfile('readme.txt')
```

11.3　Scrapy 网络爬虫案例

Scrapy 是一套基于 Twisted 的异步处理框架，是纯 Python 实现的开源爬虫框架，支持使用 XPath 选择器和 CSS 选择器从网页上快速提取指定的内容，对编写网络爬虫程序需要的功能进行了高度封装，用户甚至不需要懂太多原理，只需要按照标准套路创建爬虫项目之后填写几个文件

的内容就可以轻松完成一个爬虫程序，使用非常简单，大幅度降低了编写网络爬虫程序的门槛。

Scrapy 使用自带的 XPath 选择器和 CSS 选择器来选择 HTML 文档中特定部分的内容，XPath 是用来选择 XML 和 HTML 文档中节点的语言，CSS 是为 HTML 文档元素应用层叠样式表的语言，也可以用来选择具有特定样式的 HTML 元素。由于篇幅限制，关于 XPath 和 CSS 选择器的内容不在书中详细解释，可以关注微信公众号“Python 小屋”发送消息“选择器”进行学习。

另外，除了技术层面的内容，编写和使用网络爬虫程序时还应遵守一定的规范和规则，不能利用自己掌握的技术在网络上随意妄为对别人造成伤害。在编写爬虫程序时至少需要考虑以下几个方面的内容：1）采集的信息中是否包含个人隐私或商业机密；2）对方是否同意或授权采集这些信息；3）对方是否同意公开或授权转载这些信息，不可擅作主张转载到自己的平台；4）采集到的信息如何使用，公开展示时是否需要脱敏处理，是否用于盈利；5）网络爬虫程序运行时是否会对对方服务器造成伤害，例如拖垮宕机、影响正常业务。

例 11-3　编写网络爬虫程序，采集天涯小说“大宗师”全文并保存为本地记事本文件。

基本思路：把代码保存为文件“爬取天涯小说.py”，然后切换到命令提示符环境 cmd 或 PowerShell，执行命令“scrapy runspider 爬取天涯小说.py”运行爬虫程序，稍等几分钟即可在当前文件夹中得到小说全文的文件 result.txt。如果程序无法正常运行，确保代码没有拼写错误和缩进错误之后，检查一下扩展库 Scrapy 是否安装正确，并确保安装了扩展库 Scrapy 的 Python 安装路径在系统环境变量 Path 中。如果本机有多个 Python 版本，确保 Path 变量中带 Scrapy 的 Python 安装路径在其他版本 Python 的前面。

微课视频 11-5

```
1.  from re import sub
2.  from os import remove
3.  import scrapy
4.  from scrapy.utils.url import urljoin_rfc
5.  
6.  # 类的名字可以修改，但必须继承 scrapy.spiders.Spider 类
7.  class MySpider(scrapy.spiders.Spider):
8.      # 爬虫的名字，每个爬虫必须有不同的名字
9.      name = 'spiderYichangGuishi'
10.     # 要爬取的小说首页
11.     # 运行爬虫程序时，自动请求 start_urls 列表中指定的页面
12.     # 如果需要跟踪链接并继续爬取，需要自己提取下一页的链接并创建 Response 对象
13.     start_urls = ['http://bbs.tianya.cn/post-16-1126849-1.shtml']
14. 
15.     def __init__(self):
16.         # 类的构造方法，创建爬虫对象时自动调用
17.         # 每次运行爬虫程序时，尝试删除之前的文件
18.         try:
19.             remove('result.txt')
20.         except:
21.             pass
22. 
23.     def parse(self, response):
24.         # 对 start_urls 列表中每个要爬取的页面，会自动调用这个方法
25.         # 13357319 是小说作者蛇从革的天涯账号
26.         # 遍历作者主动发的所有帖子所在的 div 节点
```

```
27.         for author_div in response.xpath('//div[@_hostid="13357319"]'):
28.             # 提取 class 属性中包含".bbs-content"的节点文本
29.             # 也就是作者发帖内容
30.             j =  author_div.css('.bbs-content::text').getall()
31.             for c in j:
32.                 # 删除空白字符和干扰符号
33.                 c = sub(r'\n|\r|\t|\u3000|\|', '', c.strip())
34.                 # 把提取到的文本追加到文件中
35.                 with open('result.txt', 'a', encoding='utf8') as fp:
36.                     fp.write(c+'\n')
37.
38.         # 获取下一页网址并继续爬取
39.         next_url = response.xpath('//a[text()="下页"]/@href').get()
40.         if next_url:
41.             # 把相对地址转换为绝对地址
42.             next_url = urljoin_rfc(response.url, next_url).decode()
43.             # 指定使用 parse()方法处理服务器返回的 Response 对象
44.             yield scrapy.Request(url=next_url, callback=self.parse)
```

例 11-4　编写网络爬虫程序，采集山东省各城市未来 7 天的天气预报数据。

微课视频 11-6

说明：在上例中演示了只包含单个 Python 程序的简单 Scrapy 爬虫，不适合复杂的大型数据采集任务。对于复杂的爬虫，需要创建一个项目（或称作工程）自动生成大部分文件作为框架，然后像搭积木和填空一样逐步完善相应的文件（也可以根据需要创建必要的新文件）。本例一步一步地演示创建和运行 Scrapy 爬虫工程的完整流程。

1）使用浏览器（编写网络爬虫程序前分析网页源代码时建议使用 Chrome 浏览器）打开山东省天气预报首页地址 http://www.weather.com.cn/shandong/index.shtml，查看网页源代码，定位山东省各地市天气预报链接地址，如图 11-1 中矩形框所示（图中左侧数字为浏览器显示的网页源代码行号）。

```
263 <div class="gsbox" style="margin-top:0;">
264 <div class="forecast"><h1 class="weatheH1">城市预报列表
265 (2020-12-11 18:00发布)<span><img class="contraction" src="/m2/i/jian02.gif" /></span></h1>
266 <div class="forecastBox" id="forecastID">
267 <dl>
268 <dt>
269 <a title="济南天气预报" href="http://www.weather.com.cn/weather/101120101.shtml" target="_blank">济南</a>
270 </dt>
271 <dd>
272 <a href="http://www.weather.com.cn/static/html/legend.shtml" target="_blank"><img alt=""
    src="/m2/i/icon weather/21x15/n01.gif" /><img alt="" src="/m2/i/icon weather/21x15/d01.gif" /></a>
273 <a><span>1℃</span></a>/<a><b>10℃</b></a>
274 </dd>
275 </dl>
276 <dl>
277 <dt>
278 <a title="青岛天气预报" href="http://www.weather.com.cn/weather/101120201.shtml" target="_blank">青岛</a>
279 </dt>
280 <dd>
281 <a href="http://www.weather.com.cn/static/html/legend.shtml" target="_blank"><img alt=""
    src="/m2/i/icon weather/21x15/n01.gif" /><img alt="" src="/m2/i/icon weather/21x15/d01.gif" /></a>
282 <a><span>3℃</span></a>/<a><b>9℃</b></a>
283 </dd>
284 </dl>
285 <dl>
286 <dt>
287 <a title="淄博天气预报" href="http://www.weather.com.cn/weather/101120301.shtml" target="_blank">淄博</a>
288 </dt>
289 <dd>
290 <a href="http://www.weather.com.cn/static/html/legend.shtml" target="_blank"><img alt=""
    src="/m2/i/icon weather/21x15/n01.gif" /><img alt="" src="/m2/i/icon weather/21x15/d01.gif" /></a>
291 <a><span>-3℃</span></a>/<a><b>10℃</b></a>
292 </dd>
293 </dl>
294 <dl>
```

图 11-1　山东省各地市天气预报链接地址

2）在页面上找到并打开烟台市天气预报链接，查看网页源代码，定位未来 7 天的天气预报数据所在位置，如图 11-2 中矩形框所示，其他各地市的天气预报页面结构与此相同。

```
600 <ul class="t clearfix">
601 <li class="sky skyid lv1 on">
602 <h1>11日（今天）</h1>
603 <big class="png40"></big>
604 <big class="png40 n01"></big>
605 <p title="多云" class="wea">多云</p>
606 <p class="tem">
607 <i>0℃</i>
608 </p>
609 <p class="win">
610 <em>
611 <span title="北风" class="N"></span>
612 </em>
613 <i>3-4级</i>
614 </p>
615 <div class="slid"></div>
616 </li>
617 <li class="sky skyid lv1">
618 <h1>12日（明天）</h1>
619 <big class="png40 d01"></big>
620 <big class="png40 n14"></big>
621 <p title="多云转小雪" class="wea">多云转小雪</p>
622 <p class="tem">
623 <span>9℃</span>/<i>0℃</i>
624 </p>
625 <p class="win">
626 <em>
627 <span title="南风" class="S"></span>
628 <span title="西南风" class="SW"></span>
629 </em>
630 <i>3-4级</i>
631 </p>
632 <div class="slid"></div>
633 </li>
634 <li class="sky skyid lv3">
635 <h1>13日（后天）</h1>
636 <big class="png40 d15"></big>
637 <big class="png40 n14"></big>
638 <p title="中雪转小雪" class="wea">中雪转小雪</p>
```

图 11-2　每个城市的天气预报信息格式

3）打开命令提示符窗口，切换到工作目录下，执行命令“scrapy startproject sdWeatherSpider”创建爬虫项目，其中 sdWeatherSpider 是爬虫项目的名字，如图 11-3 所示。

```
管理员: 命令提示符                    爬虫项目的名字

D:\教学课件\Python网络程序设计\code>scrapy startproject sdWeatherSpider
New Scrapy project 'sdWeatherSpider', using template directory 'c:\python
38\lib\site-packages\scrapy\templates\project', created in:
    D:\教学课件\Python网络程序设计\code\sdWeatherSpider

You can start your first spider with:
    cd sdWeatherSpider
    scrapy genspider example example.com

D:\教学课件\Python网络程序设计\code>
```

图 11-3　创建爬虫项目

按照图中执行命令成功后的提示信息，继续执行命令“cd sdWeatherSpider”进行爬虫项目的文件夹，然后执行命令“scrapy genspider everyCityinSD www.weather.com.cn”创建爬虫程序，如图 11-4 所示。

此时已经成功创建了爬虫项目和爬虫程序，可以使用资源管理器查看爬虫项目文件夹的结构，也可以在命令提示符 cmd 或 Powershell 中使用 Windows 命令 dir 查看，爬虫项目文件夹结构与主要文件功能如图 11-5 所示。完成此操作后不要关闭命令提示符窗口，后面还要使用。

```
D:\教学课件\Python网络程序设计\code>cd sdWeatherSpider 创建爬虫的子命令
                    爬虫的名字              要爬取的目标网站主机地址
D:\教学课件\Python网络程序设计\code\sdWeatherSpider>scrapy genspider
everyCityinSD www.weather.com.cn
Created spider 'everyCityinSD' using template 'basic' in module:
  sdWeatherSpider.spiders.everyCityinSD

D:\教学课件\Python网络程序设计\code\sdWeatherSpider>
```

图 11-4　进入爬虫项目文件夹，创建爬虫程序

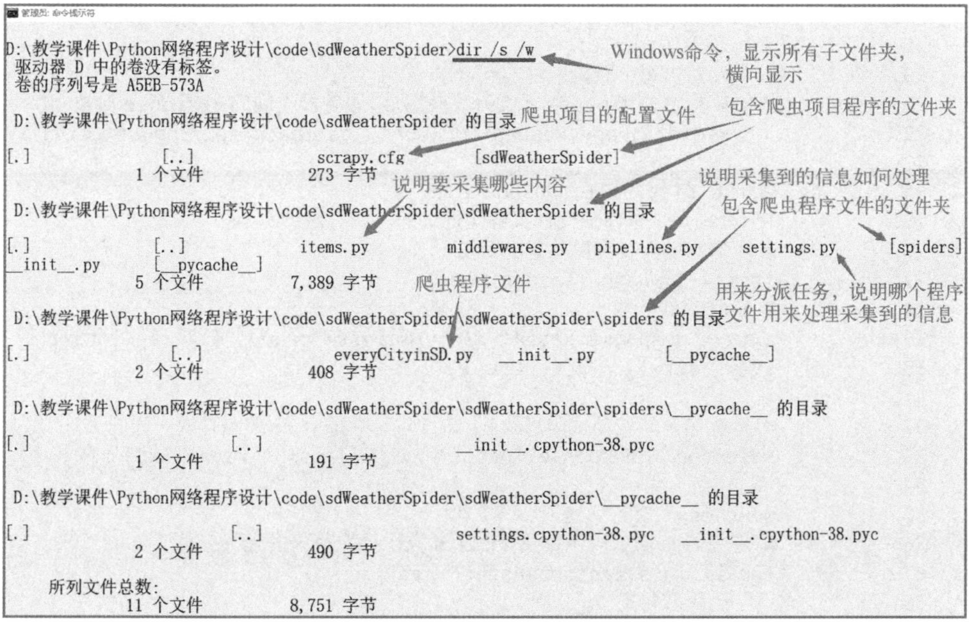

```
D:\教学课件\Python网络程序设计\code\sdWeatherSpider>dir /s /w   Windows命令，显示所有子文件夹，
 驱动器 D 中的卷没有标签。                                     横向显示
 卷的序列号是 A5EB-573A

 D:\教学课件\Python网络程序设计\code\sdWeatherSpider 的目录 爬虫项目的配置文件  包含爬虫项目程序的文件夹

[.]            [..]            scrapy.cfg          [sdWeatherSpider]
               1 个文件          273 字节
                                说明要采集哪些内容              说明采集到的信息如何处理
 D:\教学课件\Python网络程序设计\code\sdWeatherSpider\sdWeatherSpider 的目录  包含爬虫程序文件的文件夹

[.]            [..]            items.py       middlewares.py   pipelines.py    settings.py     [spiders]
__init__.py    [__pycache__]
               5 个文件        7,389 字节      爬虫程序文件                  用来分派任务，说明哪个程序
 D:\教学课件\Python网络程序设计\code\sdWeatherSpider\sdWeatherSpider\spiders 的目录文件用来处理采集到的信息

[.]            [..]            everyCityinSD.py    __init__.py        [__pycache__]
               2 个文件          408 字节

 D:\教学课件\Python网络程序设计\code\sdWeatherSpider\sdWeatherSpider\spiders\__pycache__ 的目录

[.]            [..]            __init__.cpython-38.pyc
               1 个文件          191 字节

 D:\教学课件\Python网络程序设计\code\sdWeatherSpider\sdWeatherSpider\__pycache__ 的目录

[.]            [..]            settings.cpython-38.pyc    __init__.cpython-38.pyc
               2 个文件          490 字节

     所列文件总数:
              11 个文件        8,751 字节
```

图 11-5　爬虫项目文件夹结构与主要文件功能

4）打开文件 sdWeatherSpider\sdWeatherSpider\items.py，删除其中的 pass 语句，增加下面代码中的最后两行，新增两个数据成员 city 和 weather，指定要采集的信息包括城市名称和天气信息。

```
1.  import scrapy
2.  
3.  class SdweatherspiderItem(scrapy.Item):
4.      # define the fields for your item here like:
5.      city = scrapy.Field()
6.      weather = scrapy.Field()
```

5）打开文件 sdWeatherSpider\sdWeatherSpider\spiders\everyCityinSD.py，增加代码，实现信息采集的功能。

```
1.  import scrapy
2.  from os import remove
3.  from sdWeatherSpider.items import SdweatherspiderItem
4.  
5.  class EverycityinsdSpider(scrapy.Spider):
6.      name = 'everyCityinSD'
7.      allowed_domains = ['www.weather.com.cn']
8.      # 首页，爬虫开始工作的页面
```

```
 9.     start_urls = ['http://www.weather.com.cn/shandong/index.shtml']
10.
11.     try:
12.         remove('weather.txt')
13.     except:
14.         pass
15.
16.     def parse(self, response):
17.         # 获取每个地市的链接地址
18.         urls = response.css('dt>a[title]::attr(href)').getall()
19.         for url in urls:
20.             # 针对每个链接地址发起请求
21.             # 指定使用 parse_city()方法处理服务器返回的 Response 对象
22.             yield scrapy.Request(url=url, callback=self.parse_city)
23.
24.     def parse_city(self, response):
25.         '''处理每个地市天气预报链接地址的实例方法'''
26.         # 用来存储采集到的信息的对象
27.         item = SdweatherspiderItem()
28.         # 获取城市名称
29.         city = response.xpath('//div[@class="crumbs fl"]/a[3]/text()')
30.         item['city'] = city.get()
31.
32.         # 定位包含天气预报信息的 ul 节点，其中每个 li 节点存放一天的天气
33.         selector = response.xpath('//ul[@class="t clearfix"]')[0]
34.
35.         weather = []
36.         # 遍历当前 ul 节点中的所有 li 节点，提取每天的天气信息
37.         for li in selector.xpath('./li'):
38.             # 提取日期
39.             date = li.xpath('./h1/text()').get()
40.             # 云的情况
41.             cloud = li.xpath('./p[@title]/text()').get()
42.             # 晚上页面中不显示今天的高温，返回字符串'none'
43.             high = li.xpath('./p[@class="tem"]/span/text()').get('none')
44.             low = li.xpath('./p[@class="tem"]/i/text()').get()
45.             wind = li.xpath('./p[@class="win"]/em/span[1]/@title').get()
46.             wind += ',' + li.xpath('./p[@class="win"]/i/text()').get()
47.             weather.append(f'{date}:{cloud},{high}/{low},{wind}')
48.         item['weather'] = '\n'.join(weather)
49.         return [item]
```

6）打开文件 sdWeatherSpider\sdWeatherSpider\pipelines.py，增加代码，把采集到的信息写入本地文本文件 weather.txt 中。

```
1. class SdweatherspiderPipeline(object):
2.     def process_item(self, item, spider):
3.         with open('weather.txt', 'a', encoding='utf8') as fp:
4.             fp.write(item['city']+'\n')
5.             fp.write(item['weather']+'\n\n')
6.         return item
```

7）打开文件 sdWeatherSpider\sdWeatherSpider\settings.py，找到下面代码中的字典 ITEM_

PIPELINES，解除注释并设置值为 1，该操作用来分派任务，指定处理采集到的信息的管道。

```
ITEM_PIPELINES = {
    'sdWeatherSpider.pipelines.SdweatherspiderPipeline':1,
}
```

8）至此，爬虫项目全部完成。切换到命令提示符窗口，确保当前处于爬虫项目文件夹中，执行命令“scrapy crawl everyCityinSD”运行爬虫项目，观察运行过程，如果运行正常的话会在爬虫项目的文件夹中得到文本文件 weather.txt。如果运行失败，可以仔细阅读运行过程中给出的错误提示，然后检查上面的步骤是否有遗漏或代码是否有错误，修改后重新运行爬虫项目，直到得到正确结果。

9）多次运行爬虫程序，观察生成的结果文件会发现，每次城市的顺序都不一样。这是因为 scrapy 对不同页面的请求是异步的，对每个页面返回的数据是并发处理的，不是顺序执行的。如果想保证顺序，有两个常用方法：一是在每个请求之后使用标准库函数 `time.sleep()`等待一定时间，二是修改文件 sdWeatherSpider\sdWeatherSpider\settings.py，修改语句“`#CONCURRENT_REQUESTS = 32`”为“`CONCURRENT_REQUESTS = 1`”使得每个时刻只处理一个请求。

11.4 BeautifulSoup4 用法简介

BeautifulSoup4 是一个非常优秀的 Python 扩展库，可以用来从 HTML 或 XML 文件中提取我们感兴趣的数据，并且允许指定使用不同的解析器。可以使用 pip install beautifulsoup4 直接进行安装，安装之后应使用 from bs4 import BeautifulSoup 导入。这里简单介绍一下 BeautifulSoup 类的强大功能，更加详细完整的学习资料请参考https://www.crummy.com/software/BeautifulSoup/bs4/doc/。

（1）代码补全

大多数浏览器能够容忍一些错误的 HTML 代码，例如，某些没有闭合的标签，也可以正常渲染和显示。但是如果把读取到的网页源代码直接使用正则表达式进行分析，会出现误差。这个问题可以使用 BeautifulSoup 来解决。在使用给定的文本或网页源代码创建 BeautifulSoup 对象时，会自动补全缺失的标签，也可以自动添加必要的标签。

以下代码为几种代码补全的用法，包括自动添加标签、自动补齐标签、指定解析器等，这些用法使得 HTML 代码可以更优雅地展现。

1）自动添加标签的用法。

```
>>> from bs4 import BeautifulSoup
>>> BeautifulSoup('hello world!', 'lxml')          # 自动添加标签
<html><body><p>hello world!</p></body></html>
```

2）自动补齐标签的用法。

```
>>> BeautifulSoup('<span>hello world!', 'lxml')    # 自动补全标签
<html><body><span>hello world!</span></body></html>
```

3）指定 HTML 代码解析器的用法。

以下是测试用的网页代码，是一段标题为“The Dormouse's story”的英文故事。注意，这部

分代码最后缺少了一些闭合的标签，例如</body>、</html>。BeautifulSoup 把这些缺失的标签进行了自动补齐。

```
>>> html_doc = """
<html><head><title>The Dormouse's story</title></head>
<body>
<p class="title"><b>The Dormouse's story</b></p>

<p class="story">Once upon a time there were three little sisters; and their
names were
<a href="http://example.com/elsie" class="sister" id="link1">Elsie</a>,
<a href="http://example.com/lacie" class="sister" id="link2">Lacie</a> and
<a href="http://example.com/tillie" class="sister" id="link3">Tillie</a>;
and they lived at the bottom of a well.</p>

<p class="story">...</p>
"""
>>> soup = BeautifulSoup(html_doc, 'html.parser')
                                    # 也可以指定 lxml 或其他解析器
>>> print(soup.prettify())          # 以优雅的方式显示出来
                                    # 可以执行 print(soup)并比较输出结果
<html>
 <head>
  <title>
   The Dormouse's story
  </title>
 </head>
 <body>
  <p class="title">
   <b>
    The Dormouse's story
   </b>
  </p>
  <p class="story">
   Once upon a time there were three little sisters; and their names were
   <a class="sister" href="http://example.com/elsie" id="link1">
    Elsie
   </a>
   ,
   <a class="sister" href="http://example.com/lacie" id="link2">
    Lacie
   </a>
   and
   <a class="sister" href="http://example.com/tillie" id="link3">
    Tillie
   </a>
   ;
and they lived at the bottom of a well.
  </p>
  <p class="story">
   ...
  </p>
 </body>
```

```
</html>
```

（2）获取指定标签的内容或属性

构建 BeautifulSoup 对象并自动添加或补全标签之后，可以通过该对象来访问和获取特定标签中的内容。接下来仍以上边经过补齐标签后的这段“The Dormouse's story”代码为例介绍 BeautifulSoup 的更多用法。

```
>>> soup.title                                   # 访问<title>标签的内容
<title>The Dormouse's story</title>
>>> soup.title.name                              # 查看标签的名字
'title'
>>> soup.title.text                              # 查看标签的文本
"The Dormouse's story"
>>> soup.title.string                            # 查看标签的文本
"The Dormouse's story"
>>> soup.title.parent                            # 查看上一级标签
<head><title>The Dormouse's story</title></head>
>>> soup.head
<head><title>The Dormouse's story</title></head>
>>> soup.b                                       # 访问<b>标签的内容
<b>The Dormouse's story</b>
>>> soup.body.b                                  # 访问<body>中<b>标签的内容
<b>The Dormouse's story</b>
>>> soup.name                    # 把整个 BeautifulSoup 对象看作标签对象
'[document]'
>>> soup.body                    # 查看 body 标签内容
<body>
<p class="title"><b>The Dormouse's story</b></p>
<p class="story">Once upon a time there were three little sisters; and their
names were
<a class="sister" href="http://example.com/elsie" id="link1">Elsie</a>,
<a class="sister" href="http://example.com/lacie" id="link2">Lacie</a> and
<a class="sister" href="http://example.com/tillie" id="link3">Tillie</a>;
and they lived at the bottom of a well.</p>
<p class="story">...</p>
</body>
>>> soup.p                                   # 查看段落信息
<p class="title"><b>The Dormouse's story</b></p>
>>> soup.p['class']                         # 查看标签属性
['title']
>>> soup.p.get('class')                     # 也可以这样查看标签属性
['title']
>>> soup.p.text                             # 查看段落文本
"The Dormouse's story"
>>> soup.p.contents                         # 查看段落内容
[<b>The Dormouse's story</b>]
>>> soup.a
<a class="sister" href="http://example.com/elsie" id="link1">Elsie</a>
>>> soup.a.attrs                            # 查看标签所有属性
{'class': ['sister'], 'href': 'http://example.com/elsie', 'id': 'link1'}
>>> soup.find_all('a')                      # 查找所有<a>标签
[<a class="sister" href="http://example.com/elsie" id="link1">Elsie</a>, <a
class="sister" href="http://example.com/lacie" id="link2">Lacie</a>, <a class=
```

```
"sister" href="http://example.com/tillie" id="link3">Tillie</a>]
        >>> soup.find_all(['a', 'b'])          # 同时查找<a>和<b>标签
        [<b>The Dormouse's story</b>, <a class="sister" href="http://example.com/elsie"
id="link1"> Elsie</a>, <a class="sister" href="http://example.com/lacie" id="link2">
Lacie</a>, <a class="sister" href="http://example.com/tillie" id="link3">Tillie</a>]
        >>> import re
        >>> soup.find_all(href=re.compile("elsie"))
                                               # 查找 href 包含特定关键字的标签
        [<a class="sister" href="http://example.com/elsie" id="link1">Elsie</a>]
        >>> soup.find(id='link3')              # 查找属性 id='link3'的标签
        <a class="sister" href="http://example.com/tillie" id="link3">Tillie</a>
        >>> soup.find_all('a', id='link3')     # 查找属性'link3'的 a 标签
        [<a class="sister" href="http://example.com/tillie" id="link3">Tillie</a>]
        >>> for link in soup.find_all('a'):
            print(link.text,':',link.get('href'))

        Elsie : http://example.com/elsie
        Lacie : http://example.com/lacie
        Tillie : http://example.com/tillie
        >>> print(soup.get_text())             # 返回所有文本
        The Dormouse's story
        The Dormouse's story
        Once upon a time there were three little sisters; and their names were
        Elsie,
        Lacie and
        Tillie;
        and they lived at the bottom of a well.
        ...
        >>> soup.a['id'] = 'test_link1'                  # 修改标签属性的值
        >>> soup.a
        <a class="sister" href="http://example.com/elsie" id="test_link1">Elsie</a>
        >>> soup.a.string.replace_with('test_Elsie')    # 修改标签文本
        'Elsie'
        >>> soup.a.string
        'test_Elsie'
        >>> print(soup.prettify())                       # 查看修改后的结果
        <html>
         <head>
          <title>
           The Dormouse's story
          </title>
         </head>
         <body>
          <p class="title">
           <b>
            The Dormouse's story
           </b>
          </p>
          <p class="story">
           Once upon a time there were three little sisters; and their names were
           <a class="sister" href="http://example.com/elsie" id="test_link1">
            test_Elsie
           </a>
```

```
    ,
    <a class="sister" href="http://example.com/lacie" id="link2">
     Lacie
    </a>
    and
    <a class="sister" href="http://example.com/tillie" id="link3">
     Tillie
    </a>
    ;
 and they lived at the bottom of a well.
   </p>
   <p class="story">
    ...
   </p>
  </body>
 </html>
 >>> for child in soup.body.children:          # 遍历直接子标签
       print(child)

 <p class="title"><b>The Dormouse's story</b></p>
 <p class="story">Once upon a time there were three little sisters; and their
names were
 <a class="sister" href="http://example.com/elsie" id="test_link1">test_Elsie</a>,
 <a class="sister" href="http://example.com/lacie" id="link2">Lacie</a> and
 <a class="sister" href="http://example.com/tillie" id="link3">Tillie</a>;
 and they lived at the bottom of a well.</p>
 <p class="story">...</p>
 >>> for string in soup.strings:               # 遍历所有文本，结果略
       print(string)

 >>> test_doc = '<html><head></head><body><p></p><p></p></body></heml>'
 >>> s = BeautifulSoup(test_doc, 'lxml')
 >>> for child in s.html.children:             # 遍历直接子标签
       print(child)

 <head></head>
 <body><p></p><p></p></body>
 >>> for child in s.html.descendants:          # 遍历子孙标签
       print(child)

 <head></head>
 <body><p></p><p></p></body>
 <p></p>
 <p></p>
```

11.5 requests 基本操作与爬虫案例

Python 扩展库 requests 可以使用比标准库 urllib 更简洁的形式来处理 HTTP 和解析网页内容，也是比较常用的爬虫工具之一，完美支持 Python 3.x，使用 pip 可以直接在线安装。

安装成功之后，使用下面的方式导入这个库。

```
>>> import requests
```

然后可以通过 get()、post()、put()、delete()、head()、options()等函数以不同方式请求指定 URL 的资源，请求成功之后会返回一个 response 对象。通过 response 对象的 status_code 属性可以查看状态码，通过 text 属性可以查看网页源代码（有时候可能会出现乱码），通过 content 属性可以返回二进制形式的网页源代码，通过 encoding 属性可以查看和设置编码格式。

11.5.1 requests 基本操作

（1）增加头部

在使用 requests 模块的 get()函数打开指定的 URL 时，可以使用一个字典来指定头部信息绕过服务器对爬虫程序的检查。下面的代码为增加头部的用法。

```
>>> url = 'https://api.github.com/some/endpoint'
>>> headers = {'user-agent': 'my-app/0.0.1'}
>>> r = requests.get(url, headers=headers)
```

（2）访问网页并提交数据

在使用 requests 模块的 post()方法打开目标网页时，可以通过字典形式的参数 data 来提交信息。下面的代码演示了以 POST 方式访问网页并提交数据的用法。

```
>>> payload = {'key1': 'value1', 'key2': 'value2'}
>>> r = requests.post('http://httpbin.org/post', data=payload)
>>> print(r.text)         # 查看网页信息，略去输出结果
>>> url = 'https://api.github.com/some/endpoint'
>>> payload = {'some': 'data'}
>>> r = requests.post(url, json=payload)
>>> print(r.text)         # 查看网页信息，略去输出结果
>>> print(r.headers)      # 查看头部信息，略去输出结果
>>> print(r.headers['Content-Type'])
application/json; charset=utf-8
>>> print(r.headers['Content-Encoding'])
Gzip
```

（3）获取和设置 cookies

下面的代码演示了使用 get()方法获取网页信息时 cookies 属性的用法。

```
>>> r = requests.get('http://www.baidu.com/')
>>> r.cookies                 # 查看 cookies
<RequestsCookieJar[Cookie(version=0, name='BDORZ', value='27315', port=None, port_specified=False, domain='.baidu.com', domain_specified=True, domain_initial_dot=True, path='/', path_specified=True, secure=False, expires=1521533127, discard=False, comment=None, comment_url=None, rest={}, rfc2109=False)]>
```

下面的代码演示了使用 get()方法获取网页信息时设置 cookies 参数的用法。

```
>>> url = 'http://httpbin.org/cookies'
>>> cookies = dict(cookies_are='working')
>>> r = requests.get(url, cookies=cookies)  # 设置 cookies
>>> print(r.text)
{
```

```
    "cookies": {
      "cookies_are": "working"
    }
  }
```

11.5.2 requests 爬虫案例

例 11-5 使用 requests 库爬取微信公众号“Python 小屋”文章“Python 使用集合实现素数筛选法”中的所有超链接。

案例描述： 微信公众号文章也属于网页类型，可以获取文章链接之后编写爬虫程序爬取其中感兴趣的内容。

基本思路： 使用 requests 模块的 get()函数获取指定网页的文本，然后分别使用正则表达式和 BeautifulSoup4 两种方式提取其中的超链接地址。

微课视频 11-7

（1）使用正则表达式

```
>>> import requests
>>> url = 'https://mp.weixin.qq.com/s/sNej_3G0q4fbhSGR4jwpnw'
>>> r = requests.get(url)
>>> r.status_code      # 响应状态码，200 表示访问成功
200
>>> r.text[:300]       # 查看网页源代码前 300 个字符
'<!DOCTYPE html>\n<!--headTrap<body></body><head></head><html></html>--><html>\n
<head>\n        <meta http-equiv="Content-Type" content="text/html; charset=utf-8">\n
<meta http-equiv="X-UA-Compatible" content="IE=edge">\n<meta name="viewport" content=
"width=device-width,initial-scale=1.0,maximum-scale='
>>> '筛选法' in r.text  # 测试网页源代码中是否包含字符串'筛选法'
True
>>> r.encoding          # 查看网页编码格式
'UTF-8'
>>> import re
>>> links = re.findall(r'<a .*?href="(.+?)"', r.text)
                        # 使用正则表达式查找所有超链接地址
>>> for link in links:
    if link.startswith('http'):
        print(link)
```

输出结果如下。

```
http://mp.weixin.qq.com/s?__biz=MzI4MzM2MDgyMQ==&amp;mid=2247484014&amp;idx=
1&amp;sn=503ba290be4dae36b85271ee819a9d15&amp;chksm=eb8aa934dcfd2022cca89c09e653786fe
d1770793189aa796217226a9c1917d38fc7b916a30f&amp;scene=21#wechat_redirect
http://mp.weixin.qq.com/s?__biz=MzI4MzM2MDgyMQ==&amp;mid=2247484969&amp;idx=
1&amp;sn=1d8c9ea0b29b8a0355a1f1a85d253342&amp;chksm=eb8aad73dcfd2465c61d51f2f55eab4a7
a40cc1644f7aff198af149357318365a732e8c95d35&amp;scene=21#wechat_redirect
...（略去更多输出结果）
```

（2）使用 BeautifulSoup4

```
>>> from bs4 import BeautifulSoup
>>> soup = BeautifulSoup(r.content, 'lxml')
>>> for link in soup.findAll('a'):  # 使用 BeautifulSoup 查找超链接地址
```

```
        href = link.get('href')
        if href.startswith('http'):       # 只输出绝对地址
            print(href)
```

输出结果如下。

```
    http://mp.weixin.qq.com/s?__biz=MzI4MzM2MDgyMQ==&mid=2247484014&idx=1&sn=503
ba290be4dae36b85271ee819a9d15&chksm=eb8aa934dcfd2022cca89c09e653786fed1770793189aa796
217226a9c1917d38fc7b916a30f&scene=21#wechat_redirect
    http://mp.weixin.qq.com/s?__biz=MzI4MzM2MDgyMQ==&mid=2247484969&idx=1&sn=1d8
c9ea0b29b8a0355a1f1a85d253342&chksm=eb8aad73dcfd2465c61d51f2f55eab4a7a40cc1644f7aff19
8af149357318365a732e8c95d35&scene=21#wechat_redirect
    http://mp.weixin.qq.com/s?__biz=MzI4MzM2MDgyMQ==&mid=2247485133&idx=1&sn=002
60859a69af2836cf33c8706cd41b4&chksm=eb8aad97dcfd2481929f5b48a135ab424b65bc1abd4c13db3
12d6f9db59e2217a1b97370b157&scene=21#wechat_redirect
    ...（略去更多输出结果）
```

例 **11-6** 读取并下载指定的 **URL** 的图片文件。

基本思路：使用 requests 模块的 get()函数读取指定 URL 对应的图片文件数据，然后将其写入本地图像文件。

```
>>> import requests
>>> picUrl = r'https://www.python.org/static/opengraph-icon-200x200.png'
>>> r = requests.get(picUrl)
>>> r.status_code
200
>>> with open('pic.png', 'wb') as fp:
    fp.write(r.content)                 # 把图像数据写入本地文件
```

运行结果：代码运行后，在当前文件夹中生成指定的 URL 对应的图像文件 pic.png。

本章小结

本章首先简单介绍 HTML 语言的常见标签，然后讲解和演示如何使用标准库 urllib、扩展库 Scrapy、BeautifulSoup、requests 编写网络爬虫程序采集数据。不管采用哪种技术和框架，都要求首先对目标网页进行分析，对感兴趣的内容进行精准定位。另外，在编写网络爬虫程序时，一定要尊重知识产权和相关法律法规，不可利用自己掌握的技术肆意妄为，互联网不是法外之地。由于篇幅所限，本章只通过几个例题进行了演示，可以关注作者微信公众号“Python 小屋”学习更多相关内容。

本章习题

扫描二维码获取本章习题。

习题 11

第 12 章　Pandas 数据分析与处理

Python 数据分析模块 Pandas 提供了大量数据模型和高效操作大型数据集所需要的工具，可以说 Pandas 是 Python 能够成为高效且强大的数据分析语言的重要因素。Pandas 提供了大量的函数用于生成、访问、修改、保存不同类型的数据，处理缺失值、重复值、异常值，并能够结合另一个扩展库 Matplotlib 进行数据可视化（辅助数据分析和挖掘的另一个重要技术手段）。本章内容重点在于 Pandas 的数据分析与处理，关于数据可视化更详细的内容请参考第 13 章。

本章学习目标

- 了解常用的数据分析方法
- 掌握 Pandas 的基本操作
- 掌握缺失值处理方法
- 掌握重复值处理方法
- 掌握异常值处理方法
- 掌握数据分组与差分的应用

微课视频 12-1

12.1　数据分析与处理概述

数据分析与处理、数据挖掘、数据可视化是一个古老的话题，一直以来在各个领域都有重要应用，并不是新生事物。近些年来，借助于计算机软硬件的飞速发展，数据分析、数据挖掘、数据可视化的速度和质量都得到了极大提高，相关理论和技术在各领域的应用更是有了质的飞跃。

数据分析（Data Analysis）是指采用合适的统计分析方法对历史数据进行分析、概括和总结，对数据进行恰当的描述和表达之后借助于计算机技术和相关工具进行分析和处理，发现数据背后隐藏的规律，进而提取有用信息并对下一步的决策提供有效支持。

一般来说，数据分析任务都有明确的目标和要解决的问题（例如，发现发生了什么、分析为什么会发生、预测可能还会发生什么、决定需要做什么），数据选择和分析角度、分析方法也具有很强的针对性。例如，连锁超市分店选址、饭店选址、公交路线与站牌规划、地铁和公交车的班次间隔设置、物流规划、春运加班车次安排、原材料选购、商场进货与货架位置摆放、查找隐性贫困生、共享单车投放位置与时间、疫情期间确诊人员的轨迹和密接人员分析、各国疫情走势和疫苗进展分析、单位员工业绩考核、各城市降水量比较与自然灾害预防、高考志愿填报、房价预测、股票预测、寻找黑客攻击向量、犯罪人员社交关系挖掘、用户画像、网络布线、潜在客户挖掘与高端客户服务定制、个人还贷能力预测、个人诚信等级判断、异常交易分析、网络流量预测、成本控制与优化、用户留存分析、客户关系分析、商品推荐、手机套餐选择、文本分类、笔迹识别与分析、智能交通、智能医疗、数据脱敏，这些都要借助于数据处理、数据分析与数据挖掘相关的理论和工具才能更好更快地完成，可视化则是数据分析、数据挖掘的重要辅助技术。

在实际应用中，我们几乎不可能拿到能够直接进行处理、分析和挖掘的高质量数据，绝大多数数据都存在各种各样的问题，例如数据错误、冗余、不一致或者包含缺失值、重复值、异常值。数据挖掘所处理的数据必须满足准确、完整、一致、可信、可解释等基本要求，否则无法给出满意的结果甚至可能得到错误的结果。所以在进行真正的数据分析和挖掘之前，必须要进行预处理，对数据进行必要的清理、规约、规范。

本章主要介绍 Python 扩展库 Pandas 的基本操作以及在数据分析与处理方面的应用，下一章重点介绍 Python 扩展库 Matplotlib 的相关知识以及在数据可视化方面的应用。

12.2 Pandas 基本操作

除了大量辅助数据类型之外，Pandas 主要提供了 3 种数据结构。

微课视频 12-2

1）Series，带标签的一维数组。

2）DataFrame，带标签的二维数组。

3）Panel，带标签的三维数组。

本书重点介绍 Pandas 对前两种数据结构的操作。

1. 生成一维数组

首先安装和导入扩展库 NumPy（本书不详细讲解 NumPy，只使用其中很少的对象）和扩展库 Pandas。按 Python 社区的惯例，在导入扩展库 NumPy 时会起一个别名 np，在导入扩展库 Pandas 时会起一个别名 pd。

```
>>> import numpy as np
>>> import pandas as pd
```

（1）生成 Series 一维数组

扩展库 Pandas 中的 Series 类用来创建带标签的一维数组，可以接收 Python 列表、元组、range 对象、map 对象等可迭代对象作为参数。

创建 Series 对象时如果不指定标签，会自动生成从 0 开始递增的非负整数作为标签。Series 对象类似于 Python 字典，其中的标签相当于字典中元素的“键”。另外，DataFrame 对象中单独一行或一列也是 Series 对象，同样支持本节介绍的操作。

```
>>> pd.Series([1, 3, 5, np.nan])    # 把 Python 列表转换为一维数组
                                    # np.nan 表示非数字，常用来表示缺失值
0    1.0
1    3.0
2    5.0
3    NaN
dtype: float64
>>> pd.Series(range(5))             # 把 Python 的 range 对象转换为一维数组
0    0
1    1
2    2
3    3
4    4
dtype: int64
```

```
>>> pd.Series(range(5), index=list('abcde'))          # 指定索引
a    0
b    1
c    2
d    3
e    4
dtype: int64
>>> scores = pd.Series({'R':90, 'C++': 86, 'Python': 98,
                        'Java':87, '高数': 79})
                                              # 创建Series对象
>>> scores['Python'] = 97                     # 修改指定标签对应的值
>>> scores
R         90
C++       86
Python    97
Java      87
高数      79
dtype: int64
>>> scores - 2                                # 所有数值减2，返回新的Series对象
R         88
C++       84
Python    95
Java      85
高数      77
dtype: int64
>>> scores.add_suffix('_张三')                # 为所有标签添加后缀
R_张三         90
C++_张三       86
Python_张三    97
Java_张三      87
高数_张三      79
dtype: int64
>>> scores.add_prefix('张三_')                # 为所有标签添加前缀
张三_R         90
张三_C++       86
张三_Python    97
张三_Java      87
张三_高数      79
dtype: int64
>>> scores.argmax(), scores.idxmax()          # 最大值的序号和标签
(2, 'Python')
>>> scores[scores>=90]                        # 分数大于或等于90的数据
R         90
Python    97
dtype: int64
>>> scores.median()                           # 中值
87.0
>>> scores[scores>scores.median()]            # 分数高于中值的数据
R         90
Python    97
dtype: int64
>>> scores.mean()                             # 平均值
87.8
```

```
>>> scores[scores>scores.mean()]          # 分数高于平均值的数据
R         90
Python    97
dtype: int64
>>> scores.nsmallest(2)                   # 分数最低的两个数据
高数      79
C++       86
dtype: int64
>>> scores.std(), scores.var(), scores.sem()
                                          # 标准差，方差，无偏标准差
(6.534523701081817, 42.7, 2.9223278392404914)
>>> scores.pipe(lambda score: (score**0.5)*10).round(2)
                                          # 开方再乘以 10，结果保留两位小数
R         94.87
C++       92.74
Python    98.49
Java      93.27
高数      88.88
dtype: float64
>>> scores.apply(lambda score: (score**0.5)*10).apply(int)
                                          # 开方再乘以 10，结果取整
R         94
C++       92
Python    98
Java      93
高数      88
dtype: int64
```

（2）生成和使用日期时间索引数组

在默认情况下，创建 Series 和 DataFrame 对象时，会自动使用从 0 开始的整数作为索引。当然，也可以使用字符串做索引，如上一段代码。在分析时间序列数据时，可能会需要使用日期作为索引，这时可以使用 pandas 模块的 date_range()函数来生成，并允许指定不同的时间间隔。

```
>>> pd.date_range(start='20210101', end='20211231', freq='H')
                                                        # 间隔为小时
DatetimeIndex(['2021-01-01 00:00:00', '2021-01-01 01:00:00',
               '2021-01-01 02:00:00', '2021-01-01 03:00:00',
               '2021-01-01 04:00:00', '2021-01-01 05:00:00',
               '2021-01-01 06:00:00', '2021-01-01 07:00:00',
               '2021-01-01 08:00:00', '2021-01-01 09:00:00',
               ...
               '2021-12-30 15:00:00', '2021-12-30 16:00:00',
               '2021-12-30 17:00:00', '2021-12-30 18:00:00',
               '2021-12-30 19:00:00', '2021-12-30 20:00:00',
               '2021-12-30 21:00:00', '2021-12-30 22:00:00',
               '2021-12-30 23:00:00', '2021-12-31 00:00:00'],
             dtype='datetime64[ns]', length=8737, freq='H')
>>> pd.date_range(start='20210101', end='20211231', freq='D')
                                                        # 间隔为天
DatetimeIndex(['2021-01-01', '2021-01-02', '2021-01-03','2021-01-04',
               '2021-01-05', '2021-01-06', '2021-01-07', '2021-01-08',
               '2021-01-09', '2021-01-10',
               ...
```

```
                '2021-12-22', '2021-12-23', '2021-12-24', '2021-12-25',
                '2021-12-26', '2021-12-27', '2021-12-28', '2021-12-29',
                '2021-12-30', '2021-12-31'],
              dtype='datetime64[ns]', length=365, freq='D')
>>> dates = pd.date_range(start='20210101', end='20211231', freq='M')
                                                        # 间隔为月
>>> dates
DatetimeIndex(['2021-01-31', '2021-02-28', '2021-03-31','2021-04-30',
                '2021-05-31', '2021-06-30', '2021-07-31', '2021-08-31',
                '2021-09-30', '2021-10-31', '2021-11-30', '2021-12-31'],
              dtype='datetime64[ns]', freq='M')、
# start 指定起始日期，end 指定结束日期，periods 指定产生的数据数量
# freq 指定间隔，D 表示天，W 表示周，H 表示小时，T 表示分钟
# M 表示月末最后一天，MS 表示月初第一天
# SM 表示每月 15 号和月末各一天，SM-5 表示每月 5 号和月末各一天
# SM-12 表示每月 12 号和月末各一天，以此类推
# A 表示年末最后一天，AS 表示年初第一天
>>> pd.date_range(start='20210801', end='20210930', freq='5D')
DatetimeIndex(['2021-08-01', '2021-08-06', '2021-08-11', '2021-08-16',
                '2021-08-21', '2021-08-26', '2021-08-31', '2021-09-05',
                '2021-09-10', '2021-09-15', '2021-09-20', '2021-09-25',
                '2021-09-30'],
              dtype='datetime64[ns]', freq='5D')
# 从 2021 年 8 月 1 日 0 时 0 分 0 秒开始，以 3 小时为间隔，生成 8 个数据
>>> pd.date_range(start='20210801', periods=8, freq='3H')
DatetimeIndex(['2021-08-01 00:00:00', '2021-08-01 03:00:00',
                '2021-08-01 06:00:00', '2021-08-01 09:00:00',
                '2021-08-01 12:00:00', '2021-08-01 15:00:00',
                '2021-08-01 18:00:00', '2021-08-01 21:00:00'],
              dtype='datetime64[ns]', freq='3H')
# 从 2021 年 8 月 1 日 9 时 0 分 0 秒开始，以 3 小时为间隔，生成 8 个数据
>>> pd.date_range(start='202108010900', periods=8, freq='3H')
DatetimeIndex(['2021-08-01 09:00:00', '2021-08-01 12:00:00',
                '2021-08-01 15:00:00', '2021-08-01 18:00:00',
                '2021-08-01 21:00:00', '2021-08-02 00:00:00',
                '2021-08-02 03:00:00', '2021-08-02 06:00:00'],
              dtype='datetime64[ns]', freq='3H')
# 每个月生成 6 号和最后一天两个数据
>>> pd.date_range(start='20210101', end='20211231', freq='SM-6')
DatetimeIndex(['2021-01-06', '2021-01-31', '2021-02-06', '2021-02-28',
                '2021-03-06', '2021-03-31', '2021-04-06', '2021-04-30',
                '2021-05-06', '2021-05-31', '2021-06-06', '2021-06-30',
                '2021-07-06', '2021-07-31', '2021-08-06', '2021-08-31',
                '2021-09-06', '2021-09-30', '2021-10-06', '2021-10-31',
                '2021-11-06', '2021-11-30', '2021-12-06', '2021-12-31'],
              dtype='datetime64[ns]', freq='SM-6')
# 查看每个日期是该周的第几天
>>> pd.date_range('20210101', periods=8, freq='6D').day_of_week
Int64Index([4, 3, 2, 1, 0, 6, 5, 4], dtype='int64')
# 查看每个日期是该年的第几天
>>> pd.date_range('20210101', periods=8, freq='6D').day_of_year
Int64Index([1, 7, 13, 19, 25, 31, 37, 43], dtype='int64')
# 查看每个日期是周几
```

```
>>> pd.date_range('20210101', periods=8, freq='6D').day_name()
Index(['Friday', 'Thursday', 'Wednesday', 'Tuesday', 'Monday', 'Sunday',
       'Saturday', 'Friday'],
      dtype='object')
# 查看每个日期的年份是否为闰年
>>> pd.date_range('20210101', periods=8, freq='A').is_leap_year
array([False, False, False,  True, False, False, False,  True])
# 查看每个日期属于第几季度
>>> pd.date_range('20210101', periods=8, freq='M').quarter
Int64Index([1, 1, 1, 2, 2, 2, 3, 3], dtype='int64')
# 转换为Python的datetime对象
>>> pd.date_range('20210101', periods=8, freq='M').to_pydatetime()
array([datetime.datetime(2021, 1, 31, 0, 0),
       datetime.datetime(2021, 2, 28, 0, 0),
       datetime.datetime(2021, 3, 31, 0, 0),
       datetime.datetime(2021, 4, 30, 0, 0),
       datetime.datetime(2021, 5, 31, 0, 0),
       datetime.datetime(2021, 6, 30, 0, 0),
       datetime.datetime(2021, 7, 31, 0, 0),
       datetime.datetime(2021, 8, 31, 0, 0)], dtype=object)
# 把特定格式的字符串转换为日期时间数据
# 如果只有一个，转换为Timestamp对象，如有多个，转换为DatetimeIndex对象
>>> pd.to_datetime('2021年5月10日', format='%Y年%m月%d日')
Timestamp('2021-05-10 00:00:00')
>>> pd.to_datetime(['2021年5月10日', '2021年8月30日'], format='%Y年%m月%d日')
DatetimeIndex(['2021-05-10', '2021-08-30'], dtype='datetime64[ns]', freq=None)
# 创建Series对象，使用日期时间数据做标签
>>> data = pd.Series(data=range(12),
                     index=pd.date_range(start='20210701', periods=12,
                                         freq='H'))
>>> data
2021-07-01 00:00:00     0
2021-07-01 01:00:00     1
2021-07-01 02:00:00     2
2021-07-01 03:00:00     3
2021-07-01 04:00:00     4
2021-07-01 05:00:00     5
2021-07-01 06:00:00     6
2021-07-01 07:00:00     7
2021-07-01 08:00:00     8
2021-07-01 09:00:00     9
2021-07-01 10:00:00    10
2021-07-01 11:00:00    11
Freq: H, dtype: int64
# 重采样，每3小时采样一次，计算采样区间内的平均值
>>> data.resample('3H').mean()
2021-07-01 00:00:00     1
2021-07-01 03:00:00     4
2021-07-01 06:00:00     7
2021-07-01 09:00:00    10
Freq: 3H, dtype: int64
# 重采样，每3小时采样一次，对采样区间内的数据求和
>>> data.resample('3H').sum()
```

```
2021-07-01 00:00:00     3
2021-07-01 03:00:00    12
2021-07-01 06:00:00    21
2021-07-01 09:00:00    30
Freq: 3H, dtype: int64
# 重采样，每5小时采样一次，查看采样区间内数据的第一个值、最大值、最小值和最后一个值
>>> data.resample('5H').ohlc()
                     open  high  low  close
2021-07-01 00:00:00     0     4    0      4
2021-07-01 05:00:00     5     9    5      9
2021-07-01 10:00:00    10    11   10     11
# 修改标签，日期推后3天
>>> data.index = data.index + pd.Timedelta('3D')
>>> data
2021-07-04 00:00:00     0
2021-07-04 01:00:00     1
2021-07-04 02:00:00     2
2021-07-04 03:00:00     3
2021-07-04 04:00:00     4
2021-07-04 05:00:00     5
2021-07-04 06:00:00     6
2021-07-04 07:00:00     7
2021-07-04 08:00:00     8
2021-07-04 09:00:00     9
2021-07-04 10:00:00    10
2021-07-04 11:00:00    11
Freq: H, dtype: int64
```

2. 二维数组 DataFrame 的操作

微课视频 12-3

（1）生成二维数组

Pandas 的 DataFrame 类支持使用不同的形式创建二维数组，允许使用 index 参数指定索引（或行标签）和使用 columns 参数指定列名（或列标签）。

1）可以根据 NumPy 的二维数组生成 Pandas 的二维数组。以下操作生成的 12 行 4 列的二维数组 DataFrame，索引为上一小节生成的 dates（间隔为月），列名分别为 A、B、C、D。

```
>>> pd.DataFrame(np.random.randn(12,4),      # 数据
                 index=dates,                 # 索引
                 columns=list('ABCD'))        # 列名
                   A         B         C         D
2021-01-31  1.060900  0.697288 -0.058990 -0.487499
2021-02-28 -0.353329  1.160652 -0.277649  1.076614
2021-03-31  2.323984 -0.435853 -0.591344 -0.754395
2021-04-30 -0.077860 -0.432890  1.318615  0.125510
2021-05-31 -0.993383 -1.064773 -0.430447 -3.073572
2021-06-30 -0.390067 -1.549639  0.984916  1.046770
2021-07-31  1.699242  1.088068  1.531813 -0.430381
2021-08-31  0.044789  0.602462 -1.990035 -0.450742
2021-09-30 -0.200117 -0.656987 -0.198375 -0.018999
2021-10-31 -0.326242 -0.105304 -1.512876  0.166772
2021-11-30 -0.057293 -1.153748 -0.875683  1.784142
```

```
2021-12-31 -0.285507  0.937567 -0.891066  0.135078
```

2）可以根据 Python 字典生成 Pandas 的二维数组。以下生成的 4 行 6 列的二维数组中，A 列是取值 1 到 100 的随机正整数，B 列为通过 date_range( )函数生成的时间序列，C 列为 Pandas 的 Series 一维数组并指定了索引，D 列为 NumPy 一维数组，E 列为 Pandas 的 Categorical 类型的一维数组，F 列为 4 个字符串。

```
>>> df = pd.DataFrame({'A': np.random.randint(1, 100, 4),
                       'B': pd.date_range(start='20210301', periods=4, freq='D'),
                       'C': pd.Series([1, 2, 3, 4],
                                      index=['zhang', 'li', 'zhou', 'wang'],
                                      dtype='float32'),
                       'D': np.array([3] * 4, dtype='int32'),
                       'E': pd.Categorical(["test","train","test","train"]),
                       'F': 'foo'})
>>> df
        A          B    C  D      E    F
zhang  60 2021-03-01  1.0  3   test  foo
li     36 2021-03-02  2.0  3  train  foo
zhou   45 2021-03-03  3.0  3   test  foo
wang   98 2021-03-04  4.0  3  train  foo
```

注：本节接下来对于二维数组操作的介绍，主要通过上面创建的 4 行 6 列的二维数组 df 进行演示。

（2）查看二维数组的索引、列名和值

```
>>> df.index                  # 查看索引
Index(['zhang', 'li', 'zhou', 'wang'], dtype='object')
>>> df.columns                # 查看列名
Index(['A', 'B', 'C', 'D', 'E', 'F'], dtype='object')
>>> df.values                 # 查看值
array([[60, Timestamp('2021-03-01 00:00:00'), 1.0, 3, 'test', 'foo'],
       [36, Timestamp('2021-03-02 00:00:00'), 2.0, 3, 'train', 'foo'],
       [45, Timestamp('2021-03-03 00:00:00'), 3.0, 3, 'test', 'foo'],
       [98, Timestamp('2021-03-04 00:00:00'), 4.0, 3, 'train', 'foo']],
       dtype=object)
```

（3）查看二维数组的统计信息

```
>>> df.describe()   # 平均值、标准差、最小值、最大值等信息，自动忽略非数值列
               A         C    D
count   4.000000  4.000000  4.0
mean   59.750000  2.500000  3.0
std    27.354159  1.290994  0.0
min    36.000000  1.000000  3.0
25%    42.750000  1.750000  3.0
50%    52.500000  2.500000  3.0
75%    69.500000  3.250000  3.0
max    98.000000  4.000000  3.0
>>> df.median()                     # 中值
A    52.5
C     2.5
D     3.0
```

```
dtype: float64
>>> df.var()                      # 方差
A    748.250000
C      1.666667
D      0.000000
dtype: float64
>>> df.cov()                      # 协方差
        A          C    D
A  748.25  20.500000  0.0
C   20.50   1.666667  0.0
D    0.00   0.000000  0.0
```

（4）对二维数组进行排序操作

```
>>> df.sort_index(axis=0, ascending=False)  # 按索引进行降序排序，返回新数组
        A          B    C  D      E    F
zhou   45 2021-03-03  3.0  3   test  foo
zhang  60 2021-03-01  1.0  3   test  foo
wang   98 2021-03-04  4.0  3  train  foo
li     36 2021-03-02  2.0  3  train  foo
>>> df.sort_index(axis=0, ascending=True)   # 按索引升序排序
        A          B    C  D      E    F
li     36 2021-03-02  2.0  3  train  foo
wang   98 2021-03-04  4.0  3  train  foo
zhang  60 2021-03-01  1.0  3   test  foo
zhou   45 2021-03-03  3.0  3   test  foo
>>> df.sort_index(axis=1, ascending=False)  # 按列名进行降序排序
         F      E  D    C          B   A
zhang  foo   test  3  1.0 2021-03-01  60
li     foo  train  3  2.0 2021-03-02  36
zhou   foo   test  3  3.0 2021-03-03  45
wang   foo  train  3  4.0 2021-03-04  98
>>> df.sort_values(by='A')                  # 按 A 列的值对数据进行升序排序
        A          B    C  D      E    F
li     36 2021-03-02  2.0  3  train  foo
zhou   45 2021-03-03  3.0  3   test  foo
zhang  60 2021-03-01  1.0  3   test  foo
wang   98 2021-03-04  4.0  3  train  foo
>>> df.sort_values(by=['E', 'C'])  # 先按 E 列的值升序排序
                                   # 如果 E 列相同，再按 C 列的值升序排序
        A          B    C  D      E    F
zhang  60 2021-03-01  1.0  3   test  foo
zhou   45 2021-03-03  3.0  3   test  foo
li     36 2021-03-02  2.0  3  train  foo
wang   98 2021-03-04  4.0  3  train  foo
>>> df.sort_values(by=['E', 'C'], ascending=[True, False])
                                   # 先按 E 列的值升序排序
                                   # 如果 E 列相同，再按 C 列的值降序排序
        A          B    C  D      E    F
zhou   45 2021-03-03  3.0  3   test  foo
zhang  60 2021-03-01  1.0  3   test  foo
wang   98 2021-03-04  4.0  3  train  foo
li     36 2021-03-02  2.0  3  train  foo
```

（5）二维数组数据的选择与访问

微课视频 12-4

```
>>> df['A']                               # 选择某一列数据
zhang    60
li       36
zhou     45
wang     98
Name: A, dtype: int32
>>> 60 in df['A']                         # df['A']是一个类似于字典的结构
                                          # 索引类似于字典的键
                                          # in 默认是访问字典的键，而不是值
False
>>> 60 in df['A'].values                  # 测试 60 这个数值是否在 A 列的值中
True
>>> df[0:2]                               # 使用序号进行切片选择多行，左闭右开区间
        A          B    C  D     E    F
zhang  60 2021-03-01  1.0  3  test  foo
li     36 2021-03-02  2.0  3 train  foo
>>> df['zhang':'zhou']                    # 使用行标签进行切片，闭区间
        A          B    C  D     E    F
zhang  60 2021-03-01  1.0  3  test  foo
li     36 2021-03-02  2.0  3 train  foo
zhou   45 2021-03-03  3.0  3  test  foo
>>> df.loc[:, ['A', 'C']]                 # 选择多列，所有行，标签名做下标
        A    C
zhang  60  1.0
li     36  2.0
zhou   45  3.0
wang   98  4.0
>>> df.loc[['zhang', 'zhou'], ['A', 'D', 'E']]
        A  D     E                        # 同时指定多行和多列
zhang  60  3  test
zhou   45  3  test
>>> df.loc['zhang', ['A', 'D', 'E']]      # 查看'zhang'的 3 列数据
A      60
D       3
E    test
Name: zhang, dtype: object
>>> df.at['zhang', 'A']                   # 查询指定行、列位置的单个数据值
60
>>> df.at['zhang', 'D']
3
>>> df.iloc[3]                            # 查询二维数组行下标为 3 的数据
A                     98
B    2021-03-04 00:00:00
C                      4
D                      3
E                  train
F                    foo
Name: wang, dtype: object
>>> df.iloc[0:3, 0:4]                     # 查询二维数组前 3 行、前 4 列数据
                                          # 使用行、列序号做下标，支持切片
        A          B    C  D
```

```
zhang  60 2021-03-01  1.0  3
li     36 2021-03-02  2.0  3
zhou   45 2021-03-03  3.0  3
>>> df.iloc[[0, 2, 3], [0, 4]]           # 查询二维数组指定的多行、多列数据
        A      E
zhang  60   test
zhou   45   test
wang   98  train
>>> df.iloc[0, 1]                        # 查询二维数组行下标 0、列下标 1 的数据值
Timestamp('2021-01-01 00:00:00')
>>> df.iloc[2, 2]                        # 查询二维数组行下标 2、列下标 2 的数据值
3.0
>>> df[df.A>50]                          # 查询 A 列大于 50 的所有行
        A          B    C  D      E    F
zhang  60 2021-03-01  1.0  3   test  foo
wang   98 2021-03-04  4.0  3  train  foo
>>> df[df['E']=='test']                  # 查询 E 列为'test'的所有行
        A          B    C  D     E    F
zhang  60 2021-03-01  1.0  3  test  foo
zhou   45 2021-03-03  3.0  3  test  foo
>>> df[df['A'].isin([45,60])]            # 查询 A 列值为 45 或 60 的所有行
        A          B    C  D     E    F
zhang  60 2021-03-01  1.0  3  test  foo
zhou   45 2021-03-03  3.0  3  test  foo
>>> df.nlargest(3, ['C'])                # 返回 C 列值最大的前 3 行
      A          B    C  D      E    F
wang  98 2021-03-04  4.0  3  train  foo
zhou  45 2021-03-03  3.0  3   test  foo
li    36 2021-03-02  2.0  3  train  foo
>>> df.nlargest(3, ['A'])                # 返回 A 列值最大的前 3 行
        A          B    C  D      E    F
wang   98 2021-03-04  4.0  3  train  foo
zhang  60 2021-03-01  1.0  3   test  foo
zhou   45 2021-03-03  3.0  3   test  foo
>>> df[df.A.between(30,50,inclusive='both')]  # A 列值介于 30 和 50 之间的数据
       A          B    C  D      E    F
li    36 2021-03-02  2.0  3  train  foo
zhou  45 2021-03-03  3.0  3   test  foo
>>> df[(df['E']=='test')&(df['A']==60)]  # 同时约束两个条件
        A          B    C  D     E    F
zhang  60 2021-03-01  1.0  3  test  foo
>>> df[df.index.str.contains('g')]       # 行标签字符串中含有字母 g 的数据
                                         # str 为字符串特有的接口
        A          B    C  D      E    F
zhang  60 2021-03-01  1.0  3   test  foo
wang   98 2021-03-04  4.0  3  train  foo
>>> df[df.index.str.startswith('z')]     # 行标签字符串中以字母 z 开头的数据
        A          B    C  D     E    F
zhang  60 2021-03-01  1.0  3  test  foo
zhou   45 2021-03-03  3.0  3  test  foo
>>> df[df.index.str.endswith('u')]       # 行标签字符串以字母 u 结束的数据
       A          B    C  D     E    F
zhou  45 2021-03-03  3.0  3  test  foo
```

```
>>> df[df.index.str.len()==4]                  # 行标签字符串长度为 4 的数据
       A          B    C   D      E    F
zhou  45 2021-03-03  3.0  3   test  foo
wang  98 2021-03-04  4.0  3  train  foo
>>> df[df.E.str.count('t')==2]                 # E 列字符串中含有两个字母 t 的数据
        A          B    C   D     E    F
zhang  60 2021-03-01  1.0  3  test  foo
zhou   45 2021-03-03  3.0  3  test  foo
>>> df[df.E.str.slice(0,2)=='tr']              # E 列字符串前两个字母为 tr 的数据
       A          B    C   D      E    F
li    36 2021-03-02  2.0  3  train  foo
wang  98 2021-03-04  4.0  3  train  foo
>>> df[df.E.str.slice(1,3)=='es']              # E 列字符串下标 1、2 为字符串 es 的数据
        A          B    C   D     E    F
zhang  60 2021-03-01  1.0  3  test  foo
zhou   45 2021-03-03  3.0  3  test  foo
>>> df[df.B.dt.day==4]                         # B 列日期的天为 4 的数据
                                               # dt 为日期时间数据特有的接口

       A          B    C   D      E    F
wang  98 2021-03-04  4.0  3  train  foo
>>> df[df.B.dt.day.isin([1,3])]                # B 列日期为 1 号或 3 号的所有行
        A          B    C   D     E    F
zhang  60 2021-03-01  1.0  3  test  foo
zhou   45 2021-03-03  3.0  3  test  foo
>>> df[df.B.dt.day_of_week==3]                 # B 列日期为周四的数据
       A          B    C   D      E    F
wang  98 2021-03-04  4.0  3  train  foo
>>> df[df.B.dt.quarter==1]                     # B 列日期属于第一季度的数据
        A          B    C   D      E    F
zhang  60 2021-03-01  1.0  3   test  foo
li     36 2021-03-02  2.0  3  train  foo
zhou   45 2021-03-03  3.0  3   test  foo
wang   98 2021-03-04  4.0  3  train  foo
>>> df[~df.B.dt.is_leap_year]                  # B 列日期不是闰年的数据
        A          B    C   D      E    F
zhang  60 2021-03-01  1.0  3   test  foo
li     36 2021-03-02  2.0  3  train  foo
zhou   45 2021-03-03  3.0  3   test  foo
wang   98 2021-03-04  4.0  3  train  foo
>>> df[df.B.dt.isocalendar().week==9]          # B 列日期为第 9 周的数据
        A          B    C   D      E    F
zhang  60 2021-03-01  1.0  3   test  foo
li     36 2021-03-02  2.0  3  train  foo
zhou   45 2021-03-03  3.0  3   test  foo
wang   98 2021-03-04  4.0  3  train  foo
```

（6）二维数组的数据修改

```
>>> df.iat[0, 2] = 3                      # 修改指定行、列位置的数据值
                                          # iat 使用序号做下标
>>> df.loc[:, 'D'] = np.random.randint(50, 60, 4)
                                          # 修改某列的值
>>> df['C'] = -df['C']                    # 对指定列数据取反
>>> df                                    # 查看上面 3 个修改操作的最终结果
```

```
         A         B          C   D      E    F
zhang  60 2021-03-01 -3.0  52   test  foo
li     36 2021-03-02 -2.0  52  train  foo
zhou   45 2021-03-03 -3.0  59   test  foo
wang   98 2021-03-04 -4.0  54  train  foo
>>> dff = df[:]                              # 切片，浅复制，修改dff会影响df
>>> dff['C'] = dff['C'] ** 2                 # 替换列数据
>>> dff
         A         B          C   D      E    F
zhang  60 2021-03-01   9.0  52   test  foo
li     36 2021-03-02   4.0  52  train  foo
zhou   45 2021-03-03   9.0  59   test  foo
wang   98 2021-03-04  16.0  54  train  foo
>>> from copy import deepcopy
>>> dff = deepcopy(df)                       # 深复制
>>> dff.loc[dff['C']==9.0, 'D'] = 100
                                             # 把C列值为9的数据行中的D列改为100
>>> dff
         A         B          C    D      E    F
zhang  60 2021-03-01   9.0  100   test  foo
li     36 2021-03-02   4.0   52  train  foo
zhou   45 2021-03-03   9.0  100   test  foo
wang   98 2021-03-04  16.0   54  train  foo
>>> data = pd.DataFrame({'k1':['one'] * 3 + ['two'] * 4,
                         'k2':[1, 1, 2, 3, 3, 4, 4]})
>>> data.replace(1, 5)                       # 把所有1替换为5
    k1  k2
0  one   5
1  one   5
2  one   2
3  two   3
4  two   3
5  two   4
6  two   4
>>> data.replace({1:5, 'one':'ONE'})         # 使用字典指定替换关系
    k1  k2
0  ONE   5
1  ONE   5
2  ONE   2
3  two   3
4  two   3
5  two   4
6  two   4
>>> data = pd.DataFrame({'k1':['one'] * 3 + ['two'] * 4,
                         'k2':[1, 1, 2, 3, 3, 4, 4]})
>>> data
    k1  k2
0  one   1
1  one   1
2  one   2
3  two   3
4  two   3
5  two   4
```

```
6  two   4
>>> data['k1'] = data['k1'].map(str.upper)  # 使用可调用对象进行映射
>>> data
    k1  k2
0  ONE   1
1  ONE   1
2  ONE   2
3  TWO   3
4  TWO   3
5  TWO   4
6  TWO   4
>>> data['k1'] = data['k1'].map({'ONE':'one', 'TWO':'two'})
                                                    # 使用字典表示映射关系
>>> data
    k1  k2
0  one   1
1  one   1
2  one   2
3  two   3
4  two   3
5  two   4
6  two   4
```

（7）二维数组数据预处理

微课视频 12-5

很多时候，我们拿到的数据是无法直接进行处理和使用的，需要先进行预处理才能进行分析和挖掘有用信息进而对决策做出有效支持，例如，对缺失值、重复值和异常值进行处理。可以使用特定的值去替代它们，也可以丢弃包含缺失值、重复值和异常值的数据。

1）二维数组缺失值的处理。从技术上来讲，在处理缺失值时，可以把缺失值替换为某个固定的值或者按照某种规则计算得到的值，在特定的应用中也可以直接丢弃包含缺失值的数据，具体如何处理取决于数据背后的业务。例如，如果某个家庭住户由于远程抄表失败或者上门抄表时家中无人造成的缺失值，可以替换为前几次抄表数字的平均值或中值然后下次正确抄表后再多退少补，也可以替换为最后一次正确抄表的数字，只要确保临时填充的数字合情合理并且经得住推敲就可以。在技术之外，还应该认真分析缺失值产生的原因并采取相应的措施。例如，如果监控视频或者温度、湿度、烟雾浓度等传感器的数据丢失，这时就不应该简单地丢弃缺失值或者使用特定的值填充缺失值，更重要的是及时检修设备。这里仍以之前生成的 4 行 6 列的二维数组为例进行相应的操作展示。

```
>>> df
        A          B     C   D      E    F
zhang  60 2021-03-01   9.0  52   test  foo
li     36 2021-03-02   4.0  52  train  foo
zhou   45 2021-03-03   9.0  59   test  foo
wang   98 2021-03-04  16.0  54  train  foo
>>> df1 = df.reindex(columns=list(df.columns) + ['G'])
                                            # 增加一列，列名为G
>>> df1                                     # 其中NaN表示缺失值
        A      B          C   D      E     F   G
```

```
zhang  60 2021-03-01   9.0  52   test  foo NaN
li     36 2021-03-02   4.0  52  train  foo NaN
zhou   45 2021-03-03   9.0  59   test  foo NaN
wang   98 2021-03-04  16.0  54  train  foo NaN
>>> df1.iat[0, 6] = 3    # 修改指定位置元素值，该列其他元素仍为缺失值
        A          B     C  D      E    F    G
zhang  60 2021-03-01   9.0  52   test  foo  3.0
li     36 2021-03-02   4.0  52  train  foo  NaN
zhou   45 2021-03-03   9.0  59   test  foo  NaN
wang   98 2021-03-04  16.0  54  train  foo  NaN
>>> df1.dropna()                          # 返回不包含缺失值的行
        A          B    C   D    E    F    G
zhang  60 2021-03-01  9.0  52  test  foo  3.0
>>> df1['G'].fillna(5, inplace=True)    # 使用指定值原地填充缺失值
>>> df1
        A          B     C  D      E    F    G
zhang  60 2021-03-01   9.0  52   test  foo  3.0
li     36 2021-03-02   4.0  52  train  foo  5.0
zhou   45 2021-03-03   9.0  59   test  foo  5.0
wang   98 2021-03-04  16.0  54  train  foo  5.0
>>> df2 = df.reindex(columns=list(df.columns) + ['G'])
>>> df2.iat[0, 6] = 3
>>> df2.iat[2, 5] = np.NaN
>>> df2
        A          B     C   D      E    F    G
zhang  60 2021-03-01   9.0  52   test  foo  3.0
li     36 2021-03-02   4.0  52  train  foo  NaN
zhou   45 2021-03-03   9.0  59   test  NaN  NaN
wang   98 2021-03-04  16.0  54  train  foo  NaN
>>> df2.dropna(thresh=6)                 # 返回包含 6 个以上有效值的数据
        A          B     C   D      E    F    G
zhang  60 2021-03-01   9.0  52   test  foo  3.0
li     36 2021-03-02   4.0  52  train  foo  NaN
wang   98 2021-03-04  16.0  54  train  foo  NaN
>>> df2.iat[3, 6] = 8
>>> df2.fillna({'F':'foo', 'G':df2['G'].mean()})
                                         # 填充缺失值
        A          B     C   D      E    F    G
zhang  60 2021-03-01   9.0  52   test  foo  3.0
li     36 2021-03-02   4.0  52  train  foo  5.5
zhou   45 2021-03-03   9.0  59   test  foo  5.5
wang   98 2021-03-04  16.0  54  train  foo  8.0
>>> df2.fillna(method='pad')             # 使用缺失值前最后一个有效值进行填充
        A          B     C   D      E    F    G
zhang  60 2021-03-01   9.0  52   test  foo  3.0
li     36 2021-03-02   4.0  52  train  foo  3.0
zhou   45 2021-03-03   9.0  59   test  foo  3.0
wang   98 2021-03-04  16.0  54  train  foo  8.0
>>> df2.fillna(method='bfill')           # 使用缺失值后第一个有效值往回填充
        A          B     C   D      E    F    G
zhang  60 2021-03-01   9.0  52   test  foo  3.0
li     36 2021-03-02   4.0  52  train  foo  8.0
zhou   45 2021-03-03   9.0  59   test  foo  8.0
```

```
wang   98 2021-03-04  16.0  54  train  foo  8.0
>>> df2['G'] = df2['G'].fillna(method='bfill', limit=1)
                                                    # 只填充一个缺失值
>>> df2
        A          B    C   D      E    F    G
zhang  60 2021-03-01   9.0  52   test  foo  3.0
li     36 2021-03-02   4.0  52  train  foo  NaN
zhou   45 2021-03-03   9.0  59   test  NaN  8.0
wang   98 2021-03-04  16.0  54  train  foo  8.0
>>> df2['G'].fillna(3.0, inplace=True)      # inplace=True 时表示原地替换
>>> df2
        A          B    C   D      E    F    G
zhang  60 2021-03-01   9.0  52   test  foo  3.0
li     36 2021-03-02   4.0  52  train  foo  3.0
zhou   45 2021-03-03   9.0  59   test  NaN  8.0
wang   98 2021-03-04  16.0  54  train  foo  8.0
>>> dft = pd.DataFrame(np.random.randint(60, 100, (5, 4)),
                       columns=list('abcd'))
>>> dft.iloc[3,2] = np.nan
>>> dft.iloc[2,3] = np.nan
>>> dft
    a   b     c     d
0  70  74  83.0  92.0
1  93  83  77.0  60.0
2  84  64  75.0   NaN
3  75  99   NaN  89.0
4  60  63  92.0  90.0
>>> dft['avg'] = dft.mean(axis=1)           # 增加一列横向平均值，自动忽略缺失值
>>> dft
    a   b     c     d        avg
0  70  74  83.0  92.0  79.750000
1  93  83  77.0  60.0  78.250000
2  84  64  75.0   NaN  74.333333
3  75  99   NaN  89.0  87.666667
4  60  63  92.0  90.0  76.250000
```

2）二维数组重复值的处理。在处理重复值时，一定要明确判断数据是否重复的标准。例如，所有列的值都相等时才认为两行数据是重复的，还是某几列主要特征的值相等就可以认为两行数据是重复的。另外，根据不同的业务类型，可能还需要分析产生重复数据的原因。最后，不管是丢弃重复值还是把其中一部分替换为其他的值，都必须有充分的理由和依据，必须经过充分的论证，不可轻易操作和草率决定。在下面的示例代码中，首先生成一个包含重复值的 7 行 2 列的二维数组 data，然后围绕其进行操作。

```
>>> data = pd.DataFrame({'k1': ['one'] * 3 + ['two'] * 4,
                         'k2': [1, 1, 2, 3, 3, 4, 4]})
>>> data
    k1  k2
0  one   1
1  one   1
2  one   2
3  two   3
4  two   3
```

```
5  two  4
6  two  4
>>> data.drop_duplicates()          # 返回新数组，删除重复行
   k1  k2
0  one  1
2  one  2
3  two  3
5  two  4
>>> data.drop_duplicates(['k1'])    # 删除k1列的重复数据
   k1  k2
0  one  1
3  two  3
>>> data.drop_duplicates(['k1'], keep='last')
                                    # 对于重复的数据，只保留最后一个
   k1  k2
2  one  2
6  two  4
```

3）二维数组异常值的处理。异常值，也称离群点，是指正常范围之外的值。细分的话，可以分为数值型异常值、时间型异常值、空间型异常值等不同类型，其中数值型异常值较为常见。例如，某家庭某个月用水 100 吨、一台普通计算机标价 3000 万元、一个成年人的体重为 75 克、一个人的年龄为-15 岁、试图把图像中部分像素颜色的红色分量设置为 288，出现这种情况的原因可能是数字本身错误（过大或过小）或者把单位标错了，也可能是发生了不正常的事件（例如，某用户的账号平时每天登录不超过 5 次，突然在很短的时间里有连续上百次尝试登录的操作，这种异常值的出现大概率是因为有黑客正在试图破解他的账号。再例如，某个交易次数非常少的银行账户突然短时间频繁刷卡或转账，大概率是被盗并恶意刷卡）。当然，也有可能是极端情况的正确数据（例如，某学校发表学术论文并且被 SCI 检索数量最多的老师，一年 100 篇，排名第二的老师才 8 篇，其余老师更少或者没有）。一定要结合数据背后的业务类型来分析产生异常值的可能原因之后再做进一步的判断和处理，不能一概而论。

时间型异常值是指不在正常时间范围内发生的事件。例如，在一个不允许员工加班并且仅允许员工在工作时间登录单位内网处理业务的公司，某员工账号在非工作时间试图登录公司内网的事件可以认为是异常的。空间型异常值往往指拓扑结构的异常或距离的异常，例如，由于三维扫描仪的精度问题，扫描一个球形物体时在很远处出现了一个顶点，导致模型表面有一个尖锐的毛刺；再例如，某用户的银行卡消费记录显示他多年来一直在常住地区周围五十公里内，突然有一笔交易发生在几千公里之外的某地。

在下面的代码中，首先生成一个 500 行 4 列的二维数组（这里生成的二维数组在此并未列出），以下操作围绕该二维数组进行。对于数值型异常值，常见的处理方式是确定正常范围的阈值然后使用正常范围的阈值替换异常值，将其拉低或拉高。

```
>>> import numpy as np
>>> import pandas as pd
>>> data = pd.DataFrame(np.random.randn(500, 4))
>>> data.describe()                 # 查看数据的统计信息
                0           1           2           3
count  500.000000  500.000000  500.000000  500.000000
mean    -0.077138    0.052644   -0.045360    0.024275
```

```
std      0.983532    1.027400    1.009228    1.000710
min     -2.810694   -2.974330   -2.640951   -2.762731
25%     -0.746102   -0.695053   -0.808262   -0.620448
50%     -0.096517   -0.008122   -0.113366   -0.074785
75%      0.590671    0.793665    0.634192    0.711785
max      2.763723    3.762775    3.986027    3.539378
>>> col2 = data[2]                  # 获取列下标为 2 的数据
>>> col2[col2>3.5]                  # 查询该列中大于 3.5 的数值
                                    # 12 表示行号，3.986027 是该行的数据值
12    3.986027
Name: 2, dtype: float64
>>> col2[col2>3.0]                  # 查看该列中大于 3.0 的数值
12    3.986027
Name: 2, dtype: float64
>>> col2[col2>2.5]                  # 查看该列中大于 2.5 的数值
                                    # 第一列为行号
11     2.528325
12     3.986027
41     2.775205
157    2.707940
365    2.558892
483    2.990861
Name: 2, dtype: float64
>>> data[np.abs(data)>2.5] = np.sign(data) * 2.5
                                    # 把所有数据都限定到[-2.5, 2.5]之间
>>> data.describe()
                0           1           2           3
count  500.000000  500.000000  500.000000  500.000000
mean    -0.076439    0.046131   -0.049867    0.021888
std      0.978170    0.998113    0.992184    0.990873
min     -2.500000   -2.500000   -2.500000   -2.500000
25%     -0.746102   -0.695053   -0.808262   -0.620448
50%     -0.096517   -0.008122   -0.113366   -0.074785
75%      0.590671    0.793665    0.634192    0.711785
max      2.500000    2.500000    2.500000    2.500000
```

（8）数据离散化

微课视频 12-6

数据离散化一般用来把采集到的数据点分散到设定好的多个区间中，然后可以统计不同区间内数据点的频次，或者也可以在不同的区间内选择特定数据值代表该区间的数据，实现降维的效果。

```
>>> from random import randrange
>>> data = [randrange(100) for _ in range(10)]        # 生成随机数
>>> data
[89, 55, 79, 73, 90, 69, 92, 46, 37, 37]
>>> category = [0, 30, 70, 100]                       # 指定数据切分的区间边界
>>> pd.cut(data, category)
[(70, 100], (30, 70], (70, 100], (70, 100], (70, 100], (30, 70], (70, 100],
(30, 70], (30, 70], (30, 70]]
Categories (3, interval[int64]): [(0, 30] < (30, 70] < (70, 100]]
>>> pd.cut(data, category, right=False)               # 左闭右开区间
[[70, 100), [30, 70), [70, 100), [70, 100), [70, 100), [30, 70), [70, 100),
[30, 70), [30, 70), [30, 70)]
```

```
Categories (3, interval[int64]): [[0, 30) < [30, 70) < [70, 100)]
>>> labels = ['low', 'middle', 'high']
>>> pd.cut(data, category, right=False, labels=labels)    # 指定标签
[high, middle, high, high, high, middle, high, middle, middle, middle]
Categories (3, object): [low < middle < high ]
>>> pd.cut(data, 4)                                        # 四分位数
[(78.25, 92.0], (50.75, 64.5], (78.25, 92.0], (64.5, 78.25], (78.25, 92.0],
(64.5, 78.25], (78.25, 92.0], (36.945, 50.75], (36.945, 50.75], (36.945, 50.75]]
Categories (4, interval[float64]): [(36.945, 50.75] < (50.75, 64.5] < (64.5,
78.25] < (78.25, 92.0]]
```

（9）频次统计

频次统计常用来实现指定列的数据分布统计。

```
>>> df1
        A          B     C   D      E    F    G
zhang  60 2021-03-01   9.0  52   test  foo  3.0
li     36 2021-03-02   4.0  52  train  foo  5.0
zhou   45 2021-03-03   9.0  59   test  foo  5.0
wang   98 2021-03-04  16.0  54  train  foo  5.0
>>> df1['D'].value_counts()             # 直方图统计
52    2
59    1
54    1
Name: D, dtype: int64
>>> df1['G'].value_counts()             # 统计 G 列数据分布情况
5.0    3
3.0    1
Name: G, dtype: int64
```

在上面的代码中使用 value_count()方法统计某一列中各个值出现的次数，另外 pandas 还有个同名的函数可以用来统计一个总体中各个值的出现次数。在下面的代码中，使用 pandas 的函数 cut()对某门课程的学生考试成绩进行分类，然后使用 pandas 的函数 value_counts()统计各个标签出现的次数，也就是各分数段中的人数。

```
from pandas import cut, value_counts

scores = [89,70,49,87,92,84,73,71,78,81,90,37,
          77,82,81,79,80,82,75,90,54,80,70,68,61]
groups = value_counts(cut(scores, [0,60,70,80,90,101],
                          labels=['不及格','及格','中','良','优秀'],
                          right=False))
print(groups)
```

运行结果为：

```
良        9
中        8
优秀      3
不及格    3
及格      2
dtype: int64
```

（10）拆分与合并

通过切片操作可以实现数据拆分，然后用来计算特定范围内数据的分布情况。合并是相反的操作，可以把多个 DataFrame 对象合并为一个 DataFrame 对象。下面代码演示了函数 concat()的用法，为节约篇幅略去详细数据，可自行运行代码查看。

```
>>> df2 = pd.DataFrame(np.random.randn(10, 4))
>>> p1 = df2[:3]                                # 拆分，得到前 3 行数据
>>> p2 = df2[3:7]                               # 获取行下标 3 到 6 的数据
                                                # 注意，切片表示左闭右开区间
>>> p3 = df2[7:]                                # 获取下标为 7 之后所有行的数据
>>> df3 = pd.concat([p1, p2, p3])               # 数据行合并，上下拼接
>>> df2 = pd.DataFrame(np.random.randint(1,10,(4,10)))
>>> p1 = df2.iloc[:, :3]                        # 前 3 列数据
>>> p2 = df2.iloc[:, 3:7]                       # 列下标 3 到 6 的数据
>>> p3 = df2.iloc[:, 7:]                        # 列下标 7 之后的所有数据
>>> df3 = pd.concat([p1, p2, p3], axis=1)       # 左右拼接
```

（11）分组计算

在进行数据处理和分析时，经常需要按照某一列的值对数据进行分组，该列数值相同的行中其他列则进行求和、求平均、求中值、求个数等操作，是数据分类分析和处理的重要技术实现，也是了解数据总体情况的重要手段。例如，超市经理不会关心每天卖了几斤香蕉或者几包卫生纸，他更关心不同大类的商品总销量和分布以及波动情况，组长或楼管则主要关心自己负责的几类商品销售情况。超市交易数据可以按员工工号、月份、年份、周几、商品类别等不同标准进行分组然后对交易额求和、求平均、求中值进行深入分析，学校发表论文的数据可以按教师工号、论文类别、职称、专业等标准进行分组然后统计各组中的论文数量，学校科研进账经费数据可以按教师工号、项目类别、年度等标准进行分组然后统计各组中的经费总额，电信公司对手机用户白天/夜间通话时长或本地/长途通话时长分析以及白天/夜间流量或特定 App 的定向流量分析，全国的降水数据可以按城市、年度、月份等标准进行分组求和之后再进行纵向或横向比较，交通事故的数据可以按城市、交通工具类型、事故严重程度、年度、月份等标准进行分组求和后再进行纵向或横向比较，对购物平台的用户登录和交易数据按日期进行分组后统计活动次数可以用来计算客户留存率（又可以细分为次日留存率、周留存率、月留存率、年留存率等），类似的应用还有很多。从技术上，这可以通过 groupby()方法得到分组对象再调用 sum()方法、mean()方法、meadian()方法和 count()方法等来实现。

```
>>> df4 = pd.DataFrame({'A':np.random.randint(1,5,8),
                        'B':np.random.randint(10,15,8),
                        'C':np.random.randint(20,30,8),
                        'D':np.random.randint(80,100,8)})
>>> df4
   A   B   C   D
0  4  14  29  84
1  3  10  28  86
2  3  10  24  83
3  2  13  21  80
4  1  10  27  91
5  1  11  25  96
```

```
6  1  11  29  81
7  4  13  20  98
>>> df4.groupby('A').sum()     # 数据分组计算
    B   C    D
A
1  32  81  268
2  13  21   80
3  20  52  169
4  27  49  182
>>> df4.groupby(['A','B']).mean()
         C     D
A B
1 10  27.0  91.0
  11  27.0  88.5
2 13  21.0  80.0
3 10  26.0  84.5
4 13  20.0  98.0
  14  29.0  84.0
>>> df4.groupby(['A','B'], as_index=False).mean()
                                    # 加as_index=False参数可防止分组名变为索引
   A  B    C     D
0  1  10  27.0  91.0
1  1  11  27.0  88.5
2  2  13  21.0  80.0
3  3  10  26.0  84.5
4  4  13  20.0  98.0
5  4  14  29.0  84.0
```

（12）数据差分

数据差分也是数据分析与处理中常用的一种技术，尤其适合比较数据或查看历史数据的波动情况，并对未来可能会发生的事件或数据走向做出准确的预测，进而对决策做出精准的支持。例如，超市交易数据分析时比较不同商品、不同时间段、不同员工的销售额，学校比较不同类型的项目进账经费、不同专业发表论文数量，比较本校与其他兄弟院校之间教学成果奖数量、教学名师数量、一流专业数量、一流课程数量、科研进账经费、高水平论文数量、省级和国家级自然科学基金以及社科基金数量等方面的差距，比较不同城市、年份的降水量差异，比较不同类型的交通工具事故率和死亡率，分析不同城市、年份、月份的房价波动情况，比较同一个学生不同课程的成绩差异或者连续几届学生同一门课程的成绩波动情况，都离不开数据差分，类似的应用还有很多。

扩展库 Pandas 的 DataFrame 对象提供了 diff()方法用来计算差分，其中参数 axis 用来指定差分的方向（0 表示纵向，1 表示横向），参数 periods 用来指定差分的阶。具体使用时应结合实际分析任务的需要设置不同的参数。例如图 12-1 中的数据，如果要对比同一个城市不同年份的数据波动可以设置 axis 参数为 1，如果要对比同一年份不同城市的数据波动可以设置 axis=0。再例如，如果一组数据已按天进行分组求和，进行 1 阶差分可以查看每天的波动，进行 7 阶差分可以

	2017年	2018年	2019年	2020年	2021年
北京	63525	77503	93621	21873	78981
上海	27246	61347	59662	67357	17609
深圳	78157	85211	79045	17639	58581
广州	21115	63244	13384	30561	44338
南京	10760	24829	10515	24512	85161
珠海	13838	35034	60277	50494	99907
厦门	48226	27761	96980	54457	15000

图 12-1　某商品在城市中连续几年的价格

比较每个周一的数据、每个周二的数据的波动情况，以此类推。如果数据已按月进行分组求和，进行 12 阶差分可以查看和对比不同年份中相同月份的数据。

```
>>> df = pd.DataFrame({'a':np.random.randint(1, 100, 10),
                       'b':np.random.randint(1, 100, 10)},
                       index=map(str, range(10)))
>>> df
    a   b
0  21  54
1  53  28
2  18  87
3  56  40
4  62  34
5  74  10
6   7  78
7  58  79
8  66  80
9  30  21
>>> df.diff()              # 纵向一阶差分，每行数据变为该行与上一行数据的差
      a     b
0   NaN   NaN
1  32.0 -26.0
2 -35.0  59.0
3  38.0 -47.0
4   6.0  -6.0
5  12.0 -24.0
6 -67.0  68.0
7  51.0   1.0
8   8.0   1.0
9 -36.0 -59.0
>>> df.diff(axis=1)        # 横向一阶差分
    a     b
0 NaN  33.0
1 NaN -25.0
2 NaN  69.0
3 NaN -16.0
4 NaN -28.0
5 NaN -64.0
6 NaN  71.0
7 NaN  21.0
8 NaN  14.0
9 NaN  -9.0
>>> df.diff(periods=2)     # 纵向二阶差分，每行与上上行的差
      a     b
0   NaN   NaN
1   NaN   NaN
2  -3.0  33.0
3   3.0  12.0
4  44.0 -53.0
5  18.0 -30.0
6 -55.0  44.0
7 -16.0  69.0
8  59.0   2.0
9 -28.0 -58.0
```

（13）透视表

透视表用来根据一个或多个键进行聚合，把数据分散到对应的行和列上去，是数据分析常用技术之一。DataFrame 对象提供了 pivot()方法和 pivot_table()方法实现透视表所需要的功能，返回新的 DataFrame，pivot()方法语法为：

```
pivot(index=None, columns=None, values=None)
```

其中，参数 index 用来指定使用哪一列数据作为结果 DataFrame 的索引；参数 columns 用来指定哪一列数据作为结果 DataFrame 的列名；参数 values 用来指定哪一列数据作为结果 DataFrame 的值。

DataFrame 对象的 pivot_table()方法提供了更加强大的功能，其语法为：

```
pivot_table(values=None, index=None, columns=None, aggfunc='mean',
            fill_value=None, margins=False, dropna=True,
            margins_name='All', observed=False)
```

其中，参数 values、index、columns 的含义与 DataFrame 对象的 pivot()方法一样，参数 aggfunc 用来指定数据的聚合方式，例如求平均、求和、求中值等；参数 fill_value 用来指定把透视表中的缺失值替换为什么值；参数 margins 用来指定是否显示边界以及边界上的数据；参数 margins_name 用来指定边界数据的索引名称和列名；参数 dropna 用来指定是否丢弃缺失值。

```
>>> df4 = pd.DataFrame(np.random.randint(1,10,(4,5)), columns=list('ABCDE'))
>>> df4
   A  B  C  D  E
0  3  3  3  7  8
1  8  6  7  3  4
2  6  9  6  1  6
3  8  5  8  5  1
>>> df4.pivot(index='A', columns='B', values='C')
B    3    5    6    9
A
3  3.0  NaN  NaN  NaN
6  NaN  NaN  NaN  6.0
8  NaN  8.0  7.0  NaN
>>> df4.pivot_table(index='A', columns='B', values='C')
B    3    5    6    9
A
3  3.0  NaN  NaN  NaN
6  NaN  NaN  NaN  6.0
8  NaN  8.0  7.0  NaN
>>> df4.pivot_table(index='A', columns='B', values='C', aggfunc='count')
B    3    5    6    9
A
3  1.0  NaN  NaN  NaN
6  NaN  NaN  NaN  1.0
8  NaN  1.0  1.0  NaN
>>> df4.pivot_table(index='A', columns='B', values='C',
                    aggfunc='count', margins=True)
B      3    5    6    9  All
```

```
A
3    1.0  NaN  NaN  NaN   1
6    NaN  NaN  NaN  1.0   1
8    NaN  1.0  1.0  NaN   2
All  1.0  1.0  1.0  1.0   4
```

（14）交叉表

交叉表是一种特殊的透视表，往往用来统计频次，也可以使用参数 aggfunc 指定聚合函数实现其他功能。扩展库 Pandas 提供了 crosstab()函数，可以根据 DataFrame 对象中的数据生成交叉表返回新的 DataFrame，其语法为：

```
crosstab(index, columns, values=None, rownames=None,
         colnames=None, aggfunc=None, margins=False,
         dropna=True, normalize=False)
```

其中，参数 values、index、columns 的含义与 DataFrame 结构的 pivot()方法一样；参数 aggfunc 用来指定聚合函数，默认为统计次数；参数 rownames 和 colnames 分别用来指定行索引和列索引的名字，如果不指定则直接使用参数 index 和 columns 指定的列名。

```
>>> df4 = pd.DataFrame(np.random.randint(1,5,(4,5)),
                       columns=list('ABCDE'))
>>> df4
   A  B  C  D  E
0  3  4  2  4  2
1  4  1  4  3  3
2  2  2  1  2  4
3  4  1  3  4  3
>>> pd.crosstab(index=df4.A, columns=df4.B)
B  1  2  4
A
2  0  1  0
3  0  0  1
4  2  0  0
>>> pd.crosstab(index=df4.A, columns=df4.B, values=df4.D,
                aggfunc='sum')
B    1    2    4
A
2  NaN  2.0  NaN
3  NaN  NaN  4.0
4  7.0  NaN  NaN
```

（15）读写文件

在处理实际数据时，经常需要从不同类型的文件中读取数据，或者自己编写网络爬虫从网络上读取数据。从文本文件、Excel 或 Word 文件中读取数据的相关知识请参考本书第 9 章，网络爬虫有关的知识请参考本书第 11 章。这里简单介绍使用 Pandas 直接从 Excel 和 CSV 文件中读取数据，以及把 DataFrame 对象中的数据保存至 Excel 和 CSV 文件中的方法。

微课视频 12-7

```
>>> df.to_excel('d:\\test.xlsx', sheet_name='dfg')
                                          # 将数据保存为 Excel 文件
```

```
>>> df = pd.read_excel('d:\\test.xlsx', 'dfg',
                       index_col=None, na_values=['NA'])
>>> df.to_csv('d:\\test.csv')              # 将数据保存为 csv 文件
>>> df = pd.read_csv('d:\\test.csv')    # 读取 csv 文件中的数据
```

其中，pandas（当前最新版本号为 1.3.2）中函数 read_excel()的完整语法如下（后续升级的 pandas 新版本中用法有可能会略有不同），可以使用 help(pd.read_excel)查看，也可以使用内置函数 help()查看前面几节介绍的其他函数和方法的用法。

```
    read_excel(io, sheet_name=0, header=0, names=None, index_col=None, usecols=
None, squeeze=False, dtype=None, engine=None, converters=None, true_values=None, false_
values=None, skiprows=None, nrows=None, na_values=None, keep_default_na=True, na_
filter=True, verbose=False, parse_dates=False, date_parser=None, thousands=None,
comment=None, skipfooter=0, convert_float=True, mangle_dupe_cols=True, storage_
options: Union[Dict[str, Any], NoneType] = None)
```

其中：

1）参数 io 用来指定要读取的 Excel 文件，可以是字符串形式的文件路径、url 或文件对象；

2）参数 sheet_name 用来指定要读取的 worksheet，可以是表示 worksheet 序号的整数或表示 worksheet 名字的字符串，如果要同时读取多个 worksheet 可以使用形如[0, 1, 'sheet3']的列表，如果指定该参数为 None 则表示读取所有 worksheet 并返回包含多个 DataFrame 对象的字典，该参数默认为 0（表示读取第一个 worksheet 中的数据）；

3）参数 headers 用来指定 worksheet 中表示表头或列名的行索引，默认为 0，如果没有作为表头的行，必须显式指定 headers=None；

4）参数 index_col 用来指定作为 DataFrame 索引的列下标，可以是包含若干列下标的列表；

5）参数 names 用来指定读取数据后使用的列名，如果文件中没有表头时必须显式设置 header=None；

6）参数 thousands 用来指定文本转换为数字时的千分符，如果 Excel 中有以文本形式存储的数字，可以使用该参数；

7）参数 usecols 用来指定要读取的列的索引或名字；

8）参数 na_values 用来指定哪些值被解释为缺失值；

9）参数 skiprows 用来指定要跳过哪些行，可以是整数、列表或可调用对象；

10）参数 engine 值为 'xlrd'时支持.xls 格式的 Excel 文件，值为 'openpyxl' 时支持 Excel 2007 之后的 Excel 文件，值为 'odf'时支持.odf、.ods、.odt 格式的 OpenDocument 文件。

12.3 Pandas 应用案例

本节通过几个案例介绍使用 Python 扩展库 Pandas 进行数据处理的方法，并根据需要对分析结果进行适当可视化。但数据可视化并不是本节的重点，如何将数据分析结果绘制为折线图、散点图、饼状图、柱状图，以及如何设置图形颜色、图例等内容，请参考本书第 13 章。

例 12-1 模拟转盘抽奖游戏，统计不同奖项的获奖概率。

微课视频 12-8

案例描述：本例模拟的是转盘抽奖游戏，在这样的游戏中，把整个转盘分成面积大小不同的多个扇形区域来表示不同等级的奖品，一般面积越大的奖品价值越低。用力转动转盘并等待转盘停止之后，指针所指的区域表示所中奖项。

基本思路：把转盘从 0°～360°进行归一化并划分为几个不同的区间，例如 0.0 到 0.08 这个区间表示一等奖，0.08 到 0.3 这个区间表示二等奖，0.3 到 1.0 这个区间表示三等奖。然后使用 NumPy 的 ranf()函数生成 100000 个介于 0 到 1 之间的随机小数，使用 Pandas 的 cut()函数对这些随机小数进行离散化，最后使用 Pandas 的 value_counts()函数统计每个奖项的中奖次数。

```
1.  import numpy as np
2.  import pandas as pd
3.
4.  # 模拟转盘 100000 次
5.  data = np.random.ranf(100000)
6.  # 奖项等级划分
7.  category = (0.0, 0.08, 0.3, 1.0)
8.  labels = ('一等奖', '二等奖', '三等奖')
9.  # 对模拟数据进行划分
10. result = pd.cut(data, category, labels=labels)
11. # 统计每个奖项的获奖次数
12. result = pd.value_counts(result)
13. # 查看结果
14. print(result)
```

例 12-2 假设有个 Excel 文件“电影导演演员.xlsx”，其中有三列分别为电影名称、导演和演员列表（同一个电影可能会有多个演员，每个演员姓名之间使用中文逗号分隔，如图 12-2 所示），要求统计每个演员的参演电影数量，并统计最受欢迎的 3 个演员。

	A	B	C
1	电影名称	导演	演员
2	电影1	导演1	演员1，演员2，演员3，演员4
3	电影2	导演2	演员3，演员2，演员4，演员5
4	电影3	导演3	演员1，演员5，演员3，演员6
5	电影4	导演1	演员1，演员4，演员3，演员7
6	电影5	导演2	演员1，演员2，演员3，演员8
7	电影6	导演3	演员5，演员7，演员3，演员9
8	电影7	导演4	演员1，演员4，演员6，演员7
9	电影8	导演1	演员1，演员4，演员3，演员8
10	电影9	导演2	演员5，演员4，演员3，演员9
11	电影10	导演3	演员1，演员4，演员5，演员10
12	电影11	导演1	演员1，演员4，演员3，演员11
13	电影12	导演2	演员7，演员4，演员9，演员12
14	电影13	导演3	演员1，演员7，演员3，演员13
15	电影14	导演4	演员10，演员4，演员9，演员14
16	电影15	导演5	演员1，演员8，演员11，演员15
17	电影16	导演6	演员14，演员4，演员13，演员16
18	电影17	导演7	演员3，演员4，演员9
19	电影18	导演8	演员3，演员4，演员10

图 12-2 Excel 文件内容

基本思路：使用 Pandas 读取 Excel 文件中的数据并创建 DataFrame 对象，然后遍历每一条数据，生成演员和电影名称的对应关系，然后创建新的 DataFrame 对象，使用 groupby()方法对数据进行分组，并使用 count()方法对分组后的参演电影进行计数，最后通过 nlargest()方法获取前几个参演电影数量最多的演员。

```
>>> import pandas as pd
>>> df = pd.read_excel('电影导演演员.xlsx')  # 从 Excel 文件中读取数据
>>> df
   电影名称  导演                   演员
0   电影 1  导演 1    演员 1，演员 2，演员 3，演员 4
1   电影 2  导演 2    演员 3，演员 2，演员 4，演员 5
2   电影 3  导演 3    演员 1，演员 5，演员 3，演员 6
3   电影 4  导演 1    演员 1，演员 4，演员 3，演员 7
4   电影 5  导演 2    演员 1，演员 2，演员 3，演员 8
5   电影 6  导演 3    演员 5，演员 7，演员 3，演员 9
6   电影 7  导演 4    演员 1，演员 4，演员 6，演员 7
7   电影 8  导演 1    演员 1，演员 4，演员 3，演员 8
8   电影 9  导演 2    演员 5，演员 4，演员 3，演员 9
9  电影 10  导演 3   演员 1，演员 4，演员 5，演员 10
10 电影 11  导演 1   演员 1，演员 4，演员 3，演员 11
11 电影 12  导演 2   演员 7，演员 4，演员 9，演员 12
12 电影 13  导演 3   演员 1，演员 7，演员 3，演员 13
13 电影 14  导演 4  演员 10，演员 4，演员 9，演员 14
14 电影 15  导演 5  演员 1，演员 8，演员 11，演员 15
15 电影 16  导演 6 演员 14，演员 4，演员 13，演员 16
16 电影 17  导演 7        演员 3，演员 4，演员 9
17 电影 18  导演 8       演员 3，演员 4，演员 10
>>> pairs = []
>>> for i in range(len(df)):                     # 遍历每一行数据
    actors = df.at[i, '演员'].split('，')        # 获取当前行的演员清单
    for actor in actors:                         # 遍历每个演员
        pair = (actor, df.at[i, '电影名称'])
        pairs.append(pair)
>>> pairs = sorted(pairs, key=lambda item:int(item[0][2:]))
                                                  # 按演员编号进行排序
>>> pairs
[('演员 1', '电影 1'), ('演员 1', '电影 3'), ('演员 1', '电影 4'), ('演员 1', '电影 5'), ('演员 1', '电影 7'), ('演员 1', '电影 8'), ('演员 1', '电影 10'), ('演员 1', '电影 11'), ('演员 1', '电影 13'), ('演员 1', '电影 15'), ('演员 2', '电影 1'), ('演员 2', '电影 2'), ('演员 2', '电影 5'), ('演员 3', '电影 1'), ('演员 3', '电影 2'), ('演员 3', '电影 3'), ('演员 3', '电影 4'), ('演员 3', '电影 5'), ('演员 3', '电影 6'), ('演员 3', '电影 8'), ('演员 3', '电影 9'), ('演员 3', '电影 11'), ('演员 3', '电影 13'), ('演员 3', '电影 17'), ('演员 3', '电影 18'), ('演员 4', '电影 1'), ('演员 4', '电影 2'), ('演员 4', '电影 4'), ('演员 4', '电影 7'), ('演员 4', '电影 8'), ('演员 4', '电影 9'), ('演员 4', '电影 10'), ('演员 4', '电影 11'), ('演员 4', '电影 12'), ('演员 4', '电影 14'), ('演员 4', '电影 16'), ('演员 4', '电影 17'), ('演员 4', '电影 18'), ('演员 5', '电影 2'), ('演员 5', '电影 3'), ('演员 5', '电影 6'), ('演员 5', '电影 9'), ('演员 5', '电影 10'), ('演员 6', '电影 3'), ('演员 6', '电影 7'), ('演员 7', '电影 4'), ('演员 7', '电影 6'), ('演员 7', '电影 7'), ('演员 7', '电影 12'), ('演员 7', '电影 13'), ('演员 8', '电影 5'), ('演员 8', '电影 8'), ('演员 8', '电影 15'), ('演员 9', '电影 6'), ('演员 9', '电影 9'), ('演员 9', '电影 12'), ('演员 9', '电影 14'), ('演员 9', '电影 17'), ('演员 10', '电影 10'), ('演员 10', '电影 14'), ('演员 10', '电影 18'), ('演员 11', '电影 11'), ('演员 11', '电影 15'), ('演员 12', '电影 12'), ('演员 13', '电影 13'), ('演员 13', '电影 16'), ('演员 14', '电影 14'), ('演员 14', '电影 16'), ('演员 15', '电影 15'), ('演员 16', '电影 16')]
>>> index = [item[0] for item in pairs]
```

```
>>> data = [item[1] for item in pairs]
>>> df1 = pd.DataFrame({'演员':index, '电影名称':data})
>>> result = df1.groupby('演员', as_index=False).count()
                                             # 分组，统计每个演员的参演电影数量
>>> result
       演员  电影名称
0     演员1    10
1    演员10     3
2    演员11     2
3    演员12     1
4    演员13     2
5    演员14     2
6    演员15     1
7    演员16     1
8     演员2     3
9     演员3    12
10    演员4    13
11    演员5     5
12    演员6     2
13    演员7     5
14    演员8     3
15    演员9     5
>>> result.columns = ['演员', '参演电影数量'] # 修改列名
>>> result
       演员  参演电影数量
0     演员1      10
1    演员10       3
2    演员11       2
3    演员12       1
4    演员13       2
5    演员14       2
6    演员15       1
7    演员16       1
8     演员2       3
9     演员3      12
10    演员4      13
11    演员5       5
12    演员6       2
13    演员7       5
14    演员8       3
15    演员9       5
>>> result.sort_values('参演电影数量')        # 对数据进行排序
       演员  参演电影数量
3    演员12       1
6    演员15       1
7    演员16       1
2    演员11       2
4    演员13       2
5    演员14       2
12    演员6       2
1    演员10       3
8     演员2       3
14    演员8       3
```

```
11   演员5      5
13   演员7      5
15   演员9      5
0    演员1     10
9    演员3     12
10   演员4     13
>>> result.nlargest(3, '参演电影数量') # 参演电影数量最多的3个演员
     演员  参演电影数量
10  演员4      13
9   演员3      12
0   演员1      10
```

例 12-3　运行下面的程序，在当前文件夹中生成某饭店 2021 年营业额模拟数据文件 data.csv。

微课视频 12-9

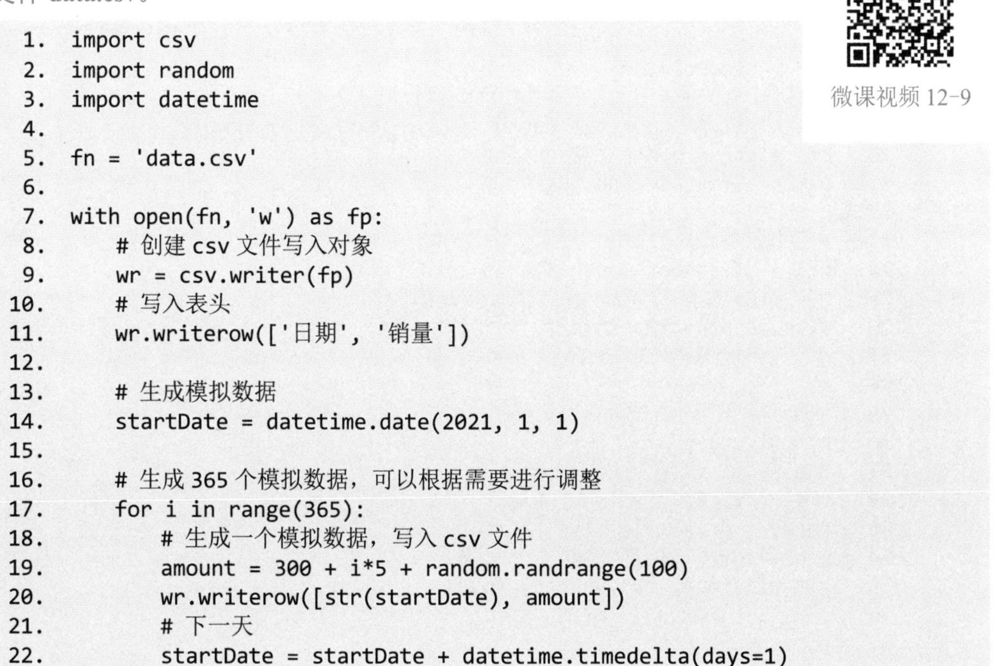

```
 1.  import csv
 2.  import random
 3.  import datetime
 4.
 5.  fn = 'data.csv'
 6.
 7.  with open(fn, 'w') as fp:
 8.      # 创建csv文件写入对象
 9.      wr = csv.writer(fp)
10.      # 写入表头
11.      wr.writerow(['日期', '销量'])
12.
13.      # 生成模拟数据
14.      startDate = datetime.date(2021, 1, 1)
15.
16.      # 生成365个模拟数据，可以根据需要进行调整
17.      for i in range(365):
18.          # 生成一个模拟数据，写入csv文件
19.          amount = 300 + i*5 + random.randrange(100)
20.          wr.writerow([str(startDate), amount])
21.          # 下一天
22.          startDate = startDate + datetime.timedelta(days=1)
```

运行完程序后完成下面的任务。

1）使用 Pandas 读取文件 data.csv 中的数据，创建 DataFrame 对象，并删除其中所有缺失值。

2）使用 Matplotlib 生成折线图，反应该饭店每天的营业额情况，并把图形保存为本地文件 first.jpg。

3）按月份进行统计，使用 Matplotlib 绘制柱状图显示每个月份的营业额，并把图形保存为本地文件 second.jpg。

4）按月份进行统计，找出相邻两个月最大涨幅，并把涨幅最大的月份写入 maxMonth.txt。

5）按季度统计该饭店 2021 年的营业额数据，使用 Matplotlib 生成饼状图显示 2021 年 4 个季度的营业额分布情况，并把图形保存为本地文件 third.jpg。

基本思路： 使用 Pandas 读取 csv 文件中的数据，然后使用前面介绍的基本操作实现缺失值处理、数据差分、分组等操作，调用 DataFrame 结构的 plot 实现绘图。

```
1.  import pandas as pd
2.  import matplotlib.pyplot as plt
3.
4.  plt.rcParams['font.sans-serif'] = ['simhei']
5.  # 读取数据，丢弃缺失值
6.  df = pd.read_csv('data.csv', encoding='cp936')
7.  df = df.dropna()
8.
9.  # 生成并保存营业额折线图
10. plt.figure()
11. df.plot(x='日期')
12. plt.savefig('first.jpg')
13.
14. # 按月统计，生成并保存柱状图
15. plt.figure()
16. from copy import deepcopy
17. df1 = deepcopy(df)
18. df1['month'] = df1['日期'].str.slice(0,7)
19. df1 = df1.groupby(by='month', as_index=False).sum()
20. df1.plot(x='month', kind='bar')
21. plt.savefig('second.jpg')
22.
23. # 查找涨幅最大的月份，写入文件
24. df2 = df1.drop('month', axis=1).diff()
25. m = df2['销量'].nlargest(1).keys()[0]
26. with open('maxMonth.txt', 'w') as fp:
27.     fp.write(df1.loc[m, 'month'])
28.
29. # 按季度统计，生成并保存饼状图
30. plt.figure()
31. one = df1[:3]['销量'].sum()
32. two = df1[3:6]['销量'].sum()
33. three = df1[6:9]['销量'].sum()
34. four = df1[9:12]['销量'].sum()
35. plt.pie([one, two, three, four],
36.         labels=['one', 'two', 'three', 'four'])
37. plt.savefig('third.jpg')
```

代码生成的结果图分别如图 12-3、图 12-4 和图 12-5 所示。

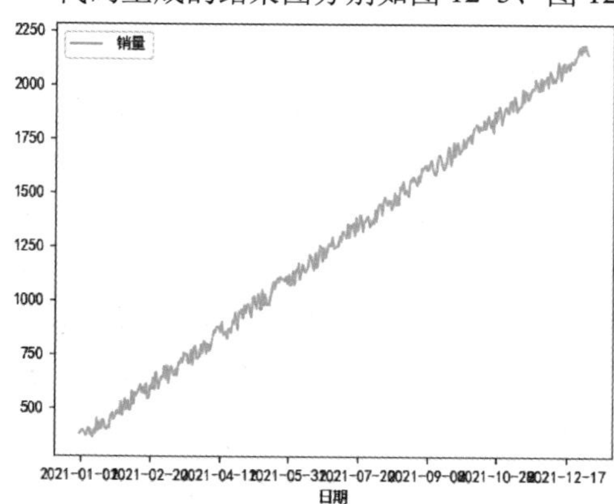

图 12-3　运行结果图：first.jpg

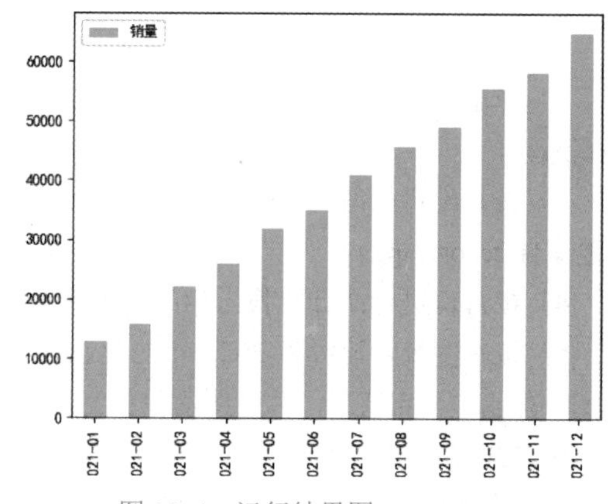

图 12-4　运行结果图：second.jpg

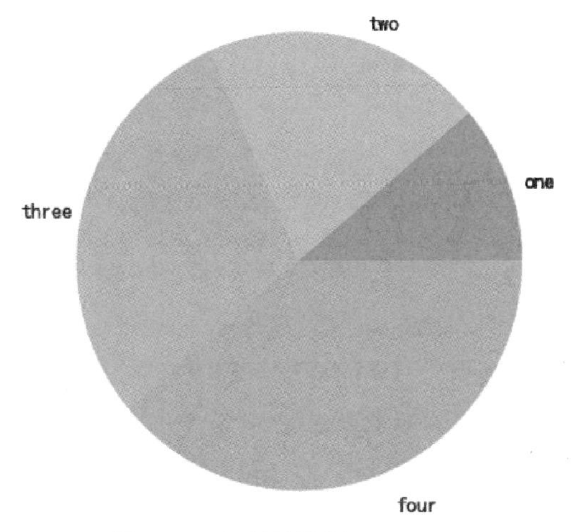

图 12-5　运行结果图：third.jpg

本章小结

本章首先介绍 Pandas 一维数组与日期时间索引数组的操作，然后重点讲解二维数组 DataFrame 的相关操作，包括创建、筛选与访问、排序、修改、缺失值处理、重复值处理、异常值处理、离散化、频次统计、拆分与合并、分组与聚合、差分、透视表、交叉表等。数据分析与处理在很多领域都有用武之地，Pandas 在处理 Excel 文件（本书第 9 章）和采集网页中的表格数据（本书第 11 章）方面也具有独特的优势。由于篇幅所限，本章只通过几个例题进行了演示，可以关注作者微信公众号“Python 小屋”学习更多相关内容。

本章习题

扫描二维码获取本章习题。

习题 12

第 13 章　Matplotlib 数据可视化

数据采集、数据分析、数据可视化是数据分析完整流程的 3 个主要环节。数据采集主要是指从各种类型的文件或传感器中读取数据，或者编写网络爬虫在网络上爬取数据，这可以参考本书第 9、11 章的内容。数据分析与处理的内容在第 12 章做了详细介绍。本章主要通过大量案例介绍 Python 扩展库 Matplotlib 在数据可视化方面的应用。

本章学习目标

- 掌握折线图、散点图、饼状图、柱状图、雷达图、三维图形的绘制
- 掌握坐标轴属性的设置
- 掌握图例属性的设置
- 理解绘图区域切分原理
- 掌握交互式图形和动图的绘制

微课视频 13-1

13.1　Matplotlib 简介

Python 扩展库 Matplotlib 依赖扩展库 NumPy 和标准库 tkinter，可以绘制多种形式的图形，包括折线图、散点图、饼状图、柱状图、雷达图等，图形质量可以达到出版要求。Matplotlib 不仅在数据可视化领域有重要的应用，也常用于科学计算可视化。

Python 扩展库 Matplotlib 包括 pylab、pyplot 等绘图模块以及大量用于字体、颜色、图例等图形元素的管理与控制的模块。其中 pylab 和 pyplot 模块提供了类似于 MATLAB 的绘图接口，支持线条样式、字体属性、轴属性以及其他属性的管理和控制，可以使用非常简洁的代码绘制出各种优美的图案。

使用 pylab 或 pyplot 绘图的一般过程：首先读入数据，然后根据实际需要绘制折线图、散点图、柱状图、饼状图、雷达图或三维曲线和曲面，接下来设置轴和图形属性，最后显示或保存绘图结果。其中 pylab 包含了 NumPy 和 pyplot 的大量函数，功能更强大一些。

在绘制图形以及设置轴和图形属性时，大多数函数都具有很多可选参数支持个性化设置，而其中很多参数又具有多个可能的值，例如，颜色、散点符号、线型等。本章重点介绍相关函数的应用，并没有给出每个参数的所有可能取值，这些可以通过 Python 的内置函数 help()或者查阅 Matplotlib 官方在线文档 https://matplotlib.org/index.html 来获知，或者查阅 Python 安装目录的 Lib\site-packages\matplotlib 文件夹中的源代码获取更加完整的帮助信息。

13.2　绘制折线图

微课视频 13-2

折线图适合描述数据的变化趋势。同一组数据可以使用不同的图形进行可

视化，既可以绘制折线图，也可以绘制柱状图、散点图、饼状图等其他图形，具体采用哪种图形最终取决于客户的要求和应用场景，确定之后调用相应的函数即可。以二维直角坐标系为例，使用 plot()函数绘制折线图时，数据用来确定折线图上若干顶点的 x、y 坐标然后使用直线段依次连接这些顶点，如果顶点足够密集则可以形成光滑曲线。如果使用 scatter()函数绘制散点图，数据用来确定若干顶点的 x、y 坐标然后在这些位置上绘制指定大小和颜色的散点符号。如果使用 bar()函数绘制柱状图，数据用来确定若干柱的位置（x 坐标）和高度（y 坐标）。三维直角坐标系和极坐标系的绘图原理与此类似，只不过三维直角坐标系需要确定每个顶点的 x、y、z 坐标，极坐标系需要使用角度和半径来确定顶点的位置。本节演示如何在二维直角坐标系中绘制折线图，其他内容将在接下来的几节中进行介绍。在阅读例题代码时，建议养成使用内置函数 help()查看帮助文档的习惯，例如使用 help(plt.plot)查看 plot()函数的详细用法和各参数的含义以及取值范围，这样进步会快很多。

另外，扩展库 Matplotlib 默认情况下无法直接显示中文字符，如果图形中需要显示中文字符的话，可以使用 import matplotlib.pyplot as plt 导入模块 pyplot 之后，查看 plt.rcParams 字典的当前值并进行必要的修改，也可以通过 pyplot 模块的 xlabel()、ylabel()、xticks()、yticks()、title()等函数或轴域对象对应的方法的 fontproperties 参数对坐标轴标签、坐标轴刻度、标题单独进行设置，如果需要设置图例中的中文字符字体可以通过 legend()函数的 prop 参数进行设置。绘制图形并设置外围属性之后可以调用 show()函数直接显示图形，也可以使用 savefig()函数保存为图片文件，必要时可以通过 savefig()函数的参数 dpi 设置分辨率，更多参数和用法可以通过 help(plt.savefig)查看。

需要注意的是，可视化时应尽量避免仅仅依赖于颜色不同来区分同一个图形中的多个线条，因为有时候不仅要在计算机上查看图形，可能还需要打印，但是并不能保证总是有彩色打印机，灰度打印时颜色信息丢失后就很难区分不同颜色的线条了。可以查阅资料设置线型、线宽等更多属性以便区分，后面几节中的柱状图、散点图等其他图形也需要考虑类似的细节。

例 13-1　绘制带有中文标题、标签和图例的正弦和余弦图像。

基本思路：首先使用 Python 扩展库 NumPy 生成一个 0～2π 区间内步长为 0.01 的数组，计算该数组中数值的正弦值和余弦值，然后使用 matplotlib.pylab 中的 plot()函数绘制折线图。

```
1.  import matplotlib.pylab as pl
2.  import matplotlib.font_manager as fm
3.
4.  t = pl.arange(0.0, 2.0*pl.pi, 0.01)     # 自变量取值范围，间接调用 NumPy
5.  s = pl.sin(t)                           # 计算正弦函数值
6.  z = pl.cos(t)                           # 计算余弦函数值
7.  pl.plot(t,                              # x 轴坐标
8.          s,                              # y 轴坐标
9.          label='正弦',                   # 标签
10.         color='red')                    # 颜色
11. pl.plot(t, z, label='余弦', color='blue')
12. pl.xlabel('x-变量',                     # 标签文本
13.           fontproperties='STKAITI',     # 字体
14.           fontsize=18)                  # 字号
15. pl.ylabel('y-正弦余弦函数值', fontproperties='simhei', fontsize=18)
16. pl.title('sin-cos 函数图像',            # 标题文本
17.          fontproperties='STLITI',       # 字体
```

```
18.             fontsize=24)                                  # 字号
19.   myfont = fm.FontProperties(fname=r'C:\Windows\Fonts\STKAITI.ttf')
20.                                                           # 创建字体对象
21.   pl.legend(prop=myfont)                                  # 显示图例
22.   pl.show()                                               # 显示绘制的结果图像
```

代码运行结果如图 13-1 所示。

微课视频 13-3

13.3 绘制散点图

同样一组数据，使用 plot()函数可以绘制折线图，使用 scatter()函数则可以绘制散点图，呈现类似于采样的效果。不过一般而言，如果要绘制的数据点呈现出曲线的形状，那么绘制散点图时要使数据点间隔稍大一些，以免因为数据点过于密集而呈现出光滑曲线的效果。散点图常用于描述数据点的分布情况，尤其方便查看异常值或离群点。

例 13-2　绘制余弦曲线散点图。

基本思路：生成数组以及对应的余弦值数据，然后使用 scatter()函数绘制散点图。

```
1.  import matplotlib.pylab as pl
2.
3.  x = pl.arange(0, 2.0*pl.pi, 0.1)      # x 轴坐标
4.  y = pl.cos(x)                         # y 轴坐标
5.  pl.scatter(x, y)                      # 绘制散点图
6.  pl.show()                             # 显示绘制的结果图像
```

运行结果如图 13-2 所示。

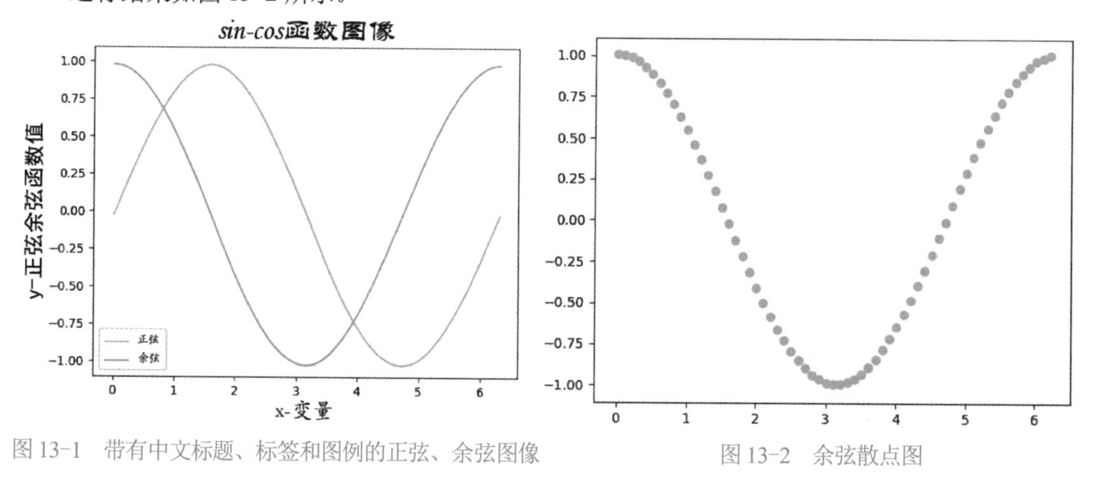

图 13-1　带有中文标题、标签和图例的正弦、余弦图像　　图 13-2　余弦散点图

例 13-3　设置散点图的线宽、散点符号及大小。

基本思路：在使用 scatter()函数绘制散点图时，可以使用参数 s 指定散点符号的大小，使用参数 marker（可能的取值有'o'、'v'、'+'、'*'等）指定散点符号，使用参数 linewidths 指定线宽。

```
1.  import matplotlib.pylab as pl
2.
3.  x = pl.arange(0, 2.0*pl.pi, 0.1)      # x 轴数据
```

```
 4.  y = pl.cos(x)                      # y 轴数据
 5.  pl.scatter(x,                      # x 轴坐标
                y,                      # y 轴坐标
 7.             s=40,                   # 散点大小
 8.             linewidths=6,           # 线宽
 9.             marker='+')             # 散点符号
10.  pl.show()
```

运行结果如图 13-3 所示。

例 13-4　绘制大小与位置有关的红色散点五角星。

基本思路：在使用 scatter()函数绘制散点图时，可以使用参数 s 指定散点大小的计算公式，使用参数 c 指定散点颜色，使用参数 marker 指定散点符号（将其设置为'*'可以绘制五角星）。

```
 1.  import matplotlib.pylab as pl
 2.
 3.  x = pl.randint(1, 20, 50)              # 模拟 x 轴数据
 4.  y = x + pl.randint(-10, 10, 50)        # 生成 y 轴数据
 5.  pl.scatter(x,
 6.             y,
 7.             s=x*y,                      # 散点大小与位置有关
 8.             c='r',                      # 设置散点颜色
 9.             marker='*')                 # 设置散点形状，五角星
10.  pl.show()
```

运行效果如图 13-4 所示。

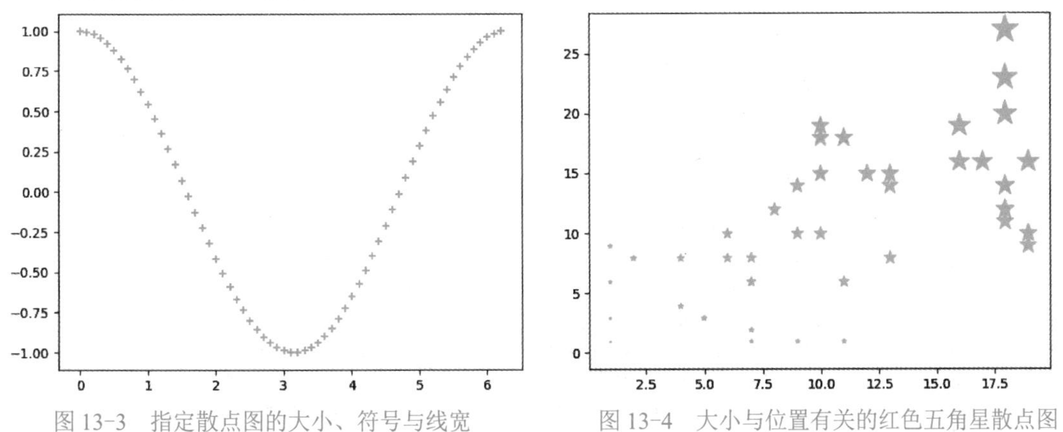

图 13-3　指定散点图的大小、符号与线宽

图 13-4　大小与位置有关的红色五角星散点图

13.4　绘制饼状图

微课视频 13-4

饼状图适合描述数据的分布，尤其是描述各类数据占比的场合，例如，大型连锁商店各分店营业额分布情况、学校各项进账经费和开支的分布情况等。绘制饼状图时应注意，人眼对面积的大小不敏感，如果饼状图中有两个以上面积相近的扇形，人眼是很难分辨哪个大哪个小的，应在饼状图中同时显示每个扇形区域所占的百分比。

在前面几节中主要演示了 matplotlib.pylab 模块的用法，通过这个模块可以直接使用另一个扩

展库 NumPy 中的很多函数，也可以直接使用 matplotlib.pyplot 模块中的函数，非常方便。接下来几节中演示 matplotlib.pyplot 模块的用法，这个模块中并没有包含扩展库 NumPy 中的函数，需要单独导入 NumPy 再使用其中的函数来生成演示数据。前面几节中使用 matplotlib.pylab 的代码完全可以使用 NumPy+matplotlib.pyplot 来改写。

例 13-5　饼状图绘制与属性设置。

基本思路：matplotlib.pyplot 模块提供了用于绘制饼状图的 pie()函数，并且支持绘制饼状图时设置标签、颜色、起始角度、绘制方向（顺时针或逆时针）、中心、半径、阴影等各种属性。

```
1.  import numpy as np
2.  import matplotlib.pyplot as plt
3.
4.  labels = ('Frogs', 'Hogs', 'Dogs', 'Logs')
5.  colors = ('#FF0000', 'yellowgreen', 'gold', 'blue')
6.  explode = (0, 0.02, 0, 0.08)             # 使所有饼状图中的第 2 片和第 4 片裂开
7.
8.  fig = plt.figure(num=1,                  # num 为数字表示图像编号
9.                                           # 如果是字符串则表示图形窗口标题
10.                  figsize=(10,8),         # 图形大小，格式为(宽度,高度),
11.                                          # 单位为英寸
12.                  dpi=110,                # 分辨率
13.                  facecolor='white')      # 背景色
14.
15. ax = fig.gca()                           # 获取当前轴域（也称子图）
16. ax.pie(np.random.random(4),              # 4 个介于 0 和 1 之间的随机数据
17.        explode=explode,                  # 设置每个扇形的裂出情况
18.        labels=labels,                    # 设置每个扇形的标签
19.        colors=colors,                    # 设置每个扇形的颜色
20.        pctdistance=0.8,                  # 设置扇形内百分比文本与中心的距离
21.        autopct='%1.1f%%',                # 设置每个扇形上百分比文本的格式
22.        shadow=True,                      # 使用阴影，呈现一定的立体感
23.        startangle=90,                    # 设置第一块扇形的起始角度
24.        radius=0.25,                      # 设置饼的半径
25.        center=(0, 0),                    # 设置饼中心在图形窗口中的坐标
26.        counterclock=False,               # 顺时针绘制，默认是逆时针
27.        frame=True)                       # 显示图形边框
28. ax.pie(np.random.random(4), explode=explode, labels=labels,
29.        colors=colors, autopct='%1.1f%%', shadow=True,
30.        startangle=45, radius=0.25, center=(1, 1), frame=True)
31. ax.pie(np.random.random(4), explode=explode, labels=labels,
32.        colors=colors, autopct='%1.1f%%', shadow=True,
33.        startangle=90, radius=0.25, center=(0, 1), frame=True)
34. ax.pie(np.random.random(4), explode=explode, labels=labels,
35.        colors=colors, autopct='%1.2f%%', shadow=False,
36.        startangle=135, radius=0.35, center=(1, 0), frame=True)
37.
38. ax.set_xticks([0, 1])                    # 设置 x 轴坐标轴刻度位置
39. ax.set_yticks([0, 1])                    # 设置 y 轴坐标轴刻度位置
40.
41. ax.set_xticklabels(['Sunny', 'Cloudy']) # 设置坐标轴刻度上的标签
42. ax.set_yticklabels(['Dry', 'Rainy'])
43.
```

```
44.  ax.set_xlim((-0.5, 1.5))                        # 设置坐标轴跨度
45.  ax.set_ylim((-0.5, 1.5))
46.
47.  ax.set_aspect('equal')                           # 设置纵横比相等
48.
49.  plt.show()
```

运行效果如图 13-5 所示。

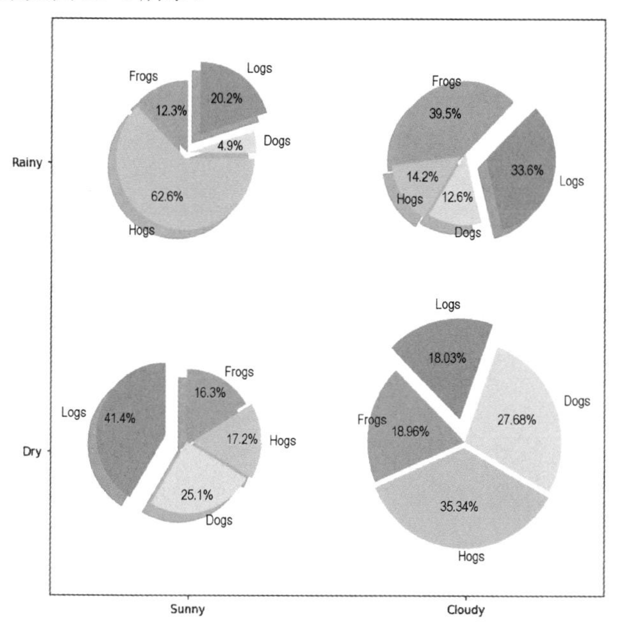

图 13-5　饼状图绘制效果

微课视频 13-5

13.5　绘制柱状图

柱状图（类似于直方图）常用来比较不同组数据之间的大小。matplotlib.pyplot 模块提供了用于绘制柱状图的 bar()函数，并且提供了大量参数设置柱状图的属性。

例 13-6　绘制柱状图并设置图形属性和文本标注。

基本思路：在使用 bar()函数绘制柱状图时，可以使用 color 参数设置柱的颜色，使用 alpha 设置透明度，使用 edgecolor 参数设置边框颜色，使用 linestyle 设置边框线型，使用 linewidth 参数设置边框线宽，使用 hatch 参数设置柱的内部填充符号。绘制完柱状图之后，使用 text()函数在每个柱的顶端指定位置显示对应的数值进行标注。

```
1.  import numpy as np
2.  import matplotlib.pyplot as plt
3.
4.  # 生成测试数据
5.  x = np.linspace(0, 10, 11)
6.  y = 11 - x
7.
8.  # 绘制柱状图
```

```
 9.  plt.bar(x,
10.          y,
11.          color='#772277',          # 柱的颜色
12.          alpha=0.8,                # 透明度
13.          edgecolor='blue',         # 边框颜色，呈现描边效果
14.          linestyle='--',           # 边框样式为虚线
15.          linewidth=1,              # 边框线宽
16.          hatch='*')                # 内部使用五角星填充
17.
18.  # 为每个柱形添加文本标注
19.  for xx, yy in zip(x,y):
20.      plt.text(xx-0.2, yy+0.1, '%2d' % yy)
21.
22.  # 显示图形
23.  plt.show()
```

运行效果如图 13-6 所示。

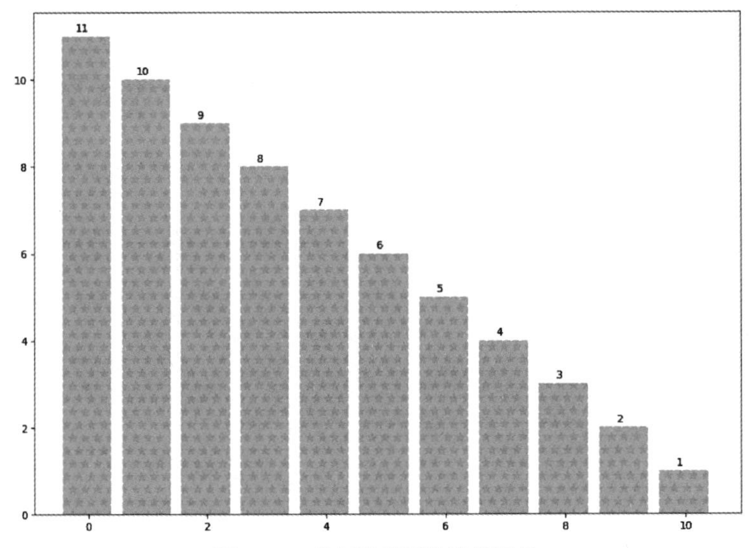

图 13-6 绘制柱状图并设置属性

例 13-7 “集体过马路”是网友对集体闯红灯现象的一种调侃，即“凑够一撮人就可以走了，与红绿灯无关”。出现这种现象的原因之一是很多人认为法不责众，从而不顾交通法规和安全，但这种危险的过马路方式造成了很多不同程度的交通事故和人员伤亡。某城市在多个路口对行人过马路的方式进行了随机调查。在所有参与调查的市民中，“从不闯红灯”“跟从别人闯红灯”“带头闯红灯”的人数如表 13-1 所示。针对这组调查数据，编写程序绘制柱状图进行展示和对比。

表 13-1 闯红灯情况调查结果

	从不闯红灯	跟从别人闯红灯	带头闯红灯
男士	450	800	200
女士	150	100	300

基本思路：本例中使用 Pandas 创建 DataFrame 对象来存储数据，然后直接调用 DataFrame 对象的 plot()函数绘制柱状图，最后再使用 matplotlib.pyplot 对绘制的图形设置外围属性。

```
1.  import pandas as pd
2.  import matplotlib.pyplot as plt
3.
4.  # 图形背景色
5.  fig = plt.figure(facecolor='#FFFFDD')
6.  # 轴域背景色，高版本需要改为 plt.subplot()
7.  ax = fig.gca(facecolor='#FFAAEE')
8.  # 创建 DataFrame 结构
9.  df = pd.DataFrame({'男士':(450,800,200),
10.                    '女士':(150,100,300)})
11. # 在上面的轴域中绘制柱状图，设置柱的颜色
12. df.plot(kind='bar', ax=ax, color=['red','blue'])
13.
14. # 设置 x 轴刻度和文本
15. plt.xticks([0,1,2],      # 显示刻度的位置
16.            # 在每个刻度上显示的文本
17.            ['从不闯红灯', '跟从别人闯红灯', '带头闯红灯'],
18.            color='blue',
19.            # 中文字体
20.            fontproperties='simhei',
21.            # 旋转刻度的文本
22.            rotation=20)
23.
24. # 设置 y 轴只在有数据的位置显示刻度
25. plt.yticks(list(df['男士'].values) + list(df['女士'].values))
26. plt.ylabel('人数', fontproperties='stkaiti', fontsize=14)
27. plt.title('集体过马路方式', fontproperties='stkaiti', fontsize=20)
28.
29. # 创建和设置图例字体
30. plt.legend(prop='stliti')
31.
32. plt.show()
```

运行效果如图 13-7 所示。

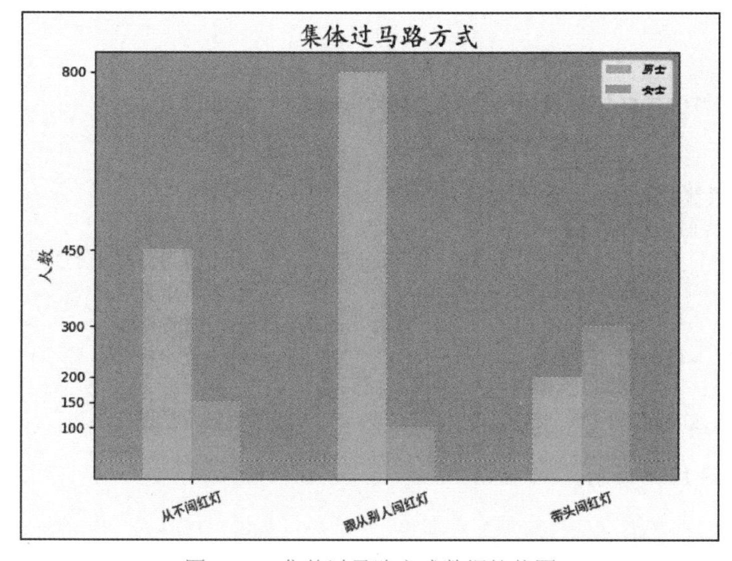

图 13-7　集体过马路方式数据柱状图

13.6 绘制雷达图

微课视频 13-6

雷达图（实际上是极坐标系中的折线图）是一种常用的数据可视化与展示技术，可以把多个维度的信息在同一个图上展示出来，使得各项指标一目了然。Matplotlib 提供了绘制雷达图的技术，本节将通过一个具体案例进行介绍。

例 13-8 绘制雷达图。

基本思路：使用 matplotlib.pyplot 模块的 polar()函数可以绘制雷达图，并通过参数设置雷达图的角度、数据、颜色、线型、端点符号以及线宽等属性。

```
1.  import numpy as np
2.  import matplotlib.pyplot as plt
3.
4.  labels = np.array(list('abcdefghij'))    # 设置标签
5.  data = np.array([11,4]*5)                # 创建模拟数据
6.  dataLength = len(labels)                 # 数据长度
7.
8.  #angles 数组把圆周等分为 dataLength 份
9.  angles = np.linspace(0,                  # 数组第一个数据
10.                      2*np.pi,            # 数组最后一个数据
11.                      dataLength,         # 数组中数据数量
12.                      endpoint=False)     # 不包含终点
13. data = np.append(data, data[0])
14. angles = np.append(angles, angles[0])    # 首尾相接，使得曲线闭合
15.
16. # 绘制雷达图
17. plt.polar(angles,                        # 设置角度
18.           data,                          # 设置各角度上的数据
19.           'rv--',                        # 设置颜色、线型和端点符号
20.           linewidth=2)                   # 设置线宽
21.
22. # 设置角度网格标签
23. plt.thetagrids(angles[:10]*180/np.pi,    # 角度
24.                labels)                   # 标签
25.
26. # 设置填充色
27. plt.fill(angles,                         # 设置角度
28.          data,                           # 设置各角度上的数据
29.          facecolor='r',                  # 设置填充色
30.          alpha=0.6)                      # 设置透明度
31. plt.ylim(0, 12)                          # 设置坐标跨度
32.
33. plt.show()                               # 显示绘图结果
```

运行效果如图 13-8 所示。

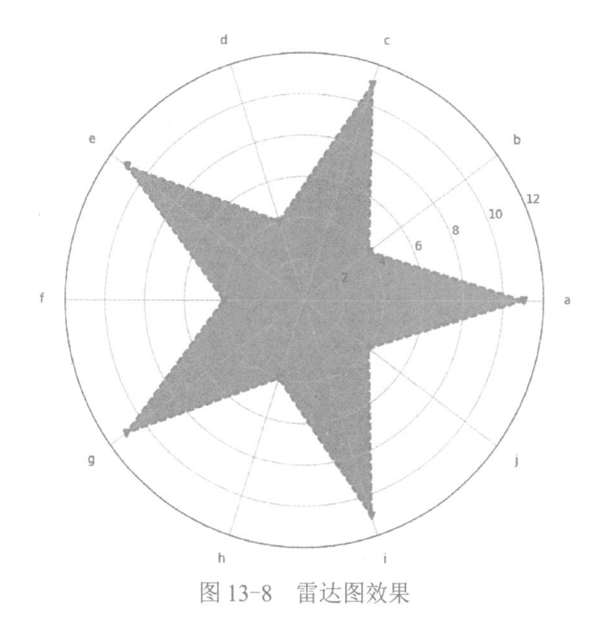

图 13-8　雷达图效果

13.7　绘制箱线图

微课视频 13-7

箱线图是一种用来描述数据分布的统计图形，方便观察数据的中位数、均值、四分位数、最大值（或上边缘）、最小值（或下边缘）和异常值等描述性统计量。

例 13-9　编写程序，生成随机数据，然后绘制箱线图。

基本思路： 首先使用 NumPy 生成随机数据，然后手动加入两个异常值，最后使用 matplotlib.pyplot 模块的函数 boxplot()函数绘制箱线图并设置各部分的属性。

```
 1. import numpy as np
 2. import matplotlib.pyplot as plt
 3. 
 4. # 生成随机数据
 5. data = np.concatenate((np.random.randint(35, 55, 25),
 6.                        np.random.randint(55, 80, 15)))
 7. # 手动加入异常值
 8. data[25] = 10
 9. data[26] = 99
10. print(data)
11. 
12. plt.boxplot(data,
13.             # 显示均值
14.             showmeans=True,
15.             # 设置均值为绿色下三角符号
16.             meanprops={'marker':'v', 'color':'green'},
17.             # 使用两个像素宽的红色虚线显示中值
18.             medianprops={'lw':2, 'ls':'--', 'color':'red'},
19.             # 使用凹凸的形式显示箱线图
20.             notch=True,
21.             # 显示橘红色箱体
22.             boxprops={'color':'orangered'},
```

```
23.             # 显示异常值
24.             showfliers=True,
25.             # 设置异常值的显示形式
26.             flierprops={'marker':'*', 'markersize':10},
27.             # 使用蓝色点画线显示箱线图的须
28.             whiskerprops={'ls':'-.', 'color':'blue'},
29.             )
30. # 设置 y 轴刻度
31. plt.yticks(range(0, 101, 20))
32. # 显示绘制结果
33. plt.show()
```

运行效果如图 13-9 所示。

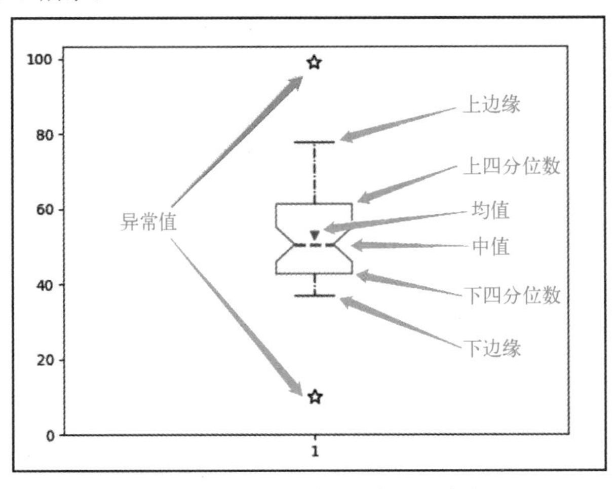

图 13-9　箱线图效果和各部分含义

13.8　绘制三维图形

在进行数据可视化时，有可能需要同时表现多维度的信息。Matplotlib 也提供了三维图形的绘制功能，本节通过三维曲线、三维曲面和三维柱状图的绘制来演示一下相关的技术。

例 13-10　绘制三维曲线。

基本思路： 在使用 matplotlib.pyplot 模块的 plot()函数绘制图形时，如果提供了 x、y 和 z 三个坐标轴的数据，则可以绘制三维曲线，不过在此之前需要使用 gca(projection='3d')设置三维模式。

```
1.  import numpy as np
2.  import matplotlib.pyplot as plt
3.  from mpl_toolkits.mplot3d import Axes3D
4.
5.  plt.rcParams['legend.fontsize'] = 10          # 设置图例字号
6.  fig = plt.figure()
7.  ax = plt.subplot(projection='3d')             # 绘制三维图形
8.  theta = np.linspace(-4*np.pi, 4*np.pi, 200)
9.  z = np.linspace(-4, 4, 200)*0.4               # 创建模拟数据
10.                                               # z 的长度应与 theta 一致
11. r = z**3 + 1
12. x = r * np.sin(theta)
```

```
13.  y = r * np.cos(theta)
14.  ax.plot(x,                                    # 设置 x 轴坐标
15.          y,                                    # 设置 y 轴坐标
16.          z,                                    # 设置 z 轴坐标
17.          label='parametric curve')             # 设置标签
18.  ax.legend()                                   # 显示图例
19.
20.  plt.show()                                    # 显示绘制结果
```

运行效果如图 13-10 所示。

例 13-11　绘制三维曲面。

微课视频 13-8

基本思路：使用 matplotlib.pyplot 模块的 subplot(projection='3d')函数调用创建三维图形子图之后，可以使用子图对象的 plot_surface()方法绘制三维曲面，并允许设置水平和垂直方向的步长，步长越小则曲面越平滑。

```
 1.  import numpy as np
 2.  import matplotlib.pyplot as plt
 3.  import mpl_toolkits.mplot3d
 4.
 5.  x,y = np.mgrid[-4:4:80j, -4:4:40j]        # 创建 x 和 y 的网格数据
 6.                                            # 步长使用虚数时
 7.                                            # 虚部表示点的个数
 8.                                            # 并且包含区间终点 end
 9.  z = 50 * np.sin(x+y)                      # 创建测试数据
10.  ax = plt.subplot(projection='3d')         # 绘制三维图形
11.  ax.plot_surface(x,                        # 设置 x 轴数据
12.                  y,                        # 设置 y 轴数据
13.                  z,                        # 设置 z 轴数据
14.                  rstride=2,                # 行方向的步长
15.                  cstride=1,                # 列方向的步长
16.                  color='red',              # 设置面片颜色为红色
17.                 )
18.  ax.set_xlabel('X')                        # 设置坐标轴标签
19.  ax.set_ylabel('Y')
20.  ax.set_zlabel('Z')
21.
22.  plt.show()
```

运行效果如图 13-11 所示。

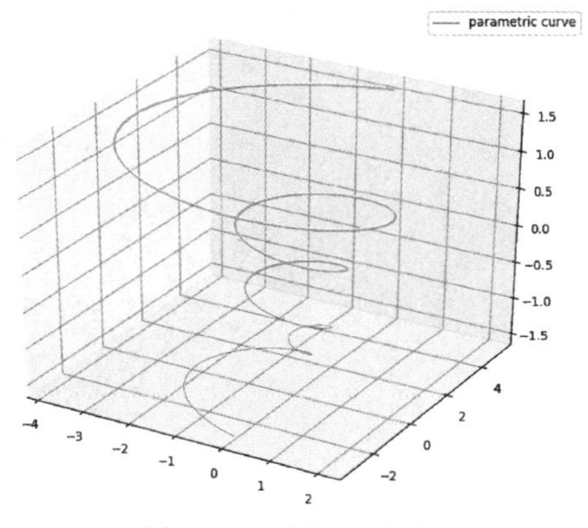

图 13-10　绘制三维曲线

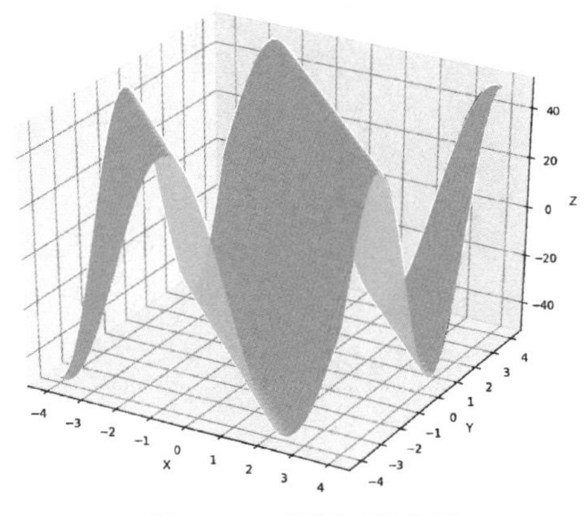

图 13-11　绘制三维曲面

例 13-12　绘制三维柱状图。

微课视频 13-9

基本思路：使用 matplotlib.pyplot 的 subplot(projection='3d')函数调用创建三维图形子图之后，可以使用子图对象的 bar3d()方法绘制三维柱状图，可以通过参数指定每个柱的 x、y、z 起始坐标和各轴的宽度、厚度、高度等信息。

```
1.  import numpy as np
2.  import matplotlib.pyplot as plt
3.  import mpl_toolkits.mplot3d
4.
5.  x = np.random.randint(0, 40, 10)          # 创建测试数据
6.  y = np.random.randint(0, 40, 10)
7.  z = 80*abs(np.sin(x+y))
8.  ax = plt.subplot(projection='3d')         # 绘制三维图形
9.
10. ax.bar3d(x,                               # 设置 x 轴坐标
11.          y,                               # 设置 y 轴坐标
12.          np.zeros_like(z),                # 设置柱底面的 z 轴坐标为 0
13.          dx=1,                            # x 方向的宽度
14.          dy=1,                            # y 方向的厚度
15.          dz=z,                            # z 方向的高度
16.          color='red')                     # 设置表面颜色为红色
17. ax.set_xlabel('X')                        # 设置坐标轴标签
18. ax.set_ylabel('Y')
19. ax.set_zlabel('Z')
20.
21. plt.show()
```

运行效果如图 13-12 所示。

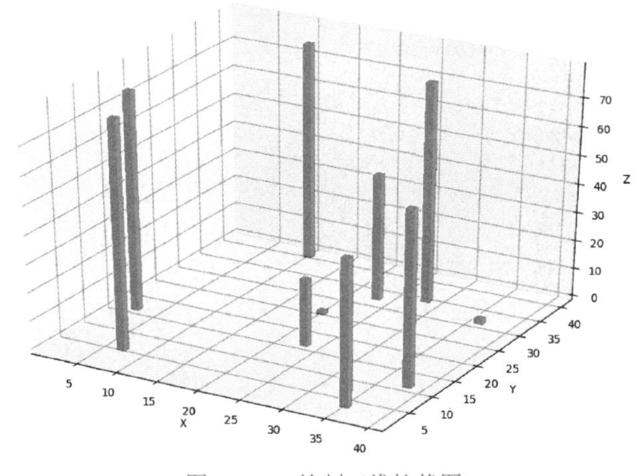

图 13-12　绘制三维柱状图

13.9　切分绘图区域

微课视频 13-10

在进行数据可视化或科学计算可视化时，经常需要把多个结果绘制到一个窗口中方便比较，这时可以使用本节介绍的方法对绘图区域进行切分，然后在

不同的区域中绘制相应的图形。

例 13-13 切分绘图区域并绘制图形。

基本思路：使用 pyplot 的 subplot()函数把绘图区域切分为多个子图，然后在调用 plot()函数绘图之前先使用 sca()函数选择不同的子图，就可以在相应的子图中进行绘图。

```
1.  import numpy as np
2.  import matplotlib.pyplot as plt
3.
4.  x= np.linspace(0, 2*np.pi, 500)          # 创建自变量数组
5.  y1 = np.sin(x)                           # 创建函数值数组
6.  y2 = np.cos(x)
7.  y3 = np.sin(x*x)
8.
9.  plt.figure()                             # 创建图形
10.
11. ax1 = plt.subplot(2,                     # 把绘图区域切分为两行
12.                   2,                     # 把绘图区域切分为两列
13.                   1)                     # 选择两行两列的第一个区域
14. ax2 = plt.subplot(2,2,2)                 # 选择两行两列的第二个区域
15. ax3 = plt.subplot(212,                   # 把绘图区域切分为两行一列
16.                                          # 选择两行一列的第二个区域
17.                   facecolor='y')         # 设置背景颜色为黄色
18.
19. plt.sca(ax1)                             # 选择 ax1
20. plt.plot(x, y1, color='red')             # 绘制红色曲线
21. plt.ylim(-1.2, 1.2)                      # 限制 y 坐标轴范围
22.
23. plt.sca(ax2)                             # 选择 ax2
24. plt.plot(x, y2, 'b--')                   # 绘制蓝色虚线
25. plt.ylim(-1.2, 1.2)
26.
27. plt.sca(ax3)                             # 选择 ax3
28. plt.plot(x, y3, 'g--')
29. plt.ylim(-1.2, 1.2)
30.
31. plt.show()
```

运行效果如图 13-13 所示。

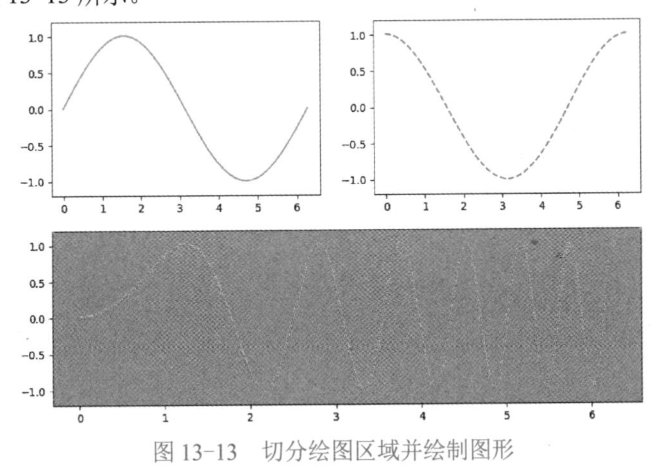

图 13-13 切分绘图区域并绘制图形

例 13-14　切分绘图区域，创建二维直角坐标系、三维直角坐标系和极坐标系，然后分别在不同的子图中绘制图形。

基本思路：在上例中，首先选择一个子图作为当前子图，然后使用 matplotlib.pyplot 模块中的函数在当前子图中绘制图形。为了实现这样的功能，也可以像本例代码一样直接调用子图的方法在该子图中绘制图形。在直角坐标系中使用 x、y、z 确定顶点坐标，在极坐标系中使用角度和半径确定顶点坐标，其他代码详见对应的注释。

```
1.  import numpy as np
2.  import mpl_toolkits.mplot3d
3.  import matplotlib.pyplot as plt
4.
5.  # 创建二维直角坐标系
6.  # 等价于 ax1 = plt.subplot(2,4,1)
7.  ax1 = plt.subplot(241)
8.  # 创建三个极坐标系
9.  ax2 = plt.subplot(242, projection='polar')
10. ax3 = plt.subplot(243, projection='polar')
11. # 设置 polar=True，等价于设置 projection='polar'
12. ax4 = plt.subplot(244, polar=True)
13. # 创建三维直角坐标系
14. ax5 = plt.subplot(212, projection='3d')
15.
16. # 紧缩四周空白，扩大绘图面积
17. plt.tight_layout()
18. # 设置子图之间的水平距离与垂直距离
19. plt.subplots_adjust(wspace=0.2, hspace=0.2)
20.
21. # 生成测试数据
22. # 极坐标系中若干顶点的半径和角度
23. r = np.arange(1, 6, 1)
24. theta = (r-1) * (np.pi/2)
25. # 三维直角坐标系中的顶点坐标
26. x = np.arange(1, 7, 0.5)
27. y = np.linspace(1, 3, 12)
28. z = 20 * np.sin(x+y)
29.
30. # 在不同子图中绘制图形
31. ax1.plot(theta, r, 'b--D')
32. ax2.plot(theta, r, linewidth=3, color='r')
33. ax3.scatter(theta, r, marker='*', c='g', s=60)
34. ax4.bar(theta, r)
35. ax5.plot(x, y, z)
36.
37. plt.show()
```

运行效果如图 13-14 所示。

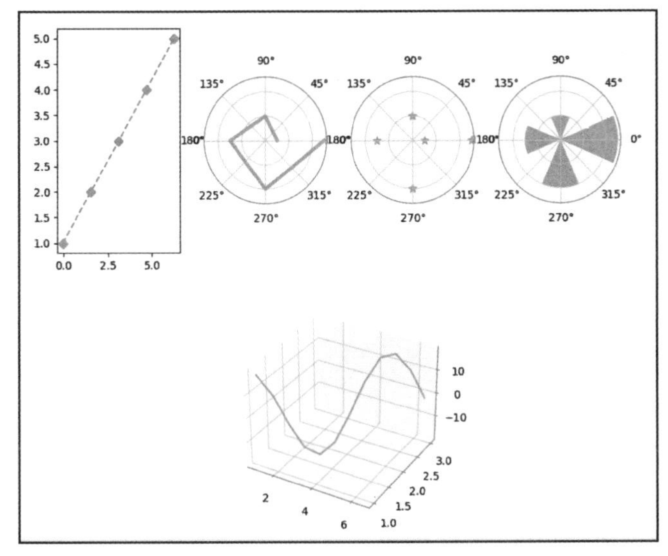

图 13-14　切分绘图区域

13.10　设置图例

图例用于提供一定的辅助信息，方便用户理解图形。在绘图时，为绘制的图形设置标签并调用 legend()函数即可显示图例，但是默认的图例比较简陋。本节中重点介绍设置图例显示公式以及设置图例位置、颜色等属性的方法。

例 13-15　设置图例显示公式。

基本思路：在使用 plot()函数绘图时，在图形的标签文本字符串前后加上$符号将会自动调用内嵌的 LaTex 引擎将其显示为公式。

```
1.  import numpy as np
2.  import matplotlib.pyplot as plt
3.
4.  x = np.linspace(0, 2*np.pi, 500)
5.  y = np.sinc(x)
6.  z = np.cos(x*x)
7.  plt.figure(figsize=(8,4))
8.
9.  plt.plot(x,                          # x 轴数据
10.          y,                          # y 轴数据
11.          label='$sinc(x)$',          # 把标签渲染为公式
12.          color='red',                # 红色
13.          linewidth=2)                # 线宽为两个像素
14. plt.plot(x,
15.          z,
16.          'b--',                      # 蓝色虚线
17.          label='$cos(x^2)$')         # 把标签渲染为公式
18.
19. plt.xlabel('Time(s)')
20. plt.ylabel('Volt')
```

```
21.  plt.title('Sinc and Cos figure using pyplot')
22.  plt.ylim(-1.2, 1.2)
23.  plt.legend()                          # 显示图例
24.
25.  plt.show()                            # 显示绘图结果
```

运行效果如图 13-15 所示。

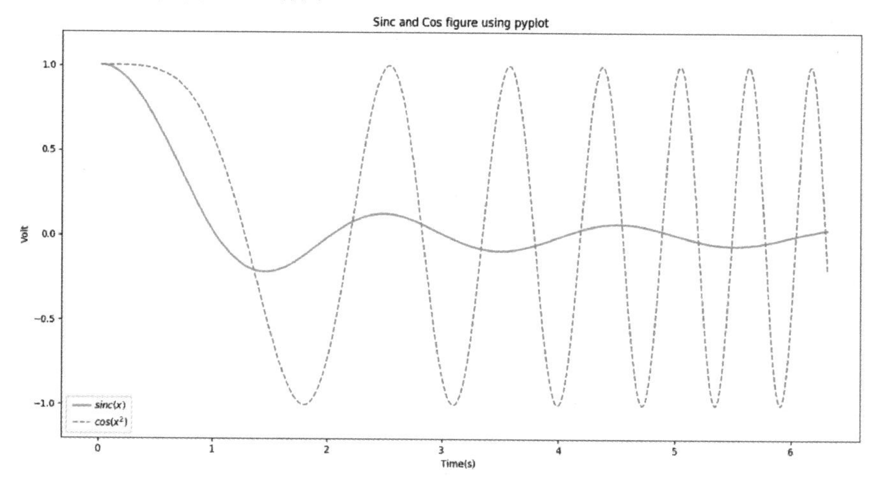

图 13-15　设置图例显示公式

微课视频 13-11

例 13-16　设置图例位置、背景颜色、边框颜色等属性。

基本思路：调用 pyplot 的 legend()函数显示图例时，可以通过为 legend()函数传递参数来设置图例的字体、标题、位置、阴影、背景色、边框颜色以及显示列数等属性，定制个性化图例。

```
1.  import numpy as np
2.  import matplotlib.pyplot as plt
3.  import matplotlib.font_manager as fm
4.
5.  t = np.arange(0.0, 2*np.pi, 0.01)
6.  s = np.sin(t)
7.  z = np.cos(t)
8.
9.  plt.plot(t, s, label='正弦')
10. plt.plot(t, z, label='余弦')
11. plt.title('sin-cos 函数图像',                     # 设置图形标题文本
12.           fontproperties='STLITI',               # 设置图形标题字体
13.           fontsize=24)                           # 设置图形标题字号
14.
15. myfont = fm.FontProperties(fname=r'C:\Windows\Fonts\STKAITI.ttf')
16. plt.legend(prop=myfont,                          # 设置图例字体
17.            title='Legend',                       # 设置图例标题
18.            loc='lower left',                     # 设置图例参考位置
19.            bbox_to_anchor=(0.43,0.75),           # 设置图例位置偏移量
20.            shadow=True,                          # 显示阴影
21.            facecolor='yellowgreen',              # 设置图例背景色
22.            edgecolor='red',                      # 设置图例边框颜色
23.            ncol=2,                               # 显示为两列
24.            markerfirst=False)                    # 设置图例文字在前，符号在后
```

```
25.
26.  plt.show()
```

运行效果如图 13-16 所示。

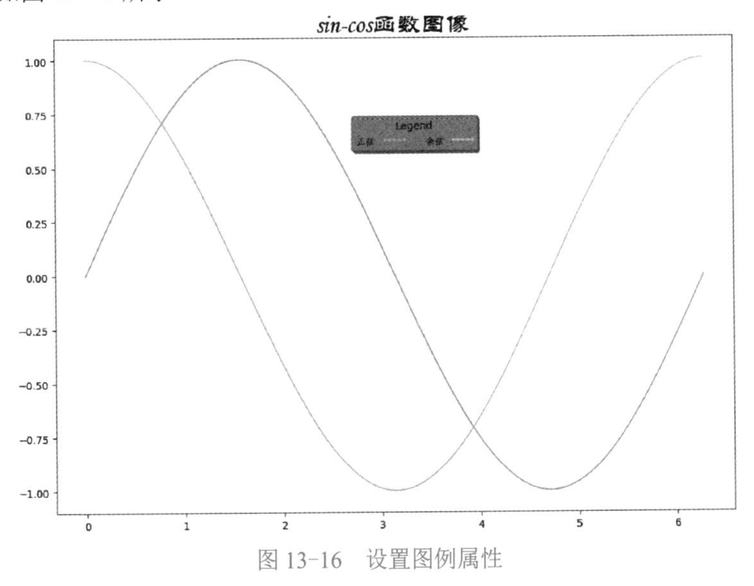

图 13-16　设置图例属性

13.11　设置坐标轴刻度位置和文本

在默认情况下，绘图时会根据 x 和 y 坐标轴的值自动调整并显示最合适的刻度。如果需要也可以自定义坐标轴上的刻度位置和显示的文本，本节就介绍一下这个技术。

例 13-17　设置坐标轴刻度位置和文本。

基本思路：在绘图时，可以使用 pyplot 的 xticks()和 yticks()函数分别设置 x 和 y 坐标轴上的刻度位置和相应的文本。在下面的代码中，只为 x 轴设置了刻度位置，而 y 轴则同时设置了刻度位置和显示的文本。如果刻度文本中包含中文，一定要通过参数 fontproperties 或者修改字典 rcParams 设置合适的中文字体。

```
1.  import numpy as np
2.  import matplotlib.pyplot as plt
3.
4.  x = np.arange(0, 2*np.pi, 0.01)
5.  y = np.sin(x)
6.  plt.plot(x, y)
7.
8.  plt.xticks(np.arange(0, 2*np.pi, 0.5))
9.  plt.yticks([-1, -0.5, 0, 0.75, 1],
10.            ['负一', '负零点五', '零', '零点七五', '一'],
11.            fontproperties='STKAITI')
12.
13. plt.show()
```

运行效果如图 13-17 所示。

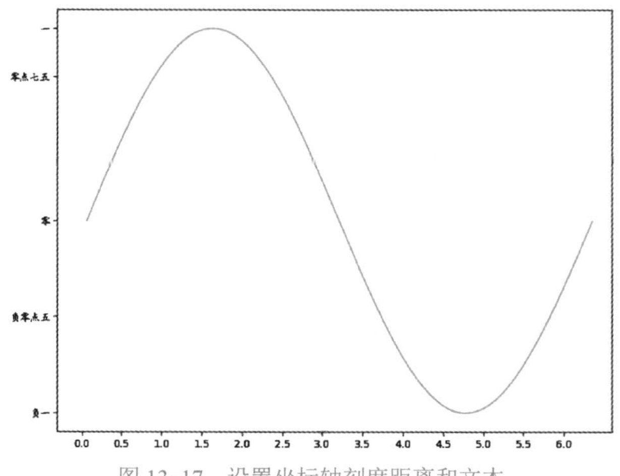

图 13-17　设置坐标轴刻度距离和文本

13.12　绘制交互式图形

扩展库 Matplotlib 支持交互式图形绘制，可以在图形中创建单选钮、复选框、按钮、滑动块等组件，也支持鼠标事件的响应和处理。本节通过几个例子演示鼠标事件响应和处理，可以查阅官方文档或微信公众号“Python 小屋”学习更多案例。

微课视频 13-12

例 13-18　绘制正弦曲线，使图形能够响应鼠标事件，当鼠标进入图形区域时设置背景色为黄色，鼠标离开图形区域时背景色恢复为白色，并且当鼠标接近曲线时自动显示当前位置。

```
1.  import numpy as np
2.  import matplotlib.pyplot as plt
3.
4.  def onMotion(event):
5.      # 获取鼠标位置
6.      x = event.xdata
7.      y = event.ydata
8.      if event.inaxes == ax:
9.          # 测试鼠标事件是否发生在曲线附近
10.         contain, _ = sinCurve.contains(event)
11.         if contain:
12.             # 设置标注的箭头前端位置，自动计算文本位置
13.             annot.xy = (x, y)
14.             # 设置标注文本
15.             annot.set_text(str(y))
16.             # 设置标注可见
17.             annot.set_visible(True)
18.         else:
19.             # 鼠标不在曲线附近，设置标注为不可见
20.             annot.set_visible(False)
21.         event.canvas.draw_idle()
22.
23. def onEnter(event):
24.     # 鼠标进入时修改轴的颜色
```

```
25.         event.inaxes.patch.set_facecolor('yellow')
26.         event.canvas.draw_idle()
27.
28.     def onLeave(event):
29.         # 鼠标离开时恢复轴的颜色
30.         event.inaxes.patch.set_facecolor('white')
31.         event.canvas.draw_idle()
32.
33.     fig = plt.figure()
34.     ax = fig.gca()
35.     x = np.arange(0, 2*np.pi, 0.01)
36.     y = np.sin(x)
37.
38.     # 绘制正弦曲线
39.     sinCurve, = plt.plot(x, y)
40.     # 鼠标距离曲线 2 个像素可识别
41.     sinCurve.set_pickradius(2)
42.     # 创建标注对象
43.     annot = ax.annotate("",
44.                         # 箭头前端位置
45.                         xy=(0,0),
46.                         # 箭头尾部文字的包围盒左下角位置
47.                         xytext=(-50,50),
48.                         # 相对于 xy 的偏移量单位
49.                         # 根据箭头前端位置自动计算尾部文本位置
50.                         textcoords='offset pixels',
51.                         # 箭头尾部文本包围盒为圆角矩形，红色背景
52.                         bbox=dict(boxstyle='round', fc='r'),
53.                         # 标注箭头形状
54.                         arrowprops=dict(arrowstyle="-|>"))
55.     # 初始时标注对象不可见
56.     annot.set_visible(False)
57.
58.     # 添加事件处理函数
59.     fig.canvas.mpl_connect('motion_notify_event', onMotion)
60.     fig.canvas.mpl_connect('axes_enter_event', onEnter)
61.     fig.canvas.mpl_connect('axes_leave_event', onLeave)
62.
63.     plt.show()
```

运行结果如图 13-18 至图 13-20 所示。

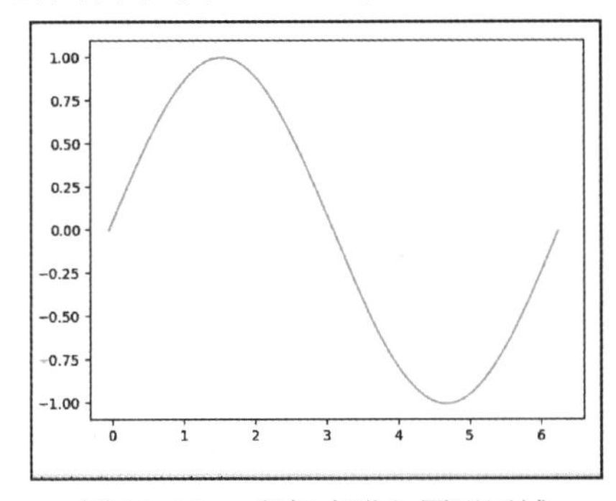

图 13-18　鼠标未进入图形区域

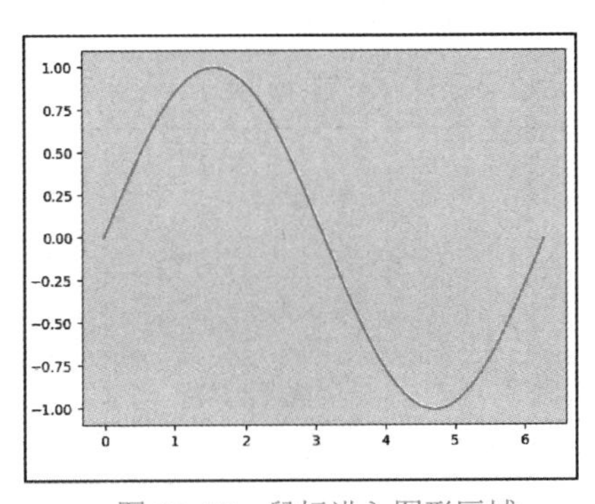

图 13-19　鼠标进入图形区域

例 13-19　编写程序，创建图形并响应鼠标的按下和移动事件，当按下左键并移动鼠标时绘制宽度为 2 的红色曲线。

```
1.  import matplotlib.pyplot as plt
2.
3.  # 存储鼠标按下之后移动时依次经过的位置
4.  x = []
5.  y = []
6.
7.  def onMouseDown(event):
8.      if event.button == 1:
9.          # 单击鼠标左键，绘制新直线
10.         x.clear()
11.         y.clear()
12.         # 记录鼠标按下时的 x、y 坐标
13.         # 这是一条新线条的起点坐标
14.         x.append(event.xdata)
15.         y.append(event.ydata)
16.
17. def onMouseMove(event):
18.     # 依次添加鼠标经过位置的 x、y 坐标
19.     x.append(event.xdata)
20.     y.append(event.ydata)
21.     if event.button == 1:
22.         # 如果鼠标左键处于按下状态
23.         # 从鼠标移动前的位置到移动后的位置绘制一条直线段
24.         plt.plot([x[-2],x[-1]], [y[-2],y[-1]], c='r', lw=2)
25.     event.canvas.draw()
26.
27. # 创建图形
28. fig = plt.figure()
29. # 设置坐标轴的刻度范围
30. plt.xlim(0, 10)
31. plt.ylim(0, 10)
32. # 不显示坐标轴上的刻度
33. plt.xticks([])
34. plt.yticks([])
35.
36. # 设置响应并处理事件的函数
37. fig.canvas.mpl_connect('button_press_event', onMouseDown)
38. fig.canvas.mpl_connect('motion_notify_event', onMouseMove)
39.
40. plt.show()
```

微课视频 13-13

运行结果如图 13-21 所示。

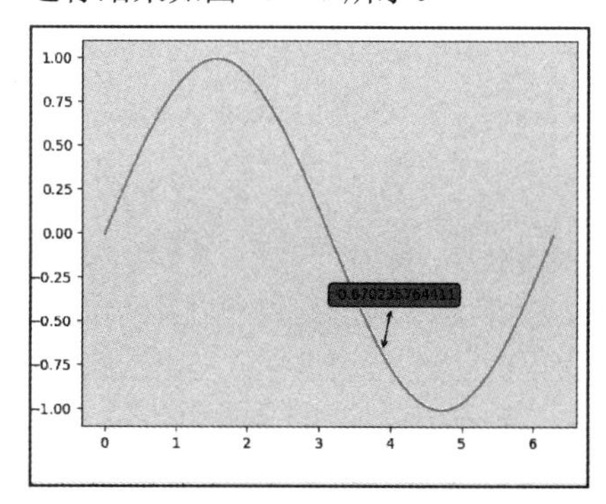

图 13-20　鼠标靠近曲线

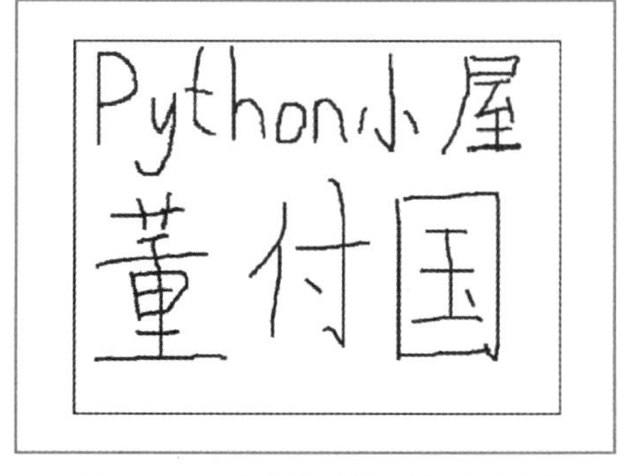

图 13-21　响应鼠标按下和移动事件

13.13　绘制动态图形

扩展库 Matplotlib 支持绘制动态图形，并且支持保存为 GIF 动图，适合用来展示动态数据或者数据状态变化过程。本节通过两个例子演示绘制动态散点图和保存动态折线图的用法，可以关注微信公众号“Python 小屋”阅读和学习更多相关的案例。

例 13-20　绘制动态散点图，模拟布朗运动的随机游走过程。

微课视频 13-14

基本思路：使用扩展库 NumPy 生成随机数据来确定若干散点符号的初始位置、预期停靠位置以及颜色等数据，使用 matplotlib.pyplot 模块的 scatter()函数绘制散点图，使用 matplotlib.animation 模块的 FuncAnimation 类创建动画，并设置动画初始化和更新时调用的函数以及更新时间间隔，使用标准库模块 tkinter.messagebox 中的 showinfo()函数在动画开始之前弹出消息框进行提示。

```
1.  from tkinter.messagebox import showinfo
2.  import numpy as np
3.  import matplotlib.pyplot as plt
4.  import matplotlib.animation as animation
5.
6.  # r 表示顶点坐标的数量，二维图形中每个顶点位置有 x、y 坐标
7.  # c 表示顶点的数量
8.  r, c = 2, 30
9.
10. # 创建图形和子图，设置子图坐标轴刻度范围
11. fig, ax = plt.subplots()
12.     positions = np.random.randint(-10, 10, (r, c))
13.     # 每个散点的颜色，随机彩色
14.     # 每行 3 个数字分别表示 1 个散点符号的红、绿、蓝分量
15.     # 数组的行数与散点符号的数量相等
16.     colors = np.random.random((c,3))
17.     # 在顶点位置分别绘制散点符号
18.     scatters = ax.scatter(*positions, marker='*', s=60, c=colors)
19. plt.xlim(-40, 40)
20. plt.ylim(-40, 40)
21.
22. def init():
23.     global positions, stop_positions, scatters
24.     # 开始一个新的动画前弹出提示信息框
25.     showinfo('hi', 'a new animation - dongfuguo')
26.     # 散点初始位置和预期停靠位置
27.     stop_positions = np.random.randint(-39, 39, (r, c))
28.     return scatters,
29.
30. def update(i):
31.     global positions
32.     # 随机游走，两个方向随机加减 1
33.     offsets = np.random.choice((1,-1), (r,c))
34.     # 已经到达指定坐标的散点符号不再移动
35.     offsets[positions==stop_positions] = 0
```

```
36.         if offsets.any():
37.             # 如果还有散点符号没有到达指定位置，计算其新坐标
38.             positions = positions + offsets
39.             # 所有散点的横坐标和纵坐标都限定在[-39,39]区间内
40.             positions[positions>39] = 39
41.             positions[positions<-39] = -39
42.             # 更新散点位置
43.             scatters.set_offsets(positions.T)
44.             return scatters,
45.         else:
46.             # 如果所有散点符号都到达预定的停靠位置，重新开始动画
47.             init()
48.
49.     # 创建动画
50.     ani_scatters = animation.FuncAnimation(fig,
51.                                            # 设置初始化函数
52.                                            init_func=init,
53.                                            # 更新动画时调用的函数
54.                                            func=update,
55.                                            # 每隔 0.5ms 更新一次动画
56.                                            interval=0.5,
57.                                            blit=False)
58.     plt.show()
```

运行过程中某两个时刻的效果如图 13-22 和图 13-23 所示。

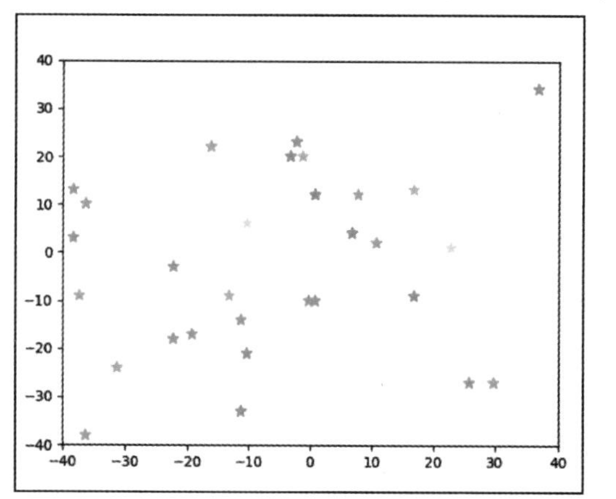

图 13-22　布朗运动效果图（1）

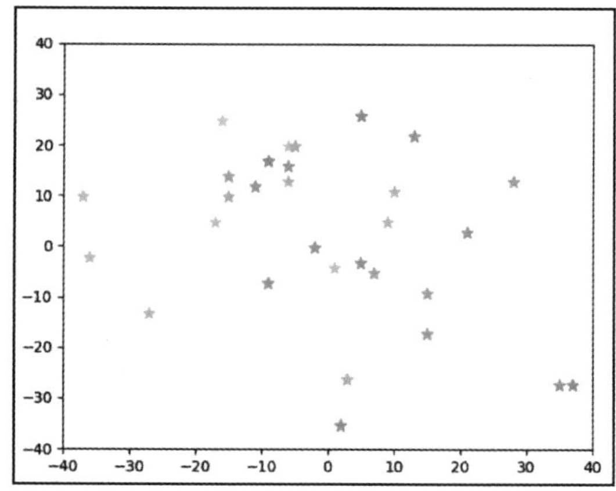

图 13-23　布朗运动效果图（2）

例 **13-21**　绘制动态折线图，保存为 **GIF** 动图。

基本思路：在下面的代码中，使用两个列表存储折线图中所有顶点的 x 和 y 坐标，使用 matplotlib.animation 模块中的类 FuncAnimation 创建动画，每次初始化时删除所有顶点的数据，然后每隔 500ms 更新一次折线图，重新设置顶点的坐标，最后调用动画对象的 save()方法把动画保存为本地 GIF 文件。运行本例代码需要先下载并安装软件 ImageMagick-7.0.8-59-Q16-x64-dll.exe，可以自行配置好环境之后运行程序查看生成的 GIF 文件。

微课视频 13-15

```
1.  import numpy as np
2.  import matplotlib.pyplot as plt
```

```
3.  from matplotlib.animation import FuncAnimation
4.  
5.  # 创建图形和轴域
6.  fig = plt.figure()
7.  ax = plt.axes(xlim=(0,100), ylim=(10,100))
8.  # 用来存储折线图上顶点的 x、y 坐标
9.  x = []
10. y = []
11. # plt.plot()函数返回包含折线图的列表
12. line, = plt.plot(x, y)
13. 
14. def init():
15.     # 删除原来的数据，准备绘制一条新的折线图
16.     x.clear()
17.     y.clear()
18.     line.set_data(x, y)
19.     return line,
20. 
21. def update(i):
22.     x.append(i)
23.     y.append(np.random.randint(30,80))
24.     # 更新图形数据
25.     line.set_data(x, y)
26.     return line,
27. 
28. ani = FuncAnimation(fig=fig,
29.                     func=update,
30.                     frames=range(0,100,5),
31.                     init_func=init,
32.                     interval=500,
33.                     blit=True)
34. ani.save('lines.gif', writer='imagemagick')
```

本章小结

本章详细讲解扩展库 Matplotlib 在数据可视化领域的应用，包括折线图、散点图、饼状图、柱状图、雷达图、箱线图、三维图形的绘制以及切分绘图区域、设置图例样式、设置坐标轴刻度样式、绘制交互式图形、绘制与保存动态图形等技术。数据可视化是数据分析与处理的重要辅助手段，一图胜千言。由于篇幅所限，本章只通过几个例题进行了演示，可以关注作者微信公众号“Python 小屋”学习更多相关内容。

本章习题

扫描二维码获取本章习题。

习题 13

参 考 文 献

[1] 董付国. Python 程序设计[M]. 3 版. 北京：清华大学出版社，2020.
[2] 董付国. Python 程序设计基础[M]. 2 版. 北京：清华大学出版社，2018.
[3] 董付国. Python 程序设计实用教程[M]. 北京：北京邮电大学出版社，2020.
[4] 董付国. Python 程序设计入门与实践[M]. 西安：西安电子科技大学出版社，2021.
[5] 董付国. Python 数据分析、挖掘与可视化：慕课版[M]. 北京：人民邮电出版社，2020.
[6] 董付国. Python 程序设计实例教程[M]. 北京：机械工业出版社，2019.
[7] 董付国. 大数据的 Python 基础[M]. 北京：机械工业出版社，2019.
[8] 董付国，应根球. Python 编程基础与案例集锦：中学版[M]. 北京：电子工业出版社，2019.
[9] HORSTMANN C, NECAISE R. Python 程序设计[M]. 董付国，译. 北京：机械工业出版社，2018.
[10] 董付国，应根球. 中学生可以这样学 Python：微课版[M]. 北京：清华大学出版社，2020.
[11] 董付国. Python 可以这样学[M]. 北京：清华大学出版社，2017.
[12] 董付国. Python 程序设计开发宝典[M]. 北京：清华大学出版社，2017.
[13] 董付国. 玩转 Python 轻松过二级[M]. 北京：清华大学出版社，2018.
[14] 董付国. Python 程序设计基础与应用[M]. 北京：机械工业出版社，2018.
[15] 董付国. Python 网络程序设计 [M]. 北京：清华大学出版社，2021.

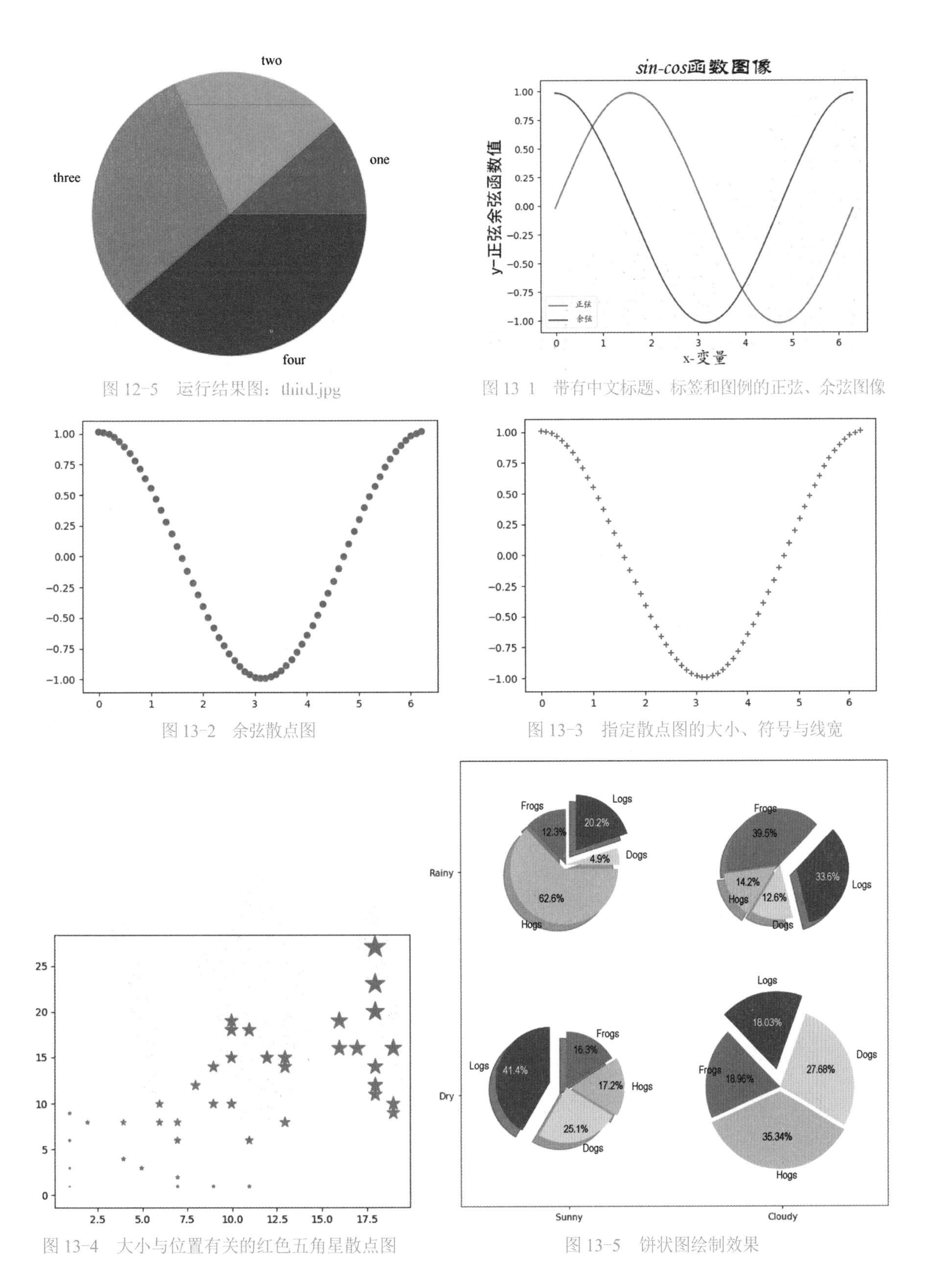

图 12-5　运行结果图：third.jpg

图 13-1　带有中文标题、标签和图例的正弦、余弦图像

图 13-2　余弦散点图

图 13-3　指定散点图的大小、符号与线宽

图 13-4　大小与位置有关的红色五角星散点图

图 13-5　饼状图绘制效果

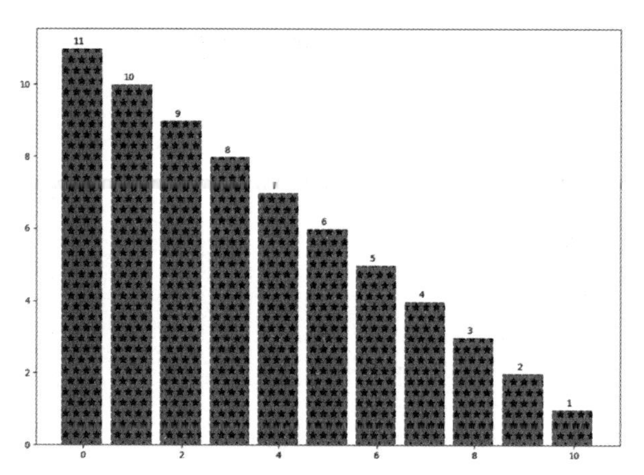

图 13-6　绘制柱状图并设置属性

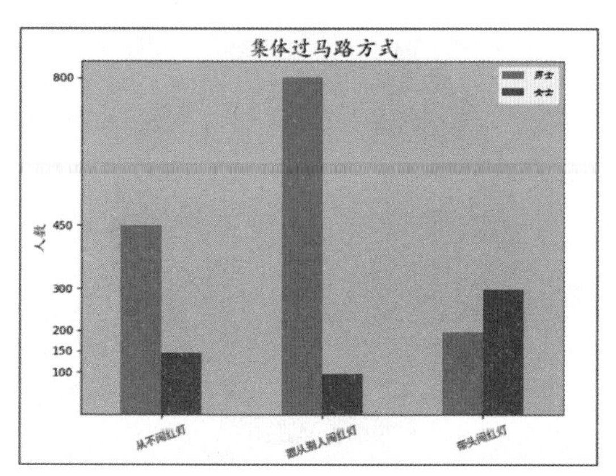

图 13-7　集体过马路方式数据柱状图

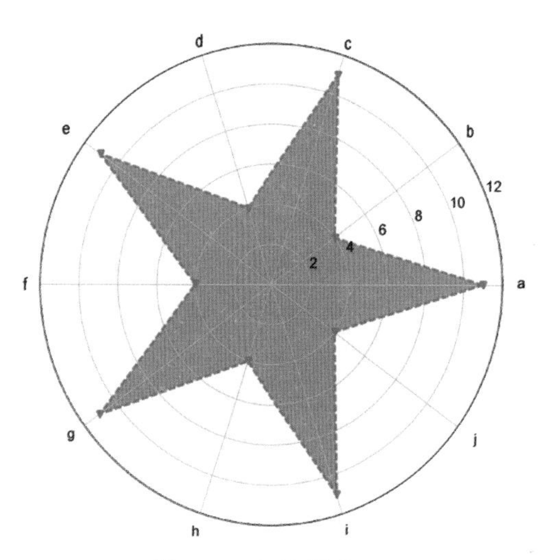

图 13-8　雷达图效果

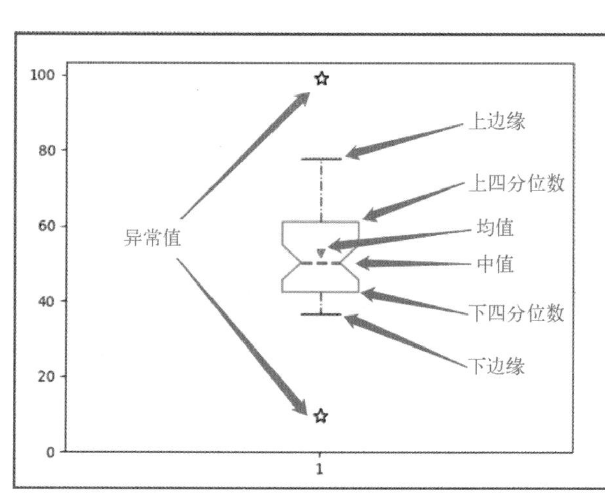

图 13-9　箱线图效果和各部分含义

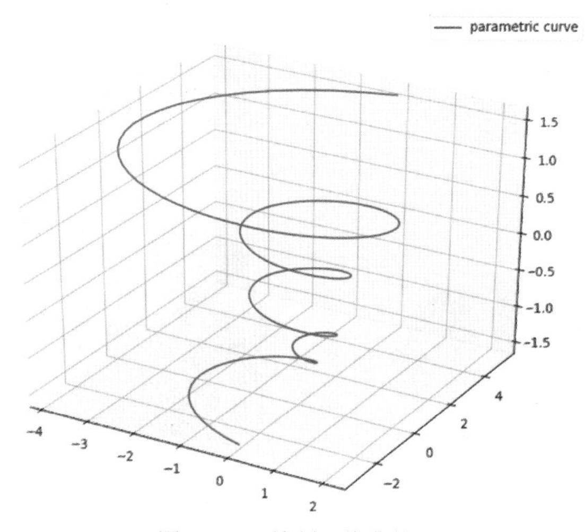

图 13-10　绘制三维曲线

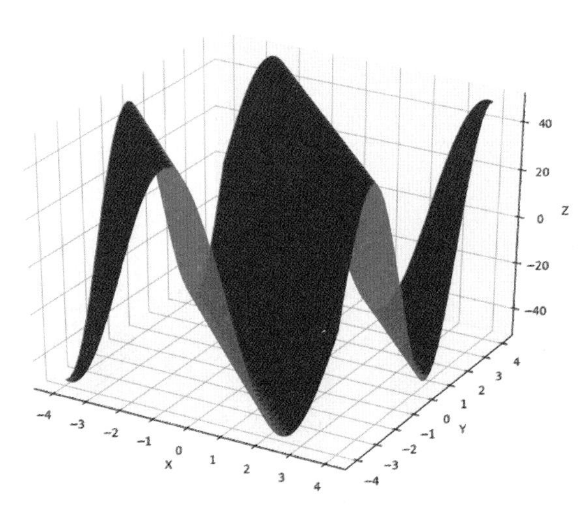

图 13-11　绘制三维曲面

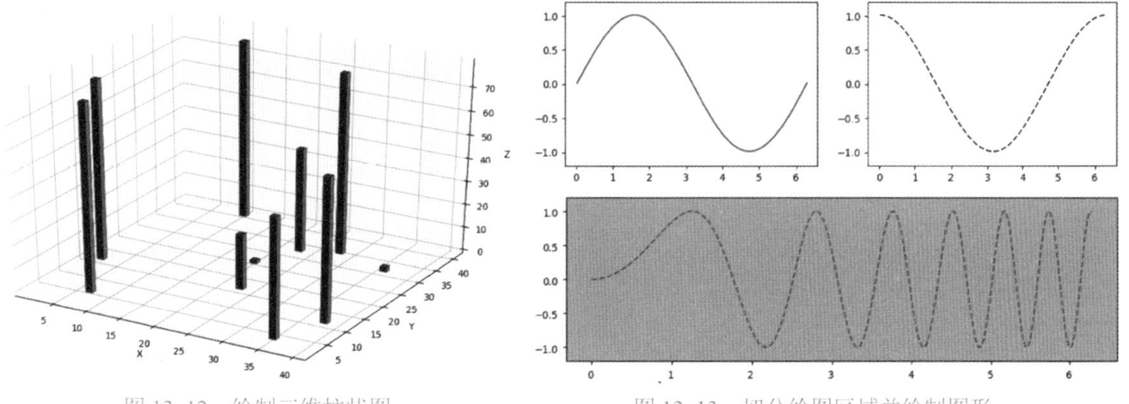

图 13-12　绘制三维柱状图　　　　图 13-13　切分绘图区域并绘制图形

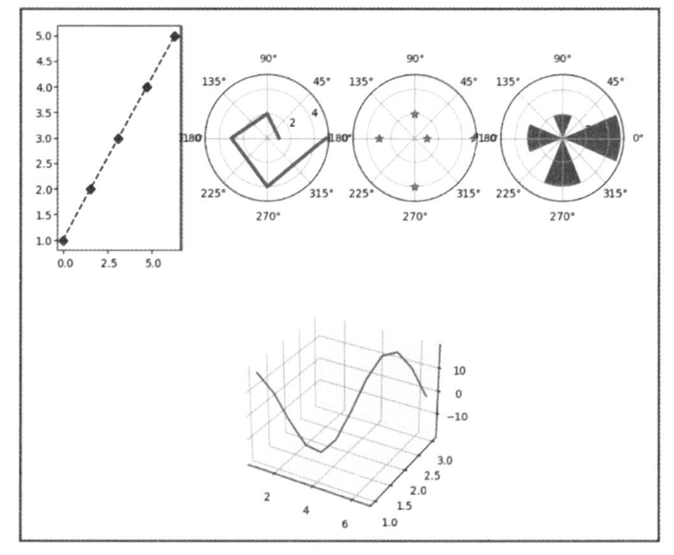

图 13-14　切分绘图区域

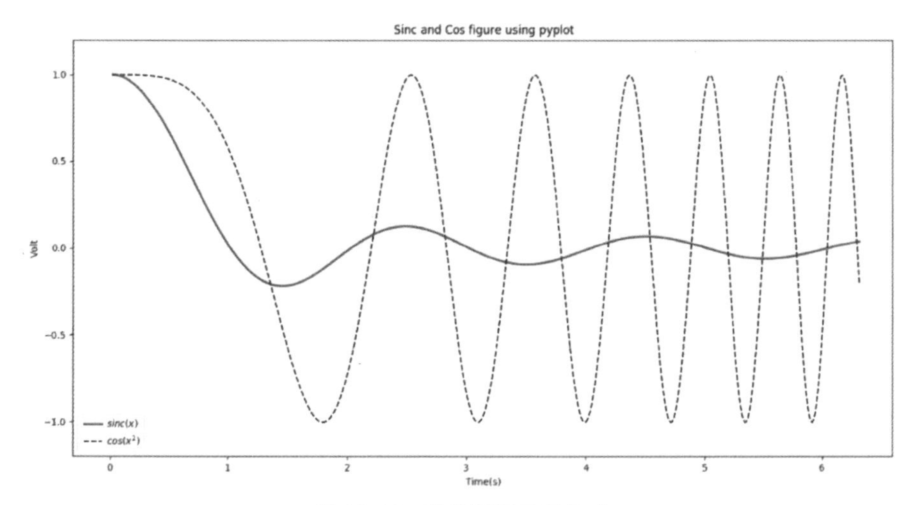

图 13-15　设置图例显示公式

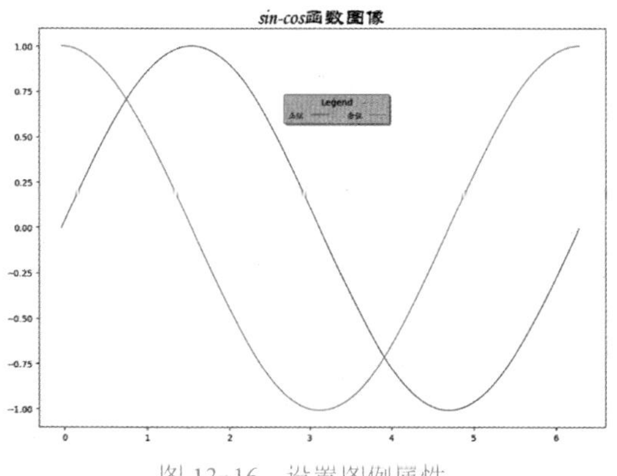

图 13-16　设置图例属性

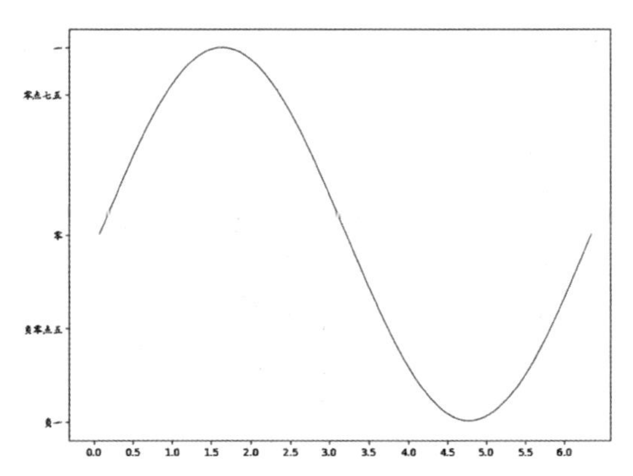

图 13-17　设置坐标轴刻度距离和文本

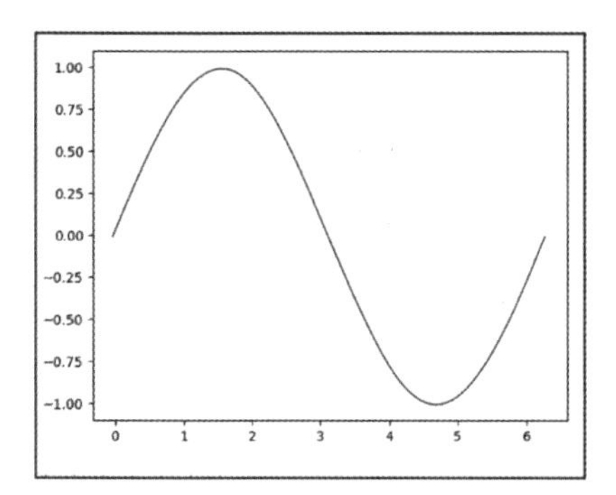

图 13-18　鼠标未进入图形区域

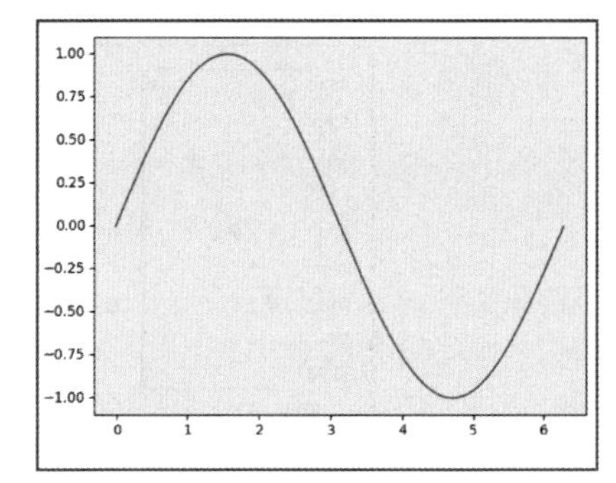

图 13-19　鼠标进入图形区域

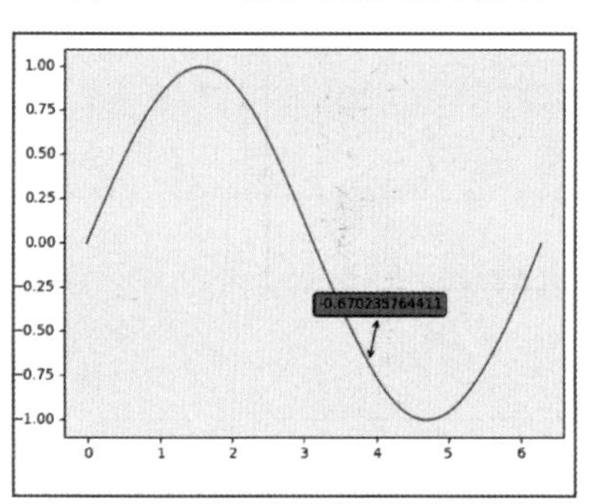

图 13-20　鼠标靠近曲线

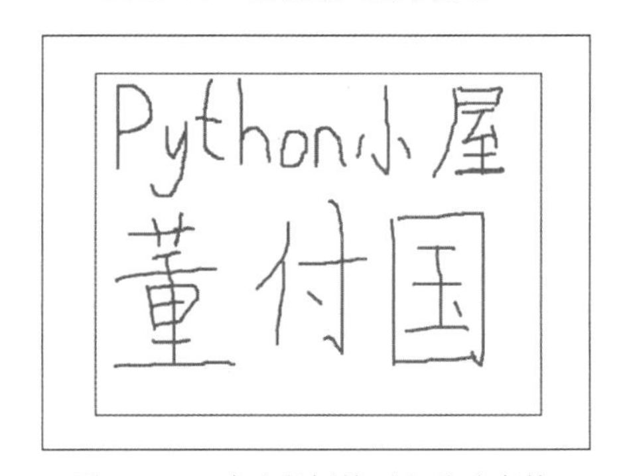

图 13-21　响应鼠标按下和移动事件

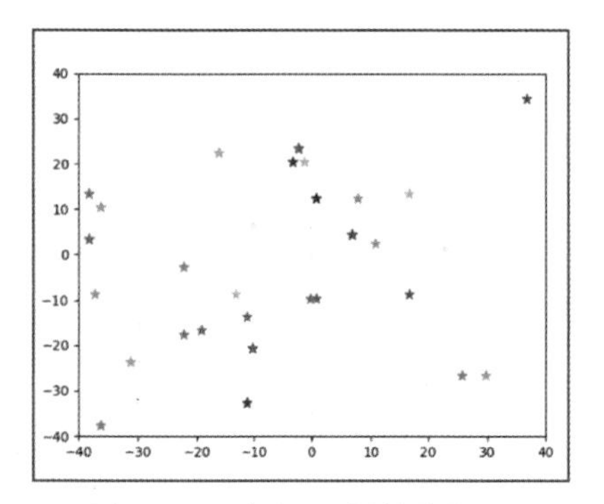

图 13-22　布朗运动效果图（1）

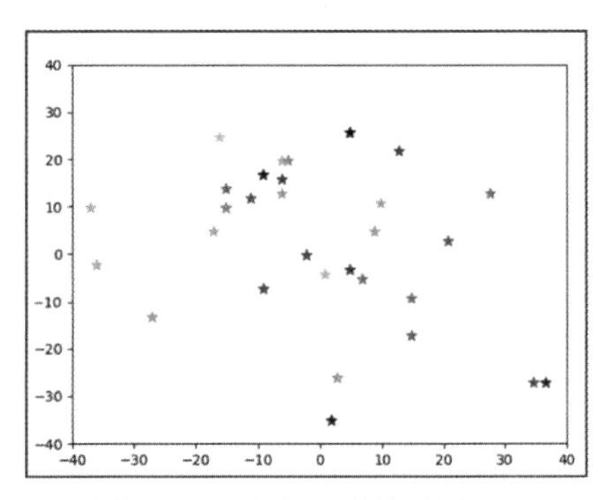

图 13-23　布朗运动效果图（2）